高等职业教育系列教材

组态控制技术实训教程

（KingView）

李江全　编著

机械工业出版社

本书从实际应用出发，通过 25 个典型实训项目系统地介绍了组态王软件（KingView）的设计方法及其监控应用技术。本书共分 3 篇：基础应用篇包括监控组态软件概述、认识组态王软件、组态软件设计基础和组态软件初级应用实训；高级应用篇包括组态软件高级设计技术和组态软件高级应用实训；监控应用篇采用组态软件实现多个监控设备（包括智能仪表、PLC、远程 I/O 模块、PCI 数据采集卡和 USB 数据采集模块等）与 PC 间的数据通信及温度监控。实训项目一般由学习目标、设计任务和任务实现等部分组成。

本书内容丰富，论述深入浅出，有较强的实用性和可操作性，可作为高等职业院校计算机应用、机电一体化、自动化等专业学生的教材使用，也可供相关行业工程技术人员学习和参考。

为方便读者学习，本书提供网盘资源（下载方法见封底"IT"字样二维码旁的注释），内容包括实训源程序、程序录屏、测试录像和软硬件资源等。

图书在版编目（CIP）数据

组态控制技术实训教程：KingView / 李江全编著 . —北京：机械工业出版社，2015.10（2025.1 重印）
高等职业教育系列教材
ISBN 978-7-111-51714-6

Ⅰ．①组⋯　Ⅱ．①李⋯　Ⅲ．①工业监控系统－应用软件－高等职业教育－教材　Ⅳ．①TP277

中国版本图书馆 CIP 数据核字（2015）第 228686 号

机械工业出版社（北京市百万庄大街 22 号　邮政编码 100037）
责任编辑：刘闻雨　　　责任校对：张艳霞
责任印制：邮　敏
北京富资园科技发展有限公司印刷

2025 年 1 月第 1 版·第 11 次印刷
184mm×260mm·13 印张·320 千字
标准书号：ISBN 978-7-111-51714-6
定价：49.00 元

电话服务　　　　　　　　网络服务
客服电话：010-88361066　　机 工 官 网：www.cmpbook.com
　　　　　010-88379833　　机 工 官 博：weibo.com/cmp1952
　　　　　010-68326294　　金 书 网：www.golden-book.com
封底无防伪标均为盗版　　机工教育服务网：www.cmpedu.com

前　言

组态软件是标准化、规模化、商品化的通用工控开发软件，只需进行标准功能模块的软件组态和简单的编程，就可设计出标准化，专业化，通用性强，可靠性高的上位机人机界面工控程序，且工作量较小，开发调试周期短，对程序设计员要求也较低。因此，作为性能优良的软件产品，组态软件已成为开发上位机工控程序的主流开发工具。

近年来，随着计算机软件技术的发展，组态软件技术的发展非常迅速，令人目不暇接，特别是图形界面技术、面向对象编程技术、组件技术的出现，使原来单调、呆板、操作烦琐的人机界面变得面目一新。因此，除了一些小型的工控系统需要开发者自己编写应用程序，凡属大中型的工控系统，最明智的办法就是选择一个合适的组态软件。

本书以实训项目的方式组织教学，将组态控制技术与技能训练有机结合，使学生通过项目实训轻松掌握组态软件基本设计方法及其控制应用技术。

为方便读者学习，本书提供网盘资源（下载方法见封底"IT"字样二维码旁的注释），内容包括实训源程序、程序录屏、测试录像和软硬件资源等。

本书是机械工业出版社组织出版的"高等职业教育系列教材"之一，由石河子大学李江全教授编著。北京亚控科技发展有限公司、北京研华科技发展有限公司和南京朝阳仪表有限责任公司等企业为本书提供了大量的技术支持，编者借此机会对他们致以深深的谢意。

由于编者水平有限，书中难免存在不妥之处，恳请广大读者批评指正。

编　者

目　录

IV

高级应用篇

基础应用篇

第1章　组态软件概述

监控组态软件在计算机测控系统中起着举足轻重的作用。现代计算机测控系统的功能越来越强，除了完成基本的数据采集和控制功能外，还要完成故障诊断、数据分析、报表的形成和打印、与管理层交换数据、为操作人员提供灵活方便的人机界面等功能。另外，随着生产规模的变化，也要求计算机测控系统的规模跟着变化，也就是说，计算机接口的部件和控制部件可能要随着系统规模的变化进行增减。因此，就要求计算机测控系统的应用软件有很强的开放性和灵活性。组态软件应运而生。

1.1　组态与组态软件

1.1.1　组态与组态软件的含义

在使用工控软件时，人们经常提到"组态"一词。与硬件生产相对照，组态与组装类似。如要组装一台计算机，事先提供了各种型号的主板、机箱、电源、CPU、显示器、硬盘及光驱等，我们的工作就是用这些部件拼凑成自己需要的计算机。当然软件中的组态要比硬件的组装有更大的发挥空间，因为它一般要比硬件中的"部件"更多，而且每个"部件"都很灵活，因为软件都有内部属性，通过改变属性可以改变其规格（如大小、形状、颜色等）。

组态（configuration）有设置、配置等含义，就是模块的任意组合。在软件领域内，是指操作人员根据应用对象及控制任务的要求，配置用户应用软件的过程（包括对象的定义、制作和编辑，对象状态特征属性参数的设定等），即使用软件工具对计算机及软件的各种资源进行配置，达到让计算机或软件按照预先设置自动执行特定任务、满足使用者要求的目的，也就是把组态软件视为"应用程序生成器"。

组态软件是数据采集与过程控制的专用软件，是在自动控制系统控制层一级的软件平台和开发环境，使用灵活的组态方式（而不是编程方式）为用户提供良好的用户开发界面和简捷的使用方法，解决了控制系统通用性问题。其预设置的各种软件模块可以非常容易地实现和完成控制层的各项功能，并能同时支持各种硬件厂家的计算机和 I/O 产品，与工控计算机和网络系统结合，可向控制层和管理层提供软、硬件的全部接口，进行系统集成。组态软件应该能支持各种工控设备和常见的通信协议，并且通常应提供分布式数据管理和网络功能。

对应于原有的 HMI（人机界面）的概念，组态软件应该是一个使用户能快速建立自己的 HMI 的软件工具或开发环境。

在工业控制中，组态一般是指通过对软件采用非编程的操作方式，主要有参数填写、图形连接和文件生成等，使得软件乃至整个系统具有某种指定的功能。由于用户对计算机控制系统的要求千差万别（包括流程画面、系统结构、报表格式、报警要求等），而开发商又不可能专门为每个用户去进行开发。所以，只能是事先开发好一套具有一定通用性的软件开发平台，生产（或者选择）若干种规格的硬件模块（如 I/O 模块、通信模块和现场控制模块），然后，再根据用户的要求在软件开发平台上进行二次开发，以及进行硬件模块的连接。这种软件的二次开发工作就称为组态。相应的软件开发平台就称为控制组态软件，简称组态软件。计算机控制系统在完成组态之前只是一些硬件和软件的集合体，只有通过组态，才能使其成为一个具体的满足生产过程需要的应用系统。

从应用角度讲，组态软件是完成系统硬件与软件沟通、建立现场与控制层沟通的人机界面的软件平台，它主要应用于工业自动化领域，但又不仅仅局限于此。在工业过程控制系统中存在着两大类可变因素：一是操作人员需求的变化；二是被控对象状态的变化及被控对象所用硬件的变化。而组态软件正是在保持软件平台执行代码不变的基础上，通过改变软件配置信息（包括图形文件、硬件配置文件和实时数据库等）以适应两大不同系统对两大因素的要求，构建新的控制系统的平台软件。以这种方式构建系统既提高了系统的成套速度，又保证了系统软件的成熟性和可靠性，使用起来方便灵活，而且便于修改和维护。

现在的组态软件都是采用面向对象编程技术，它提供了各种应用程序模板和对象。二次开发人员根据具体系统的需求建立模块（创建对象），然后定义参数（定义对象的属性），最后生成可供运行的应用程序。具体地说，组态实际上是生成一系列可以直接运行的程序代码。生成的程序代码可以直接运行在用于组态的计算机上，也可以下载到其他的计算机（站）上。组态可以分为离线组态和在线组态两种。所谓离线组态，是指在计算机控制系统运行之前完成组态工作，然后将生成的应用程序安装在相应的计算机中。而在线组态则是指在计算机控制系统运行过程中组态。

随着计算机软件技术的快速发展以及用户对计算机控制系统功能要求的增加，实时数据库、实时控制、SCADA、通信及联网、开放数据接口、对 I/O 设备的广泛支持已经成为它的主要内容，随着计算机控制技术的发展，组态软件将会不断被赋予新的内涵。

1.1.2　采用组态软件的意义

在组态软件出现之前，工控领域的用户通过手工或委托第三方编写 HMI 应用，开发时间长、效率低、可靠性差；或者购买专用的工控系统，通常是封闭的系统，选择余地小，往往不能满足需求，很难与外界进行数据交互，升级和增加功能都受到严重的限制。组态软件的出现，把用户从这些困境中解脱出来，用户可以利用组态软件的功能，构建一套最适合自己的应用系统。

组态软件是标准化、规模化、商品化的通用工业控制开发软件，只需进行标准功能模块的软件组态和简单的编程，就可设计出标准化、专业化、通用性强、可靠性高的上位机人机界面控制程序，且工作量较小，开发调试周期短，对程序设计员要求也较低，因此，控制组态软件是性能优良的软件产品，已成为开发上位机控制程序的主流开发工具。

在实时工业控制应用系统中，为了实现特定的应用目标，需要进行应用程序的设计和开发。在过去，由于技术发展水平的限制，没有相应的软件可供利用。应用程序一般都需要应用单位自行开发或委托专业单位开发，这就影响了整个工程的进度，系统的可靠性和其他性能指标也难以得到保证。为了解决这个问题，不少厂商在发展系统的同时，也致力于控制软件产品的开发。工业控制系统的复杂性，对软件产品提出了很高的要求。要想成功开发一个较好的通用的控制系统软件产品，需要投入大量的人力物力，并需经实际系统检验，代价是很昂贵的，特别是功能较全、应用领域较广的软件系统，投入的费用更是惊人。

对于应用系统的使用者而言，虽然购买一个适合自己系统应用的控制软件产品，要付出一定的费用，但相对于自己开发所花费的各项费用总和还是比较合算的。况且，一个成熟的控制软件产品一般都已在多个项目中得到了成功的应用，各方面的性能指标都在实际运行中得到了检验，能保证较好地实现应用单位控制系统的目标，同时，整个系统的工程周期也可相应缩短，便于更早地为生产现场服务，并创造出相应的经济效益。因此，近年来有不少应用单位也开始购买现成的控制软件产品来为自己的应用系统服务。

采用组态技术构成的计算机控制系统在硬件设计上，除采用工业 PC 外，还大量采用各种成熟通用的 I/O 接口设备和现场设备，基本不再需要单独进行具体电路设计。这不仅节约了硬件开发时间，更提高了工控系统的可靠性。组态软件实际上是一个专为工控开发的工具软件，它为用户提供了多种通用工具模块，用户不需要掌握太多的编程语言技术（甚至不需要编程技术），就能很好地完成一个复杂工程所要求的所有功能。系统设计人员可以把更多的注意力集中在如何选择最优的控制方法，设计合理的控制系统结构，选择合适的控制算法等这些提高控制品质的关键问题上。另一方面，从管理的角度来看，用组态软件开发的系统具有与 Windows 一致的图形化操作界面，非常便于生产的组织与管理。

由于组态软件都是由专门的软件开发人员按照软件工程的规范来开发的，使用前又经过了比较长时间的工程运行考验，其质量是有充分保证的。因此，只要开发成本允许，采用组态软件是一种比较稳妥、快速和可靠的办法。

由 IPC、通用接口部件和组态软件构成的组态控制系统是计算机控制技术综合发展的结果，是技术成熟化的标志。由于组态技术的介入，计算机控制系统的应用速度大大加快了。

1.2　组态软件的功能与特点

1.2.1　组态软件的功能

组态软件通常有以下几方面的功能。

1. 强大的界面显示组态功能

目前，工控组态软件大都运行于 Windows 环境下，充分利用 Windows 的图形功能完善界面美观的特点，可视化的 IE 风格界面、丰富的工具栏，操作人员可以直接进入开发状态，节省时间。丰富的图形控件和工况图库，提供了大量的工业设备图符、仪表图符，还提供趋势图、历史曲线、组数据分析图等，既提供所需的组件，又是界面制作向导。提供给用户丰富的作图工具，可随心所欲地绘制出各种工业界面，并可任意编辑，从而将开发人员从繁重的界面设计中解放出来，丰富的动画连接方式，如隐含、闪烁、移动等，使界面生动、直观。画面丰富多彩，为设备的正常运行、操作人员的集中控制提供了极大的方便。

2．良好的开放性

社会化的大生产，使得系统构成的全部软硬件不可能出自一家公司的产品，"异构"是当今控制系统的主要特点之一。开放性是指组态软件能与多种通信协议互联，支持多种硬件设备。开放性是衡量一个组态软件好坏的重要指标。

组态软件向下应能与低层的数据采集设备通信，向上通过 TCP/IP 可与高层管理网互联，实现上位机与下位机的双向通信。

3．丰富的功能模块

组态软件提供丰富的控制功能库，满足用户的测控要求和现场要求。利用各种功能模块，完成实时监控、产生功能报表、显示历史曲线、实时曲线、提供报警等功能，使系统具有良好的人机界面，易于操作。系统既可适用于单机集中式控制、DCS 分布式控制，也可以是带远程通信能力的远程测控系统。

4．强大的数据库

配有实时数据库，可存储各种数据，如模拟量、离散量和字符型等，实现与外部设备的数据交换。

5．可编程的命令语言

有可编程的命令语言，使用户可根据自己的需要编写程序，增强图形界面。

6．周密的系统安全防范

对不同的操作者，赋予不同的操作权限，保证整个系统的安全可靠运行。

7．仿真功能

提供强大的仿真功能使系统并行设计，从而缩短开发周期。

1.2.2 组态软件的特点

通用组态软件主要特点如下。

1．封装性

通用组态软件所能完成的功能都用一种方便用户使用的方法包装起来，对于用户，不需掌握太多的编程语言技术（甚至不需要编程技术），就能很好地完成一个复杂工程所要求的所有功能，因此易学易用。

2．开放性

组态软件大量采用"标准化技术"，如 OPC、DDE、ActiveX 控件等，在实际应用中，用户可以根据自己的需要进行二次开发，例如可以很方便地使用 VB 或 C++等编程工具自行编制所需的设备构件，装入设备工具箱，不断充实设备工具箱。很多组态软件提供了一个高级开发向导，自动生成设备驱动程序的框架，为用户开发设备驱动程序提供帮助，用户甚至可以采用 I/O 自行编写动态链接库（DLL）的方法在策略编辑器中挂接自己的应用程序模块。

3．通用性

每个用户根据工程实际情况，利用通用组态软件提供的底层设备（PLC、智能仪表、智能模块、板卡和变频器等）的 I/O Driver、开放式的数据库和界面制作工具，就能完成一个具有动画效果、实时数据处理、历史数据和曲线并存、具有多媒体功能和网络功能的工程，不受行业限制。

4．方便性

由于组态软件的使用者是自动化工程设计人员，组态软件的主要目的是，确保使用者在生成适合自己需要的应用系统时不需要或者尽可能少地编制软件程序的源代码。因此，在设计组态软件时，应充分了解自动化工程设计人员的基本需求，并加以总结提炼，重点、集中解决共性问题。

下面是组态软件主要解决的共性问题。

1）如何与采集、控制设备间进行数据交换。

2）使来自设备的数据与计算机图形画面上的各元素关联起来。

3）处理数据报警及系统报警。

4）存储历史数据并支持历史数据的查询。

5）各类报表的生成和打印输出。

6）为使用者提供灵活、多变的组态工具，可以适应不同应用领域的需求。

7）最终生成的应用系统运行稳定可靠。

8）具有与第三方程序的接口，方便数据共享。

在很好地解决了上述问题后，自动化工程设计人员在组态软件中只需填写一些事先设计的表格，再利用图形功能就把被控对象（如反应罐、温度计、锅炉、趋势曲线、报表等）形象地画出来，通过内部数据变量连接把被控对象的属性与 I/O 设备的实时数据进行逻辑连接。当由组态软件生成的应用系统投入运行后，与被控对象相连的 I/O 设备数据发生变化会直接带动被控对象的属性变化，同时在界面上显示。若要对应用系统进行修改，也十分方便，这就是组态软件的方便性。

5．组态性

组态控制技术是计算机控制技术发展的结果，采用组态控制技术的计算机控制系统最大的特点是从硬件到软件开发都具有组态性，设计者的主要任务是分析控制对象，在平台基础上按照使用说明进行系统级二次开发即可构成针对不同控制对象的控制系统，免去了程序代码、图形图表、通信协议和数字统计等诸多具体内容细节的设计和调试，因此系统的可靠性和开发速率提高了，开发难度却下降了。

1.3 组态软件的构成与组态方式

1.3.1 组态软件的系统构成

目前世界上组态软件的种类繁多，仅国产的组态软件就有 30 多种，其设计思想、应用对象都相差很大，因此，很难用一个统一的模型来进行描述。但是，组态软件在技术特点上有以下几点是共同的：提供开发环境和运行环境；采用客户/服务器模式；软件采用组件方式构成；采用 DDE、OLE、COM/DCOM、ActiveX 技术；提供诸如 ODBC、OPC、API 接口；支持分布式应用；支持多种系统结构，如单用户、多用户（网络），甚至多层网络结构；支持 Internet 应用。

组态软件的结构划分有多种标准，下面以使用软件的工作阶段和软件体系的成员构成来进行划分。

1. 以使用软件的工作阶段划分

从总体结构上看，组态软件一般都是由系统开发环境（或称为组态环境）与系统运行环境两大部分组成。系统开发环境和系统运行环境之间的联系纽带是实时数据库，三者之间的关系如图 1-1 所示。

图 1-1　系统开发环境、系统运行环境和实时数据库三者之间的关系

（1）系统开发环境

它是自动化工程设计工程师为实施其控制方案，在组态软件的支持下进行应用程序的系统生成工作所必须依赖的工作环境。通过建立一系列用户数据文件，生成最终的图形目标应用系统，供系统运行环境运行时使用。

系统开发环境由若干个组态程序组成，如图形界面组态程序、实时数据库组态程序等。

（2）系统运行环境

在系统运行环境下，目标应用程序被装入计算机内存并投入实时运行。系统运行环境由若干个运行程序组成，如图形界面运行程序、实时数据库运行程序等。

组态软件支持在线组态技术，即在不退出系统运行环境的情况下可以直接进入组态环境并修改组态，使修改后的组态直接生效。

自动化工程设计工程师最先接触的一定是系统开发环境，通过一定工作量的系统组态和调试，最终将目标应用程序在系统运行环境中投入实时运行，完成一个工程项目。

一般工程应用必须有一套开发环境，但可以有多套运行环境。在本书的例子中，为了方便，将开发环境和运行环境放在一起，通过菜单限制编辑修改功能来实现运行环境。

一套好的组态软件应该能够为用户提供快速构建自己的计算机控制系统的手段。例如，对输入信号进行处理的各种模块、各种常见的控制算法模块、构造人机界面的各种图形要素、使用户能够方便地进行二次开发的平台或环境等。如果是通用的组态软件，还应当提供各类工控设备的驱动程序和常见的通信协议。

2. 按照成员构成划分

组态软件因为功能强大，而每个功能相对来说又具有一定的独立性，因此其组成形式是一个集成软件平台，由若干程序组件构成。

组态软件必备的功能组件包括如下六个部分。

（1）应用程序管理器

应用程序管理器是提供应用程序的搜索、备份、解压缩、建立应用等功能的专用管理工具。在自动化工程设计工程师应用组态软件进行工程设计时，经常会遇到下面一些烦恼：经常要进行组态数据的备份；经常需要引用以往成功项目中的部分组态成果（如画面）；经常需要迅速了解计算机中保存了哪些应用项目。虽然这些工作可以用手动方式实现，但效率低下，极易出错。有了应用程序管理器的支持，这些工作将变得非常简单。

（2）图形界面开发程序

图形界面开发程序是自动化工程设计人员为实施其控制方案，在图形编辑工具的支持下进行图形系统生成工作所依赖的开发环境。通过建立一系列用户数据文件，生成最终的图形目标应用系统，供图形运行环境运行时使用。

（3）图形界面运行程序

在系统运行环境下，图形目标应用系统被图形界面运行程序装入计算机内并投入实时运行。

（4）实时数据库系统组态程序

有的组态软件只在图形开发环境中增加了简单的数据管理功能，因而不具备完整的实时数据库系统。目前比较先进的组态软件都有独立的实时数据库组件，以提高系统的实时性，增强处理能力。实时数据库系统组态程序是建立实时数据库的组态工具，可以定义实时数据库的结构、数据来源、数据连接、数据类型及相关的各种参数。

（5）实时数据库系统运行程序

在系统运行环境下，目标实时数据库及其应用系统被实时数据库运行程序装入计算机内存，并执行预定的各种数据计算、数据处理任务。历史数据的查询、检索、报警的管理都是在实时数据库系统运行程序中完成的。

（6）I/O 驱动程序

I/O 驱动程序是组态软件中必不可少的组成部分，用于 I/O 设备通信，互相交换数据。DDE 和 OPC 客户端是两个通用的标准 I/O 驱动程序，用来支持 DDE 和 OPC 标准的 I/O 设备通信，多数组态软件的 DDE 驱动程序被整合在实时数据库系统或图形系统中，而 OPC 客户端则多数单独存在。

1.3.2　常见的组态方式

下面介绍几种常见的组态方式。由于目前有关组态方式的术语还未统一，因此，本书中所用的术语可能会与一些组态软件有所不同。

1. 系统组态

系统组态又称为系统管理组态（或系统生成），这是整个组态工作中的第一步，也是最重要的一步。系统组态的主要工作是对系统的结构以及构成系统的基本要素进行定义。以DCS 的系统组态为例，硬件配置的定义包括：选择什么样的网络层次和类型（如宽带、载波带），选择什么样的工程师站、操作员站和现场控制站（I/O 控制站）（如类型、编号、地址、是否为冗余等）以及其具体的配置，选择什么样的 I/O 模块（如类型、编号、地址、是否为冗余等）及其具体的配置。有的 DCS 的系统组态可以做得非常详细。例如，机柜、机柜中的电源、电缆与其他部件、各类部件在机柜中的槽位、打印机以及各站使用的软件等，都可以在系统组态中进行定义。系统组态的过程一般都是用图形加填表的方式。

2. 控制组态

控制组态又称为控制回路组态，这同样是一种非常重要的组态。为了确保生产工艺的实现，一个计算机控制系统要完成各种复杂的控制任务。例如，各种操作的顺序动作控制，各个变量之间的逻辑控制以及对各个关键参量采用各种控制（如 PID、前馈、串级、解耦，甚至是更为复杂的多变量预控制、自适应控制）。因此，有必要生成相应的应用程序来实现这些控制。组态软件往往会提供各种不同类型的控制模块，组态的过程就是将控制模块与各个被控变量相联系，并定义控制模块的参数（例如，比例系数、积分时间）。另外，对于一些被监视的变量，也要在信号采集之后对其进行一定的处理，这种处理也是通过软件模块来实现的。因此，也需要将这些被监视的变量与相应的模块相联系，并定义有关的参数。这些工作都是在控制组态中来完成。

由于控制问题往往比较复杂，组态软件提供的各种模块不一定能够满足现场的需要，这就需要用户作进一步的开发，即自己建立符合需要的控制模块。因此，组态软件应该能够给用户提供相应的开发手段。通常可以有两种方法：一是用户自己用高级语言来实现，然后再嵌入系统中；二是由组态软件提供脚本语言。

3. 画面组态

画面组态的任务是为计算机控制系统提供一个方便操作员使用的人机界面。显示组态的工作主要包括两个方面：一是画出一幅（或多幅）能够反映被控制的过程概貌的图形；二是将图形中的某些要素（例如，数字、高度、颜色）与现场的变量相联系（又称为数据连接或动画连接），当现场的参数发生变化时，就可以及时地在显示器上显示出来，或者是通过在屏幕上改变参数来控制现场的执行机构。

现在的组态软件都会为用户提供丰富的图形库。图形库中包含大量的图形元件，只需在图库中将相应的子图调出，再作少量修改即可。因此，即使是完全不会编程序的人也可以"绘制"出漂亮的图形来。图形又可以分为两种：一种是平面图形，另一种是三维图形。平面图形虽然不是十分美观，但占用内存少，运行速度快。

数据连接分为两种：一种是被动连接，另一种是主动连接。对于被动连接，当现场的参数改变时，屏幕上相应数字量的显示值或图形的某个属性（如高度、颜色等）也会相应改变。对于主动连接方式，当操作人员改变屏幕上显示的某个数字值或某个图形的属性（例如高度、位置等）时，现场的某个参量就会发生相应的改变。显然，利用被动连接就可以实现现场数据的采集与显示，而利用主动连接就可以实现操作人员对现场设备的控制。

4. 数据库组态

数据库组态包括实时数据库组态和历史数据库组态。实时数据库组态的内容包括：数据库各点（变量）的名称、类型、工位号、工程量转换系数上下限、线性化处理、报警限和报警特性等。历史数据库组态的内容包括定义各个进入历史库数据点的保存周期，有的组态软件将这部分工作放在了历史组态之中，还有的组态软件将数据点与 I/O 设备的连接放在数据库组态之中。

5. 报表组态

一般的计算机控制系统都会带有数据库。因此，可以很轻易地将生产过程形成的实时数据形成对管理工作十分重要的日报、周报或月报。报表组态包括定义报表的数据项、统计项、报表的格式以及打印报表的时间等。

6. 报警组态

报警功能是计算机控制系统很重要的一项功能，它的作用就是当被控或被监视的某个参数达到一定数值的时候，以声音、光线、闪烁或打印机打印等方式发出报警信号，提醒操作人员注意并采取相应的措施。报警组态的内容包括报警的级别、报警限、报警方式和报警处理方式的定义。有的组态软件没有专门的报警组态，而是将其放在控制组态或显示组态中顺便完成报警组态的任务。

7. 历史组态

由于计算机控制系统对实时数据采集的采样周期很短，形成的实时数据很多，这些实时数据不可能也没有必要全部保留，可以通过历史模块将浓缩实时数据形成有用的历史记录。历史组态的作用就是定义历史模块的参数，形成各种浓缩算法。

8. 环境组态

由于组态工作十分重要，如果处理不好，就会使计算机控制系统无法正常工作，甚至会造成系统瘫痪。因此，应当严格限制组态的人员。一般的做法是设置不同的环境，例如，过程工程师环境、软件工程师环境以及操作员环境等。只有在过程工程师环境和软件工程师环境中才可以进行组态，而操作员环境就只能进行简单的操作。为此，还引入了环境组态的概念。所谓环境组态，是指通过定义软件参数，建立相应的环境。不同的环境拥有不同的资源，且环境是有密码保护的。还有一个办法就是不在运行平台上组态，组态完成后再将运行的程序代码安装到运行平台中。

1.4　组态软件的使用与组建

1.4.1　组态软件的使用步骤

组态软件通过 I/O 驱动程序从现场 I/O 设备获得实时数据，对数据进行必要的加工后，一方面以图形方式直观地显示在计算机屏幕上；另一方面按照组态要求和操作人员的指令将控制数据传送给 I/O 设备，对执行机构实施控制或调整控制参数。具体的工程应用必须经过完整、详细的组态设计，组态软件才能够正常工作。

下面列出组态软件的使用步骤。

1）将所有 I/O 点的参数收集齐全，并填写表格，以备在控制组态软件和控制、检测设备上组态时使用。

2）搞清楚所使用的 I/O 设备的生产商、种类、型号、使用的通信接口类型、采用的通信协议，以便在定义 I/O 设备时做出准确选择。

3）将所有 I/O 点的 I/O 标识收集齐全，并填写表格，I/O 标识是唯一地确定一个 I/O 点的关键字，组态软件通过向 I/O 设备发出 I/O 标识来请求对应的数据。在大多数情况下，I/O 标识是 I/O 点的地址或位号名称。

4）根据工艺过程绘制、设计画面结构和画面草图。

5）按照第 1 步统计出的表格，建立实时数据库，正确组态各种变量参数。

6）根据第 1 步和第 3 步的统计结果，在实时数据库中建立实时数据库变量与 I/O 点的一一对应关系，即定义数据连接。

7）根据第 4 步的画面结构和画面草图，组态每一幅静态的操作画面。

8）将操作画面中的图形对象与实时数据库变量建立动画连接关系，规定动画属性和幅度。

9）对组态内容进行分段和总体调试。

10）系统投入运行。

在一个自动控制系统中，投入运行的控制组态软件是系统的数据收集处理中心、远程监视中心和数据转发中心，处于运行状态的控制组态软件与各种控制、检测设备（如 PLC、智能仪表、DCS 等）共同构成快速响应的控制中心。控制方案和算法一般在设备上组态并执行，也可以在 PC 上组态，然后下载到设备中执行，根据设备的具体要求而定。

监控组态软件投入运行后，操作人员可以在监控组态软件的支持下完成以下六项任务。

1）查看生产现场的实时数据及流程画面。

2）自动打印各种实时/历史生产报表。

3）自由浏览各个实时/历史趋势画面。

4）及时得到并处理各种过程报警和系统报警。

5）在需要时，人为干预生产过程，修改生产过程参数和状态。

6）与管理部门的计算机联网，为管理部门提供生产实时数据。

1.4.2 组态工控系统的组建过程

1．工程项目系统分析

首先要了解控制系统的构成和工艺流程，弄清被控对象的特征，明确技术要求。然后在此基础上进行工程的整体规划，包括系统应实现哪些功能，控制流程如何，需要什么样的用户窗口界面，实现何种动画效果以及如何在实时数据库中定义数据变量。

2．设计用户操作菜单

在系统运行的过程中，为了便于画面的切换和变量的提取，通常应由用户根据实际需要建立自己的菜单，方便用户操作。例如，制定按钮来执行某些命令或通过其输入数据给某些变量等。

3．画面设计与编辑

画面设计分为画面建立、画面编辑和动画编辑与连接等几个步骤。画面由用户根据实际需要编辑制作，然后将画面与已定义的变量关联起来，以便运行时使画面上的内容随变量变化。用户可以利用组态软件提供的绘图工具进行画面的编辑制作，也可以通过程序命令即脚本程序来实现。

4．编写程序进行调试

用户程序编写好后，要进行在线调试。在实际调试前，先借助于一些模拟手段进行初调，通过对现场数据进行模拟，检查动画效果和控制流程是否正确。

5．连接设备驱动程序

利用组态软件编写好的程序最后要实现和外围设备的连接，在进行连接前，要装入正确的设备驱动程序和定义彼此间的通信协议。

6．综合测试

对系统进行整体调试，经验收后方可投入试运行，在运行过程中发现问题并及时完善系统设计。

第2章 认识组态王软件

组态王（KingView）是目前国内具有自主知识产权，市场占有率相对较高的组态软件，运行于 Microsoft Windows 平台，可应用于许多行业的工业控制系统。

组态王软件包由工程管理器、工程浏览器、画面运行系统（TouchView）、信息窗口等部分组成。工程浏览器内嵌画面开发系统，即组态王开发系统（TouchExplover）。工程浏览器和画面运行系统是相互独立的 Windows 应用程序，均可单独使用；两者又相互依存，在工程浏览器的画面开发系统中设计开发的画面应用程序，必须在画面运行系统运行环境中才能运行。

2.1 工程管理器

在组态王中，设计者开发的一个应用系统称为一个工程，每个工程必须在一个独立的工程目录中，不同的工程不能共用一个目录。工程目录也称为工程路径。在每个工程路径下，组态王为每个工程生成了一些重要的数据文件。这些数据文件一般是不允许修改的。每建立一个新的应用程序，就必须先为这个应用程序指定工程路径，以便组态王根据工程路径对不同的应用程序分别进行不同的自动管理。

组态王中工程管理器的主要作用就是为用户集中管理本机上的所有组态王工程。其主要功能包括：新建、删除工程，搜索指定路径下的所有组态王工程，重命名工程，修改工程属性，备份、恢复工程，导入导出数据词典，切换到组态王开发或运行环境等。

运行组态王程序，出现工程管理器界面，如图 2-1 所示。

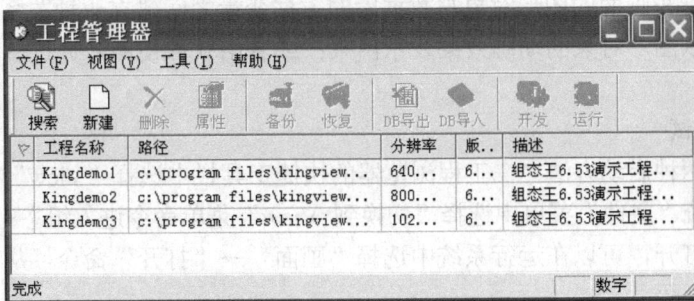

图 2-1　组态王工程管理器界面

2.1.1 建立工程

建立工程的一般步骤是设计画面、定义设备、构造数据库（定义变量）、建立动画连接，及运行和调试。这些步骤常常是交错进行的。

1．设计画面

进入组态王开发系统后，就可以为工程建立数目不限的画面，在每个画面上生成互相关联的静态或动态图形对象。这些画面都是由组态王提供的类型丰富的图形对象组成的。

系统为用户提供了矩形（圆角矩形）、直线、椭圆（圆）、扇形（圆弧）、点位图、多边形（多边线）、文本等基本图形对象，提供了按钮、趋势曲线窗口、报警窗口、报表等复杂的图形对象，提供了对图形对象在窗口内任意移动、缩放、改变形状、复制、删除、对齐等编辑操作。系统全面支持键盘、鼠标绘图，并可提供对图形对象的颜色、线型、填充属性进行改变的操作工具。

组态王采用面向对象的编程技术，可以使用户方便地建立画面的图形界面。用户构图时可以像搭积木那样利用系统提供的图形对象完成画面的生成。同时，组态王支持画面之间的图形对象复制，可重复使用以前的开发结果。

2．定义设备

组态王把那些需要与之交换数据的设备或程序都作为外部 I/O 设备。

外部设备包括下位机（PLC、仪表、模块、板卡和变频器等），它们一般通过串行口和上位机交换数据。其他 Windows 应用程序之间一般通过 DDE（数据动态交换）交换数据，外部设备还包括网络上的其他计算机。

只有在定义了外部设备之后，组态王才能通过 I/O 变量和它们交换数据。

为方便定义外部设备，组态王设计了"设备配置向导"，引导用户一步步完成设备的连接。

3．构造数据库

数据库是组态王软件的核心部分。工业现场的生产状况要以动画的形式反映在屏幕上，操作者在计算机前发布的指令也要迅速送达生产现场，所有这一切都是以实时数据库为中介环节，所以说数据库是联系上位机和下位机的桥梁。

数据库中变量的集合形象地称为"数据词典"。数据词典记录了所有用户可使用的数据变量的详细信息。变量在画面制作系统中定义。

4．建立动画连接

动画连接是指在画面的图形对象与数据库的数据变量之间建立一种关系，当变量的值改变时，在画面上以图形对象的动画效果表示出来；或者由软件使用者通过图形对象改变数据变量的值。

5．运行和调试

运行系统有两种启动方法：在工程浏览器的快捷工具栏中选择"View"按钮切换到运行系统；在开发系统"文件"菜单中选择"切换到 View"菜单命令进入组态王运行系统。

如果画面没打开，可以在运行系统中选择"画面"→"打开"命令，从"打开画面"窗口选择要运行的画面。

2.1.2　添加工程

1．找到一个已有的组态王工程

在工程管理器中使用"添加工程"命令来找到一个已有的组态王工程，并将工程的信息显示在工程管理器的信息显示区中。

依次单击菜单栏"文件"→"添加工程"命令后，弹出选择添加路径的"浏览文件夹"

对话框，如图 2-2 所示。选择想要添加的工程所在的路径。单击"确定"按钮，将选定的工程路径下的组态王工程添加到工程管理器显示区中。如果选择的路径不是组态王的工程路径，则添加不了。

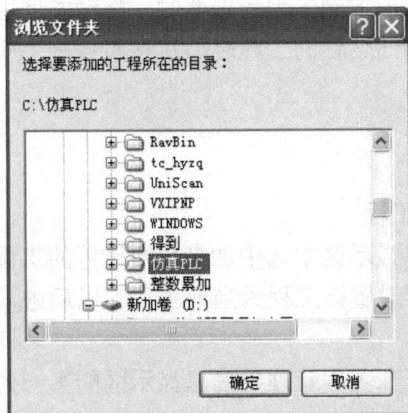

图 2-2 选择添加路径的"浏览文件夹"对话框

如果添加的工程名称与当前工程信息显示区中存在的工程名称相同，则被添加的工程将动态生成一个工程名称，在工程名称后添加序号。当存在多个具有相同名称的工程时，将按照顺序生成名称，直到没有重复的名称为止。

2. 找到多个已有的组态王工程

添加工程只能单独添加一个已有的组态王工程，要想找到更多的组态王工程，只能使用"搜索工程"命令。

依次单击菜单栏"文件"→"搜索工程"命令或工具条上"搜索"按钮或快捷菜单中"搜索工程"命令后，弹出选择搜索路径的"浏览文件夹"对话框，如图 2-3 所示。

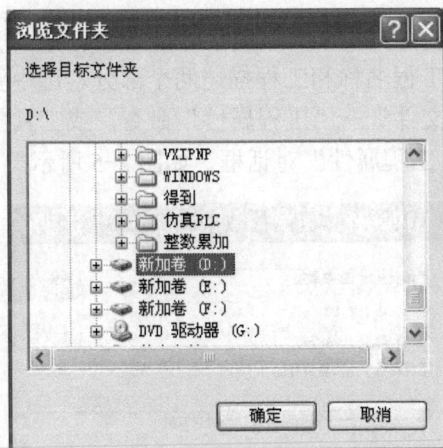

图 2-3 选择搜索路径的"浏览文件夹"对话框

路径的选择方法与 Windows 的资源管理器相同，选定有效路径之后，单击"确定"按钮，工程管理器开始搜索工程，将搜索指定路径及其子目录下的所有工程，搜索完成后，搜索结果自动显示在管理器的信息显示区内，对话框自动关闭。单击"取消"按钮，取消搜索工程操作。

如果搜索到的工程名称与当前工程信息表格中存在的工程名称相同，或搜索到的工程中有相同名称的，在工程信息被添加到工程管理器时，将动态地生成工程名称，在工程名称后添加序号。当存在多个具有相同名称的工程时，将按照顺序生成名称，直到没有重复的名称为止。

2.1.3 工程操作

1. 设置一个工程为当前工程

在工程管理器的工程信息显示区中选中加亮想要设置的工程，依次单击菜单栏"文件"→"设为当前工程"命令即可设置该工程为当前工程。以后进入组态王开发系统或运行系统时，系统将默认打开该工程。

被设置为当前工程的工程在工程管理器信息显示区的第一列中用一个图标（小红旗）来标识，如图 2-4 所示。

图 2-4 设置当前工程

2. 修改当前工程的属性

修改工程属性主要包括工程名称和工程描述两个部分。选中要修改属性的工程，使之加亮显示，依次单击菜单栏"文件"→"工程属性"命令，或工具条"属性"按钮或快捷菜单"工程属性"命令后，弹出"工程属性"对话框，如图 2-5 所示。

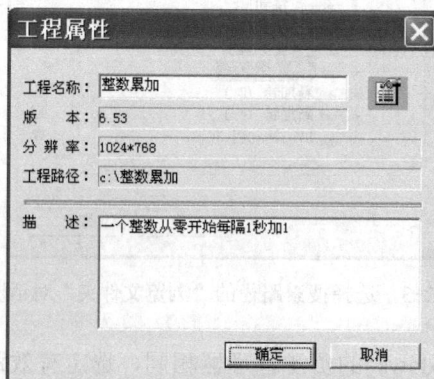

图 2-5 "工程属性"对话框

"工程名称"文本框中显示的为原工程名称，用户可直接修改。

"版本""分辨率"文本框中分别显示开发该工程的组态王软件版本和工程的分辨率。

"工程路径"显示该工程所在的路径。

"描述"显示该工程的描述文本，允许用户直接修改。

3. 清除当前不需要显示的工程

选中要清除信息的工程，使之加亮显示，单击菜单栏"文件"→"清除工程信息"命令后，将显示的工程信息条从工程管理器中清除，不再显示。

执行该命令不会删除工程或改变工程。用户可以通过"搜索工程"或"添加工程"重新使该工程信息显示到工程管理器中。

4. 备份工程

选中要备份的工程，使之加亮显示。依次单击菜单栏"工具"→"工程备份"命令或工具条"备份"按钮或快捷菜单"工程备份"命令后，弹出"备份工程"对话框，如图2-6所示。

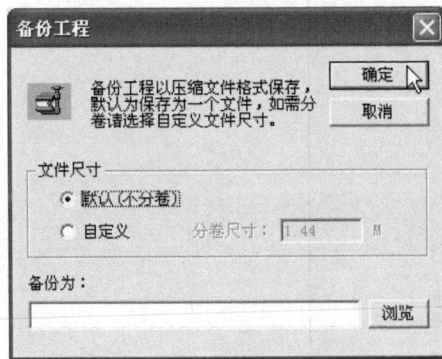

图2-6 "备份工程"对话框

工程备份文件分为两种形式，即不分卷和分卷。不分卷是指将工程压缩为一个备份文件，无论该文件有多大。分卷是指将工程备份为若干指定大小的压缩文件。系统的默认方式为不分卷。

5. 删除工程

选中要删除的工程（该工程为非当前工程），使之加亮显示，单击菜单栏"文件"→"删除工程"命令或工具条"删除"按钮或快捷菜单"删除工程"命令后，为防止用户误操作，弹出"删除工程"对话框，提示用户是否确定删除，如图2-7所示。单击"是"则删除工程，单击"否"取消删除工程操作。删除工程将从工程管理器中删除该工程的信息，工程所在目录将被全部删除，包括子目录。

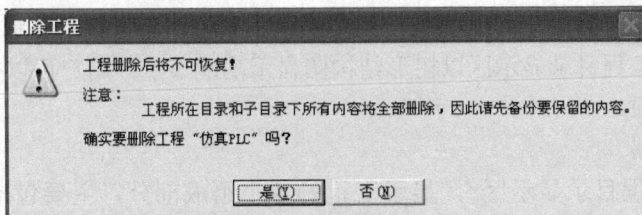

图2-7 "删除工程"对话框

注意：删除工程将把工程的所有内容全部删除，不可恢复。用户应注意操作。

2.2 工程浏览器

2.2.1 概述

双击工程管理器中的某个工程名，出现演示方式提示对话框，单击"确定"按钮，进入工程浏览器界面，如图 2-8 所示。

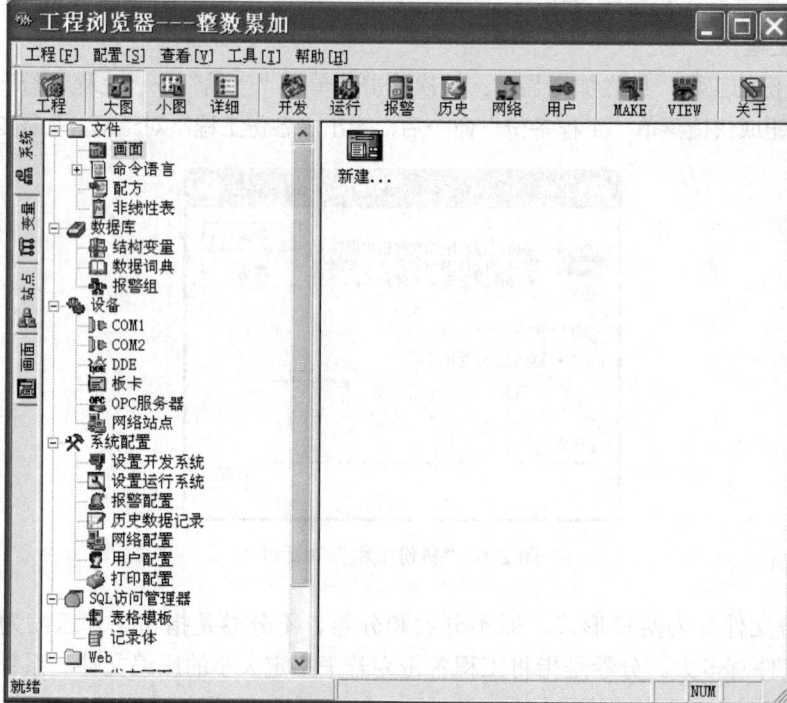

图 2-8　工程浏览器界面

工程浏览器是组态王的一个重要组成部分，它将图形画面、命令语言、设备驱动程序、配方、报警、网络等工程元素集中管理，并在一个窗口中进行树形结构排列。在工程浏览器中可以一目了然地查看工程的各个组成部分，可以完成构造数据库、定义外部设备等。

组态王开发系统内嵌于组态王工程浏览器，又称为画面开发系统，是应用程序的集成开发环境，工程人员在这个环境里进行系统开发。

组态王的工程浏览器由 Tab 标签条、菜单栏、工具栏、工程目录显示区、目录内容显示区、状态栏组成。工程目录显示区以树形结构图显示功能节点，用户可以扩展或收缩工程浏览器中所列的功能项。

（1）工程浏览器

其左侧是"工程目录显示区"，显示工程的各个组成部分，主要包括"系统""变量""站点"和"画面"四部分，这四部分的切换是通过工程浏览器最左侧的 Tab 标签实现的。

1）系统。包括"文件""数据库""设备""系统配置""SQL 访问管理器"和"Web"等六大项。

"文件"主要包括"画面""命令语言""配方"和"非线性表"。

"数据库"主要包括"结构变量""数据词典"和"报警组"。

"设备"主要包括"串口 1（COM1）""串口 2（COM2）""DDE 设备""板卡""OPC 服务器"和"网络站点"。

"系统配置"主要包括"设置开发系统""设置运行系统""报警配置""历史数据记录""网络配置""用户配置"和"打印配置"。

"SQL 访问管理器"主要包括"表格模板"和"记录体"。

"Web"为组态王 For Internet 功能画面发布工具。

2）变量。主要为变量管理，包括变量组。

3）站点。显示定义的远程站点的详细信息。

4）画面。用于对画面进行分组管理，创建和管理画面组。

（2）工程浏览器

其右侧是"目录内容显示区"，显示每个工程组成部分的详细内容，同时对工程提供必要的编辑修改功能。

2.2.2　工程菜单

用鼠标单击工程浏览器菜单栏上的"工程"菜单，弹出下拉式菜单，其中包括启动工程管理器、工程导入、工程导出及工程退出等菜单项。

1. 启动工程管理器

此菜单命令用于打开工程管理器。单击"工程"→"启动工程管理器"菜单，弹出"工程管理器"界面。

2. 工程导入

此菜单命令用于将另一组态王工程的画面和命令语言导入到当前工程中。

依次单击"工程"→"导入"菜单，则弹出"画面和命令语言导入向导"对话框。

3. 工程导出

此菜单命令用于将当前组态王工程的画面和命令语言导出到指定文件夹中。

依次单击"工程"→"导出"菜单，则弹出"画面和命令语言导出向导"对话框。

4. 工程退出

此菜单命令用于关闭工程浏览器。

依次单击"工程"→"退出"菜单，则退出工程浏览器。若画面开发系统中有的画面内容被改变而没有保存，程序会提示工程人员选择是否保存。

2.2.3　配置菜单

用鼠标单击工程浏览器菜单栏上的"配置"菜单，弹出下拉式菜单，其中包括配置开发系统、配置运行系统、报警配置、历史数据记录、网络配置、用户配置、打印配置和设置串口等菜单项。

1. 配置开发系统

此菜单命令是用于对开发系统外观进行设置。依次单击"配置"→"开发系统"菜单，弹出"开发系统外观定制"对话框，如图2-9所示。

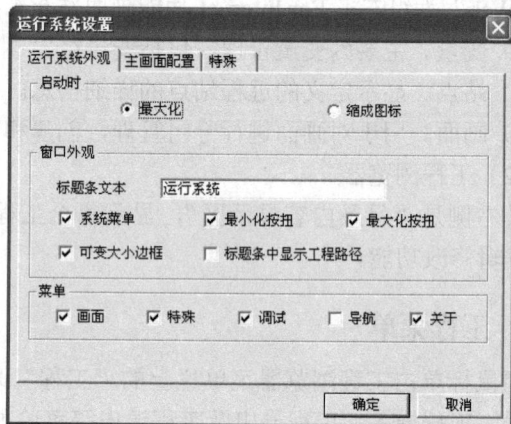

标题条文本：此文本框用于输入组态王画面开发系统标题栏中的标题。

显示工程路径：选择此选项使当前工程路径显示在组态王开发系统的标题栏中。

2. 配置运行系统

此菜单命令用于设置运行系统外观、定义运行系统基准频率、设定运行系统启动时自动打开的主画面等。

单击"配置"→"运行系统"菜单，弹出"运行系统设置"对话框，如图2-10所示。

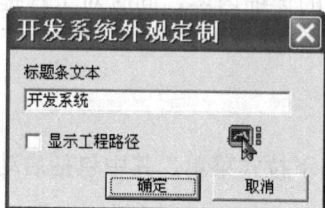

图2-9 "开发系统外观定制"对话框　　　　　图2-10 "运行系统设置"对话框

"运行系统设置"对话框由三个配置选项卡组成。

（1）"运行系统外观"选项卡

此选项卡中各项的含义和使用介绍如下：

1）最大化。TouchView启动时占据整个屏幕。

2）缩成图标。TouchView启动时自动缩成图标。

3）标题条文本。此文本框用于输入 TouchView 运行时出现在标题栏中的标题。若此内容为空，则 TouchView 运行时将隐去标题条，全屏显示。

4）系统菜单。选择此选项使 TouchView 运行时标题栏中带有系统菜单框。

5）最小化按钮。选择此选项使 TouchView 运行时标题栏中带有最小化按钮。

6）最大化按钮。选择此选项使 TouchView 运行时标题栏中带有最大化按钮。

7）可变大小边框。选择此选项使 TouchView 运行时，可以改变窗口大小。

8）标题条中显示工程路径。选择此选项使当前应用程序目录显示在标题栏中。

9）菜单。选择 TouchView 运行时要显示的菜单。

（2）"主画面配置"选项卡

此选项卡规定 TouchView 启动时自动加载的画面。如果几个画面互相重叠，最后调入的画面在前面显示。

该属性页画面列表对话框中列出了当前工程中所有有效的画面，选中的画面加亮显示。

（3）"特殊"选项卡

单击"特殊"选项卡，如图 2-11 所示。

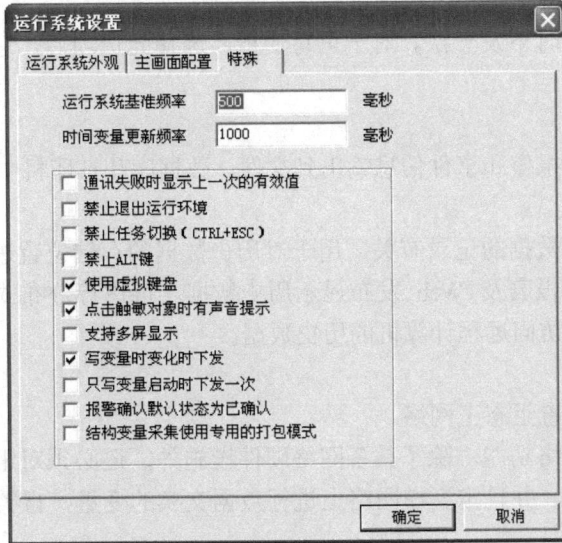

图 2-11 "特殊"选项卡

此选项卡中主要选项的含义和使用介绍如下：

1）运行系统基准频率：它是一个时间值。所有与时间有关的其他操作选项（如：有"闪烁"动画连接的图形对象的闪烁频率、趋势曲线的更新频率、后台命令语言的执行等）都以它为单位，是它的整数倍。组态王最高基准频率为 55ms。

2）时间变量更新频率。它用于控制 TouchView 在运行时更新系统时间变量的频率。

3）通讯失败时显示上一次的有效值。该选项用于控制组态王中的 I/O 变量在通信失败后在画面上的显示方式。选中此项后，对于组态王画面上 I/O 变量的"值输出"连接，在设备通信失败时画面上将显示组态王最后采集的数据值，否则将显示"？？？？"。

4）禁止退出运行环境。选择此选项使 TouchView 启动后，用户不能使用系统的"关闭"按钮或菜单来关闭程序，使程序退出运行。但用户可以在组态王中使用 Exit( )函数控制程序退出。

5）禁止任务切换〈Ctrl+Esc〉。选择此选项将禁止使用〈Ctrl+Esc〉组合键，用户不能进行任务切换。

6）禁止 ALT 键。选择此选项将禁止〈Alt〉键，用户不能用〈Alt〉键调用菜单命令。

注意：若将上述所有选项选中时，只有使用组态王提供的内部函数 Exit(Option)退出。

7）使用虚拟键盘。选择此选项后，画面程序运行时，当需要操作者使用键盘时，比如输入模拟值，则弹出模拟键盘窗口，操作者用鼠标在模拟键盘上选择字符即可输入。

8）点击触敏对象时有声音提示。选择此选项后，系统运行时，鼠标单击按钮等可操作的图素时，蜂鸣器发出声音。

9）支持多屏显示。选择此选项后，系统支持多显卡显示，可以一台主机接多个显示器，组态王画面在多个显示器上显示。

10）写变量时变化时下发。选择此选项后，如果变量的采集频率为 0，组态王写变量的时候，只有变量值发生变化才写，否则不写。

11）只写变量启动时下发一次。对于只写变量，选择此选项后，运行组态王，将初始值向下写一次，否则不写。

3．报警配置

此菜单命令用于将报警和事件信息输出到文件、数据库和打印机中的配置。

4．历史数据记录

此菜单命令和历史数据的记录有关，用于对历史数据的存储位置进行配置。从而可以利用历史趋势曲线、历史报表及 Web 发布显示历史数据。可进行分布式历史数据配置，使本机节点中的组态王能够访问远程计算机的历史数据。

5．网络配置

此菜单命令用于配置组态王网络。

要实现组态王的网络功能，除了具备网络硬件设施外，还必须对组态王各个站点进行网络配置，设置网络参数，并且定义在网络上进行数据交换的变量，报警数据和历史数据的存储和引用等。

6．用户配置

此菜单命令用于建立组态王用户、用户组，以及安全区配置。

7．打印配置

此菜单命令用于配置"画面""实时报警""报告"打印时的打印机。

8．设置串口

此菜单命令用于配置串口通信参数及对调制解调器拨号的设置。

2.2.4　工具菜单

用鼠标单击工程浏览器菜单栏上的"工具"菜单，弹出下拉式菜单，其中包括查找数据库变量、变量使用报告、更新变量计数、删除未用变量、替换变量名称和工程加密等菜单项。

1．查找数据库变量

此菜单命令用于查找指定数据库中的变量，并且显示该变量的详细情况供用户修改。

单击工程浏览器工程目录显示区中"变量词典"项时，该菜单命令由灰色（不可用）变为黑色（可用），弹出"查找"对话框，如图 2-12 所示。

2．变量使用报告

此菜单命令用于统计组态王变量的使用情况，即变量所在的画面，使用变量的图素在画面中的坐标位置和使用变量的命令语言的类型。

依次单击"工具"→"变量使用报告"菜单，系统对变量进行统计，交替弹出"调入…画面""统计…画面"等对话框，直到统计完成，弹出"变量使用报告"对话框，如图 2-13所示。

3．更新变量计数

数据库采用对变量引用进行计数的办法来表明变量是否被引用，"变量引用计数"为0，表明数据定义后没有被使用过。

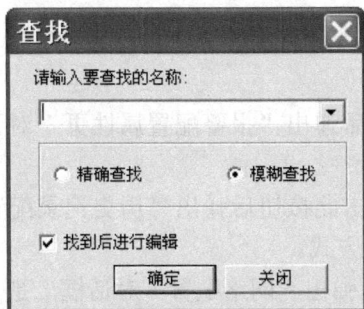

图 2-12 "查找"对话框

图 2-13 "变量使用报告"对话框

当删除、修改某些连接表达式或删除画面，使变量引用计数变化时，数据库并不自动更新此计数值。用户需要使用更新变量计数命令来统计、更新变量使用情况。

一般情况下，工程人员不需要选择此命令，在应用设计结束时做最后的清理工作时才会用到此项功能。

4．删除未用变量

数据库维护的大部分工作都是由系统自动完成的，设计者需要做的是，在完成的最后阶段删除未用变量。

在删除未用变量之前需要更新变量计数，目的是确定变量是否有动画连接或是否在命令语言中使用过，只有没使用过（变量计数=0）的变量才可以删除。

更新变量计数之前要求关闭所有画面。

5．替换变量名称

此菜单命令用于将已有的旧变量名用新的变量名来替换。

6．工程加密

为了防止其他人员对工程进行修改，可以对所开发的工程进行加密，也可以将加密的工程取消工程密码保护。

2.2.5　工具条按钮

工具条按钮是工程浏览器中菜单命令的快捷方式。当鼠标指针放在工具条的任一按钮上时，立刻出现一个表明此按钮的功能提示信息框。

工具条上的每一个按钮对应着一个菜单命令，分别介绍如下。

1）"工程"按钮。用于打开"工程管理器"，是"工程"→"启动工程管理器"菜单命令的快捷方式。

2）"大图"按钮。用于设置目录内容显示方式为"大图标"方式，是"查看"→"大图标"菜单命令的快捷方式。

3）"小图"按钮。用于设置目录内容显示方式为"小图标"方式，是"查看"→"小图标"菜单命令的快捷方式。

4）"详细"按钮。用于设置目录内容显示方式为"详细资料"方式，是"查看"→"详细资料"菜单命令的快捷方式。

5）"开发"按钮。用于配置 TouchExplorer 的外观，是"配置"→"开发系统"菜单命令的快捷方式。

6）"运行"按钮。用于配置 TouchView 的外观，是"配置"→"运行系统"菜单命令的快捷方式。

7）"报警"按钮。用于报警配置，单击此按钮后弹出"报警配置属性页"对话框，是"配置"→"报警配置"菜单命令的快捷方式。

8）"历史"按钮。用于历史数据记录配置，单击此按钮后弹出"历史记录配置"对话框，是"配置"→"历史数据记录"菜单命令的快捷方式。

9）"网络"按钮。用于网络设置，单击此按钮后弹出"网络配置"对话框，是"配置"→"网络配置"菜单命令的快捷方式。

10）"用户"按钮。用于用户和安全区的设置，单击此按钮后弹出"用户和安全区管理器"对话框，是"配置"→"用户配置"菜单命令的快捷方式。

11）"Make"按钮。用于"切换到 Make"，即切换到组态王画面开发系统。

12）"View"按钮。用于"切换到 View"，即切换到组态王运行系统。

13）"关于"按钮。用于提供组态王的系统帮助信息，是"帮助"→"关于"菜单命令的快捷方式。

2.3 信息窗口

组态王信息窗口是一个独立的 Windows 应用程序，用来记录、显示组态王开发和运行系统在运行状态时的信息。

信息窗口中显示的信息可以作为一个文件存于指定的目录中或是用打印机打印出来，供用户查阅。

当工程浏览器、TouchView 等启动时，会自动启动信息窗口，如图 2-14 所示。

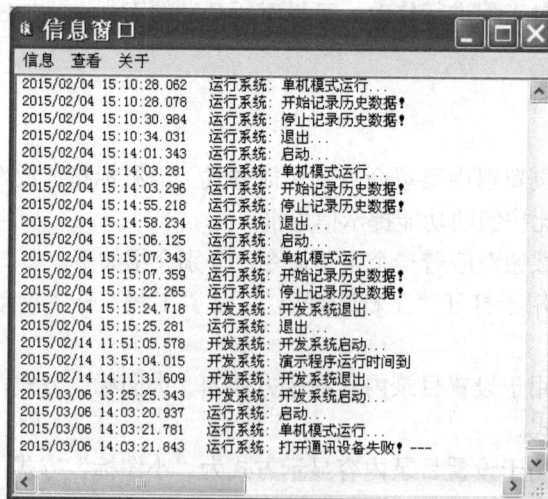

图 2-14 信息窗口

一般情况下启动组态王系统后，在信息窗口中可以显示的信息有组态王系统的启动、关闭、运行模式，历史记录的启动、关闭，I/O 设备的启动、关闭，网络连接的状态，与设备连接的状态，命令语言中函数未成功执行的出错信息等。

　　用户可以将信息窗口中的信息以.kvl 文件的形式保存到硬盘中，还可以将当前信息窗口显示的内容保存为.txt 文件。除设置信息文件保存路径外，还可以设置保存参数。

　　如果用户想要查看与下位设备通信的信息，可以选择运行系统"调试"菜单下的"读成功""读失败""写成功""写失败"等项，则 I/O 变量读取设备上的数据是否成功的信息会在信息窗口中显示出来。

第3章　组态软件设计基础

利用组态软件设计一个应用工程时主要考虑三个方面的问题。

图形：用户希望得到怎样的图形画面。即怎样用抽象的图形画面来模拟实际的工业现场和相应的工控设备。

数据：怎样用数据来描述工控对象的各种属性。即创建一个具体的数据库，此数据库中的变量反映了工控对象的各种属性，比如温度、压力等。

连接：数据和图形画面中的图素的连接关系是什么。即画面上的图素以怎样的动画来模拟现场设备的运行，以及怎样让操作者输入控制设备的指令。

3.1　画面设计

用组态王系统开发的应用程序是以"画面"为程序单位的，每一个"画面"对应于程序实际运行时的一个 Windows 窗口。

用户可以为每个应用程序建立数目不限的画面，在每个画面上生成互相关联的静态或动态图形对象。组态王提供类型丰富的绘图工具，还提供按钮、实时趋势曲线、历史趋势曲线、报警窗口等复杂的图形对象。

组态王采用面向对象的编程技术，使用户可以方便地建立画面的图形界面。用户构图时可以像搭积木那样利用系统提供的图形对象完成画面的生成。

画面开发系统是应用程序的集成开发环境，工程人员在这个环境里进行系统开发。

3.1.1　新建画面

1. 画面属性设置

在工程浏览器左侧树形菜单中选择"文件"→"画面"，在右侧视图中双击"新建"，出现"新画面"对话框，在这里可以输入画面名称、设置画面属性、设置画面位置、风格等，如图 3-1 所示。

（1）画面名称

在此编辑框内输入新画面的名称，画面名称最长为 20 个字符。如果在画面风格里选中"标题杆"复选框，此名称将出现在新画面的标题栏中。

（2）对应文件

此编辑框输入本画面在磁盘上对应的文件名，也可由组态王自动生成默认文件名。工程人员也可根据自己需要输入。对应文件名称最长为 8 个字符。画面文件的扩展名必须为".pic"。

（3）注释

此编辑框用于输入与本画面有关的注释信息。注释最长为49个字符。

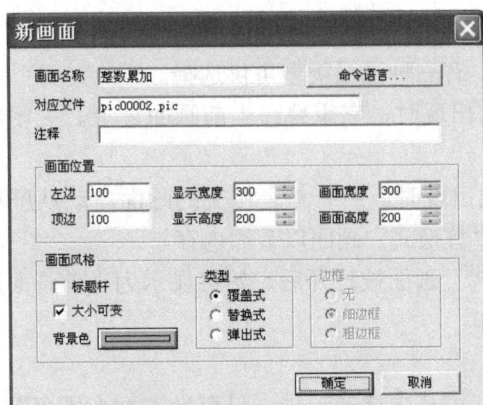

图3-1 "新画面"对话框

（4）画面位置

输入六个数值以决定画面显示窗口位置、大小和画面大小。

左边和顶边位置形成画面左上角坐标。显示宽度和显示高度是指显示窗口的宽度和高度。以像素为单位计算。画面宽度和画面高度是指画面的大小，是画面总的宽度和高度，总是大于或等于显示窗口的宽度和高度。

可以通过对画面属性中显示窗口大小和画面大小的设置来实现组态王的大画面漫游功能。大画面漫游功能也就是组态王制作的画面不再局限于屏幕大小，可以绘制任意大小的画面，通过拖动滚动条来查看，并且在开发和运行状态都提供画面移动和导航功能。

画面的最大宽度和高度为 8000×8000，最小宽度和高度为 50×50。如指定的画面宽度或高度小于显示窗口的大小，则自动设置画面大小为显示窗口大小。画面的显示高度和显示宽度设置分别不能大于画面的高度和宽度设置。

当定义画面的大小小于或者等于显示窗口大小时，不显示窗口滚动条；当画面宽度大于显示窗口宽度时显示水平滚动条；当画面高度大于显示窗口高度时，显示垂直滚动条。可用鼠标拖动滚动条，拖动滚动条时画面也随之滚动。当画面滚动时，如选择"工具"→"显示导航图"命令，则在画面的右上方出现一个小窗口，此窗口为导航图，在导航图中标记当前显示窗口在整个画面中相对位置的矩形也随之移动。

组态王开发系统会自动记录滚动条的位置，也就是说当下次再切换到此画面时，仍然是上次编辑的状态。当工程关闭后，再打开时仍然保持关闭前的状态。

通过鼠标拖动画面右下角，可设置画面显示窗口大小，拖动画面左上角可设置显示窗口的位置。当显示窗口大小拖动后大于画面大小时，画面大小自动设置为显示窗口大小。

通过鼠标拖动画面右下角，并同时按下〈Ctrl〉键可设置画面显示窗口和画面实际大小相等，以显示窗口的大小为准。

（5）画面风格

1）标题杆。此复选框用于决定画面是否有标题杆。选中此选项画面有标题杆，同时标题杆上将显示画面名称。

2）大小可变。此复选框用于决定画面在开发系统中是否能由工程人员改变大小。改变画面大小的操作与改变 Windows 窗口相同。鼠标移动画面边界时，光标箭头变为双向箭头，拖动鼠标，可以修改画面的大小。

（6）类型

主要指在运行系统中，有三种画面类型可供选择。

1）"覆盖式"：新画面出现时，它重叠在当前画面之上。关闭新画面后被覆盖的画面又可见。

2）"替换式"：新画面出现时，所有与之相交的画面自动从屏幕上和内存中删除，即所有画面被关闭。建议使用"替换式"画面以节约内存。

3）"弹出式"："弹出式"画面被打开后，始终显示为当前画面，只有关闭该画面后才能对其他组态王画面进行操作。

（7）边框

画面边框有三种样式，可从中选择一种。只有当"大小可变"复选框没被选中时该选项才有效，否则灰色显示无效。

（8）背景色

此按钮用于改变窗口的背景色，按钮中间是当前默认的背景色。用鼠标单击此按钮后出现一个浮动的调色板窗口，从中可选择一种颜色。

（9）命令语言（画面命令语言）

根据程序设计者的要求，画面命令语言可以在画面显示时执行、隐含时执行或者在画面存在期间定时执行。如果希望定时执行，还需要指定时间间隔。执行画面命令语言的方式有三种，即显示时、存在时和隐含时。这三种执行方式的含义如下。

1）显示时：每当画面由隐含变为显示时，则"显示时"编辑框中的命令语言就被执行一次。

2）存在时：只要该画面存在，即画面处于打开状态，则"存在时"编辑框中的命令语言按照设置的频率被反复执行。

3）隐含时：每当画面由显示变为隐含时，则"隐含时"编辑框中的命令语言就被执行一次。

2.画面开发系统

单击"新画面"对话框的"确定"按钮，进入组态王画面开发系统，如图3-2所示。

图3-2　组态王画面开发系统

组态王画面开发系统是应用程序的集成开发环境。工程人员在这个环境中完成界面设计、动画连接等工作。画面开发系统具有先进完善的图形生成功能；数据库中有多种数据类型，能合理地抽象控制对象的特性，对数据变量的报警、趋势曲线、过程记录、安全防范等重要功能有简单的操作方法。利用组态王丰富的图库，用户可以大大减少设计界面的时间，从整体上提高工控软件的质量。

画面设计完成后，在开发系统"文件"菜单中执行"全部存"命令将设计的画面和程序全部存储。

在开发系统中，对画面所做的任何改变，必须存储，所做的改变才有效，即在画面运行系统中才能运行。

3．工具箱

工具箱提供了许多常用的菜单命令，也提供了菜单中没有的一些操作。

每次打开一个原有画面或建立一个新画面时，图形编辑工具箱都会自动出现。如果工具箱没有出现，可选择菜单"工具"→"显示工具箱"或按〈F10〉键打开。

组态王的工具箱经过精心设计，把使用频率较高的命令集中在一块面板上，非常便于操作，而且节省屏幕空间，方便用户查看整个画面的布局。

工具箱中的每个工具按钮都有浮动提示。当鼠标放在工具箱任一按钮上时，立刻出现一个提示条标明此工具按钮的功能，帮助用户了解工具的用途。

（1）工具箱中的工具种类

1）画面类。提供对画面的常用操作，包括新建、打开、关闭、保存、删除和全屏显示等。

2）编辑类。绘制各种图素（矩形、椭圆、直线、折线、多边形、圆弧、文本、点位图、按钮、菜单、报表窗口、实时趋势曲线、历史趋势曲线、控件和报警窗口）的工具；剪切、粘贴、复制、撤销、重复等常用编辑工具；合成、分裂组合图素，合成、分裂单元；对图素的前移、后移、旋转、镜像等操作工具。

3）对齐方式类。这类工具用于调整图素之间的相对位置，能够以上、下、左、右、水平、垂直等方式把多个图素对齐；或者把它们水平等间隔、垂直等间隔放置。

4）选项类。提供其他一些常用操作，比如全选、显示调色板、显示画刷类型、显示线形、网格显示/隐藏、激活当前图库、显示调色板等。

（2）工具箱中的图素对象

1）简单图素对象。

组态王开发系统中的图形对象又称为图素，绘制图素的主要工具放在图形编辑工具箱中，各基本工具的使用方法与"画笔"类似。

组态王系统提供了矩形（圆角矩形）、直线、折线、椭圆（圆）、扇形（弧形）、点位图、多边形（多边线）、立体管道和文本等简单图素对象。利用这些简单图素对象可以构造复杂的图形画面。

2）复杂图素对象。

组态王画面制作系统还提供了按钮、实时（历史）趋势曲线窗口、报警窗口、报表窗口等特殊的复杂图素对象。

这些特殊的复杂图素把设计人员从重复的图形编程中解放出来，使他们能更专注于对象的控制。

3.1.2 图库管理器

图库是指组态王中提供的已制作成形的图素组合。图库中的每个成员称为"图库精灵"。

组态王为了便于用户更好地使用图库,提供了图库管理器。图库管理器集成了图库管理的操作,在统一的界面上,完成"新建图库""更改图库名称""加载用户开发的精灵"和"删除图库精灵"等工作。

使用图库管理器有三方面好处:一是降低了工程人员设计界面的难度,使他们能更加集中精力于维护数据库和增强软件内部的逻辑控制,缩短开发周期;二是用图库开发的软件将具有统一的外观,方便工程人员学习和掌握;最后,利用图库的开放性,工程人员可以生成自己的图库元素,"一次构造,随处使用",节省了工程人员投资。

在开发系统中执行菜单"图库"→"打开图库"命令,进入图库管理器,如图 3-3 所示。

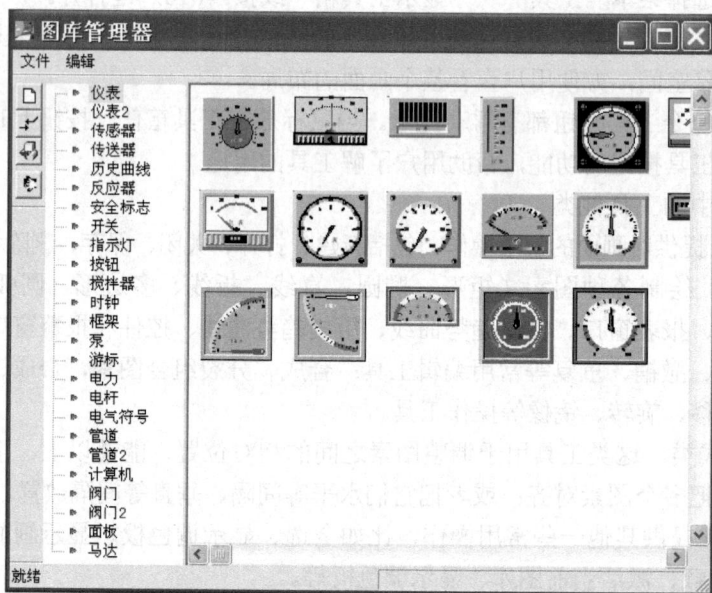

图 3-3　图库管理器

图库管理器内存放的是组态软件的各种图素(即图库精灵),用户选择需要的图库精灵就可以设计自己需要的画面。

图库精灵在外观上类似于组合图素,但内嵌了丰富的动画连接和逻辑控制,工程人员只需把它放在画面上,做少量的文字修改,就能动态控制图形的外观,同时能完成复杂的功能。

图库精灵中大部分都有连接向导或是精灵外观设置,可将精灵和数据词典中的变量联系起来,但是也有一些精灵没有动画连接,只能作为普通图片使用。将图库精灵加载到画面上之后,双击精灵可弹出连接向导,每种精灵有各自的连接向导,一般是将组态王的变量连接到精灵中,还有对精灵外观的设置。

从图库管理器中选择所需的图库精灵,用鼠标左键双击该图库精灵,此时图库管理器窗

口从画面上消失，显示为开发系统画面窗口，此时鼠标指针变为"|—"形状，将鼠标移动到想要放置图库精灵的位置，单击鼠标左键，将图库精灵放置到指定位置上。

用户可以根据自己工程的需要，将一些需要重复使用的复杂图形做成图库精灵，加入到图库管理器中。

3.1.3　画面存储与运行

一般而言，在组态设计上只进行一次是很难开发出令人满意的界面的，所以在使用组态软件开发后，必须经过反复的调试修改之后才能达到理想的效果。在完成设计后，就可以与实际的设备通信，实现需要的控制要求。

1. 配置主画面

在工程浏览器中，单击快捷工具栏上的"运行"按钮，出现"运行系统设置"对话框。单击"主画面配置"属性页，选中制作的图形画面名称如"整数累加"，单击"确定"按钮即将其配置成主画面。将图形画面设为有效，目的是启动组态王画面运行程序后，直接进入当前设计的画面，无须再进行画面选择。

2. 画面存储

画面设计完成后，在开发系统"文件"菜单中执行"全部存"命令将设计的画面和程序全部存储。

在开发系统中，对画面所做的任何改变，必须存储，所做的改变才有效，即在画面运行系统中才能运行。

3. 画面运行

在工程浏览器中，单击快捷工具栏上的"View"按钮或在开发系统中执行"文件"→"切换到View"命令，启动画面运行系统。

如果有异常，应将系统退回到工程浏览器或组态王开发系统，做相应的修改，直到系统工作完全正常。

如果系统有多个画面，在运行过程中，若要切换到其他画面，则单击菜单栏中"画面"下的"打开"命令，在出现的"打开画面"对话框中，选择想要显示的画面名称，单击"确定"按钮，则画面就切换到选择的画面。

在应用工程的开发环境中建立的图形画面只有在运行系统中才能运行。运行系统从控制设备中采集数据，并保存在实时数据库中。它还负责把数据的变化以动画的方式形象地表示出来，同时可以完成变量报警、操作记录和趋势曲线等监视功能，并生成历史数据文件。

3.2　变量定义

数据库是组态王最核心的部分。在组态王运行时，工业现场的生产状况要以动画的形式反映在屏幕上，同时工程人员在计算机前发布的指令也要迅速送达生产现场，所有这一切都是以实时数据库为中介环节，所以说数据库是联系上位机和下位机的桥梁。

在数据库中存放的是变量的当前值，变量包括系统变量和用户定义的变量。

变量的集合形象地被称为"数据词典"。数据词典记录了所有用户可使用的数据变量的详细信息。定义变量就是在工程浏览器"数据词典"中进行，如图3-4所示。

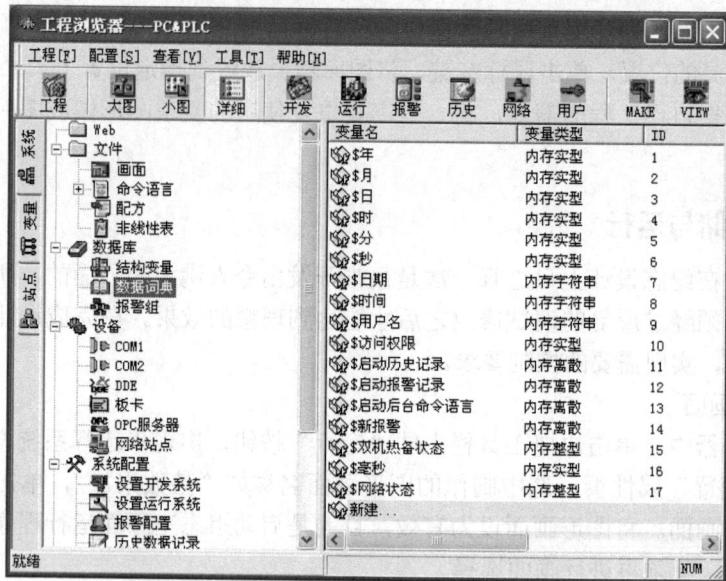

图 3-4 数据词典

组态王系统中定义的变量与一般程序设计语言（如 BASIC、PASCAL、C 语言）定义的变量有很大的不同，既能满足程序设计的一般需要，又考虑到工控软件的特殊需要。

3.2.1 变量的类型

变量可以分为基本类型和特殊类型两大类。

1. 基本类型变量

基本类型的变量又分为"内存变量"和"I/O 变量"两类。如图 3-5 所示。

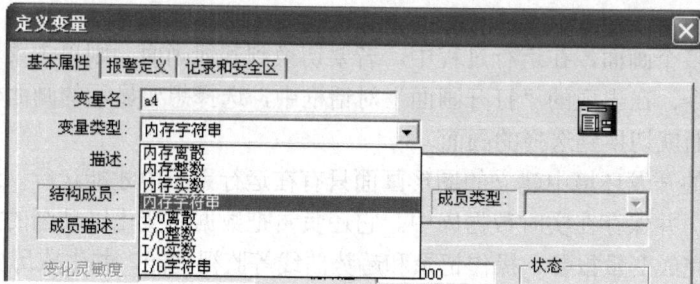

图 3-5 基本变量类型

"内存变量"是指那些不需要和其他应用程序交换数据，也不需要从下位机得到数据，只在组态王内需要使用的变量，比如计算过程的中间变量，就可以设置成内存变量。

"I/O 变量"是指组态王与外部数据采集程序直接进行数据交换的变量，如下位机数据采集设备（如 PLC、仪表等）或其他应用程序（如 DDE、OPC 服务器等）。这种数据交换是双向的、动态的。也就是说，在组态王系统运行过程中，每当 I/O 变量的值改变时，该值就会自动写入下位机或其他应用程序；每当下位机或应用程序中的值改变时，组态王系统中的变量值也会自动更新。所以，那些从下位机采集来的数据、发送给下位机的指令，比如"反应罐液位""电源开关"等变量，都需要设置成"I/O 变量"。

2. 特殊类型变量

特殊类型变量有报警窗口变量、历史趋势曲线变量、系统预设变量三种。这几种特殊类型的变量正是体现了组态王系统面向工控软件、自动生成人机接口的特色。

1）报警窗口变量。它是工程人员在制作画面时通过定义报警窗口生成的，在报警窗口定义对话框中有一个选项为"报警窗口名"，工程人员在此处输入的内容即为报警窗口变量。此变量在数据词典中是找不到的，是组态王内部定义的特殊变量。可用命令语言编制程序来设置或改变报警窗口的一些特性，如改变报警组名或优先级，在窗口内上下翻页等。

2）历史趋势曲线变量。它是工程人员在制作画面时通过定义历史趋势曲线时生成的，在历史趋势曲线定义对话框中有一个选项为"历史趋势曲线名"，工程人员在此处输入的内容即为历史趋势曲线变量（区分大小写）。此变量在数据词典中是找不到的，是组态王内部定义的特殊变量。工程人员可用命令语言编制程序来设置或改变历史趋势曲线的一些特性，如改变历史趋势曲线的起始时间或显示的时间长度等。

3）系统预设变量。有八个时间变量是系统已经在数据库中定义的，用户可以直接使用。$年、$月、$日、$时、$分、$秒、$日期和$时间，表示系统当前的时间和日期，由系统自动更新，设计者只能读取时间变量，而不能改变它们的值。预设变量还有$用户名、$访问权限、$启动历史记录、$启动报警记录、$新报警、$启动后台命令、$双机热备状态、$毫秒和$网络状态。

3. 变量的数据类型

基本类型的变量也可以按照数据类型分为离散型、整数型、实数型和字符串型。

1）内存实型变量、I/O 实型变量。类似一般程序设计语言中的浮点型变量，用于表示浮点数据，取值范围 10E-38～10E+38，有效值 7 位。

2）内存离散变量、I/O 离散变量。类似一般程序设计语言中的布尔（BOOL）变量，只有 0、1 两种取值，用于表示一些开关量。

3）内存整数变量、I/O 整数变量。类似一般程序设计语言中的有符号长整数型变量，用于表示带符号的整型数据，取值范围-2 147 483 648～2 147 483 647。

4）内存字符串型变量、I/O 字符串型变量。类似一般程序设计语言中的字符串变量，可用于记录一些有特定含义的字符串，如名称和密码等，该类型变量可以进行比较运算和赋值运算。字符串长度最大值为 128 个字符。

4. 变量的属性

变量的属性也是为满足工控软件的需求而引入的重要概念。它反映了变量的参数状态、报警状态，历史数据记录状态。比如实型变量"反应罐温度"，可以具有"高报警限""低报警限"等属性，当实际温度高于"高报警限"或低于"低报警限"时，就会在报警窗口内显示报警，而且它们大多是开放的，工程人员可在定义变量时，设置它的部分属性。

可以用命令语言编制程序来读取或设置变量的属性，比如在情况发生变化时，重新设置"反应罐温度"的"高、低报警限"。

需要注意的是，有的属性可以被读取或设置，称为"可读可写"型；有的属性只能被读取不能被设置，称为"只读"型；有的属性只能被设置而不能读取，称为"只写"型。从而大大提高了组态的功能。

3.2.2 变量的基本属性设置

在工程浏览器的左侧树形菜单中选择"数据库"→"数据词典"，在右侧双击"新建"，弹出"定义变量"对话框，如图3-6所示。

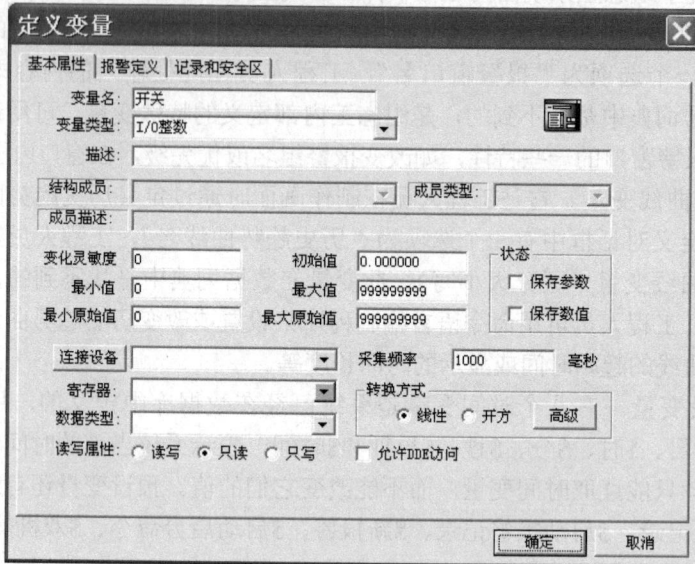

图3-6 "定义变量"对话框

"定义变量"对话框"基本属性"属性页中的各项用来定义变量的基本特征，各项意义解释如下。

1）变量名。唯一标识一个应用程序中数据变量的名字，同一应用程序中的数据变量不能重名，不能与组态王中现有的变量名、函数名、关键字、构件名称等重复，数据变量名区分大小写，第一个字符不能是数字，名称中间不允许有空格、算术符号等非法字符存在，最长不能超过31个字符。

2）变量类型。在对话框中只能定义八种基本类型中的一种，用鼠标单击"变量类型"下拉列表框列出可供选择的数据类型，当定义有结构模板时，一个结构就是一种变量类型。

3）描述。用于编辑和显示数据变量的注释信息。

4）结构成员、成员类型和成员描述在变量类型为结构变量时有效。

5）变化灵敏度。数据类型为模拟量或长整型时此项有效。只有当该数据变量的值变化幅度超过"变化灵敏度"时，组态王才更新与之相连接的图素（默认为0）。

6）初始值。该项内容与所定义的变量类型有关。定义模拟量时出现编辑框可输入一个数值；定义离散量时出现开或关两种选择；定义字符串变量时出现编辑框可输入字符串。它们规定软件开始运行时变量的初始值。

7）最小值。它是指该变量值在数据库中的下限。

8）最大值。它是指该变量值在数据库中的上限。

9）最小原始值。变量为I/O模拟型时，是指与最小值所对应的输入寄存器的值的下限。

10）最大原始值。变量为I/O模拟型时，是指与最大值所对应的输入寄存器的值的上限。

以上四项是对 I/O 模拟量进行工程值自动转换所需要的。组态王将采集到的数据按照这四项的对应关系自动转为工程值。

11）保存参数。在系统运行时，修改变量的域的值（可读可写型），系统自动保存这些参数值，系统退出后，其参数值不会发生变化。当系统再启动时，变量的域的参数值为上次系统运行时最后一次的设置值，无须用户再去重新定义。

12）保存数值。系统运行时，当变量的值发生变化后，系统自动保存该值。当系统退出后再次运行时，变量的初始值为上次系统运行过程中变量值最后一次变化的值。

13）连接设备。它只对 I/O 类型的变量起作用，工程人员只需从"连接设备"下拉列表中选择相应的设备即可。所列的连接设备名是已安装的逻辑设备名。

注意：如果连接设备选为 Windows 的 DDE 服务程序，则"连接设备"选项下的选项名为"项目名"；当连接设备选为 PLC 等时，则"连接设备"选项下的选项名为"寄存器"；如果连接设备选为板卡等时，则"连接设备"选项下的选项名为"通道"。

项目名：连接设备为 DDE 设备时，DDE 会话中的项目名，可参考 Windows 的 DDE 交换协议资料。

14）寄存器。指定要与组态王定义的变量进行连接通信的寄存器变量名，该寄存器与工程人员指定的连接设备有关。

15）数据类型。只对 I/O 类型的变量起作用，定义变量对应的寄存器的数据类型，共有 9 种数据类型供用户使用。

16）读写属性。定义数据变量的读写属性，工程人员可根据需要定义变量为"只读"属性、"只写"属性、"读写"属性。

只读：对于进行采集的变量一般定义属性为只读，其采集频率不能为 0。

只写：对于只需要进行输出而不需要读回的变量一般定义属性为只写。

读写：对于既需要进行输出控制又需要读回的变量一般定义属性为读写。

17）允许 DDE 访问。组态王用 COM 组件编写的驱动程序与外围设备进行数据交换，为了使工程人员用其他程序对该变量进行访问，可通过选中"允许 DDE 访问"复选框，即可与 DDE 服务程序进行数据交换。

18）采集频率。用于定义数据变量的采样频率。

19）转换方式。规定 I/O 模拟量输入原始值到数据库使用值的转换方式。

对于 I/O 变量中的模拟变量，在实际现场中，可能要根据输入要求的不同将其按照不同的方式进行转换。比如一般的信号与工程值都是与线性对应的，可以选择线性转换；有些需要进行累计计算，则选择累计转换。组态王为用户提供了线性、开方、非线性表、直接累计、差值累计等多种转换方式。

① 线性转换方式。用原始值和数据库使用值的线性插值进行转换。线性转换是将设备中的值与工程值按照固定的比例系数进行转换。在变量基本属性定义的"最大值""最小值"编辑框中输入变量工程值的范围，在"最大原始值""最小原始值"编辑框中输入设备中转换后的数字量值的范围（可以参考组态王驱动帮助中的介绍），则系统运行时，按照指定的量程范围进行转换，得到当前实际的工程值。线性转换方式是最直接也是最简单的一种转换方式。

② 开方转换方式。用原始值的平方根进行转换，即转换时将采集到的原始值进行开方运算，得到的值为实际工程值，该值在变量基本属性定义的"最大值""最小值"范围内。

③ 非线性表转换与累计转换。单击"转换方式"中的"高级"按钮，出现"数据转换"对话框，此时可进行非线性表转换和累计转换。非线性表转换，即采用非线性表的方式实现非线性物理量的转换；累计转换中累计是在工程中经常用到的一种工作方式，经常用在流量、电量等计算方面。组态王的变量可以定义为自动进行数据的累计。

3.3 动画连接

3.3.1 概述

1. 动画连接的作用

工程人员在组态王开发系统中制作的画面都是静态的，要逼真地显示系统的运行状况，必须将图素和数据库中已设定的相应变量联系起来，即让画面"动"起来。将画面中的图形对象与数据库中的对应变量建立对应关系的过程称为动画连接。

当数据库中的变量值改变时，图形对象就可以按照设定的动画连接随之作同步的变化，或者由软件使用者通过图形对象改变数据变量的值。这样，工业现场的数据，比如温度、液面高度等，当它们发生变化时，通过 I/O 接口，将引起实时数据库中变量的变化，如果设计者曾经定义了一个画面图素，比如指针与这个变量相关，则会看到指针在同步偏转。

图形对象可以按动画连接的要求改变颜色、尺寸、位置和填充百分数等，一个图形对象可以同时定义多个连接，组合成复杂的效果，以便满足实际中任意的动画显示需要。

当应用程序窗口中的图形对象设计完成后，应建立与窗口对象相关联的动画连接，在应用程序运行过程中，根据数据变量或表达式的变化以及操作员对触控对象的操作，图形对象应按照动画连接的要求而改变，从而形象生动地体现实际系统的动态过程。

动画连接的引入是设计人机界面的一次突破，它把程序员从重复的图形编程中解放出来，为程序员提供了标准的工业控制图形界面，并且有可编程的命令语言连接来增强图形界面的功能。

组态王系统还为部分动画连接的图形对象设置了访问权限，这对于保障系统的安全具有重要的意义。

2. 动画连接的特点

组态王的动画连接具有以下特点：

1）一个图形对象可以同时定义多个动画连接，从而可以实现复杂的动画功能；

2）建立动画连接的过程非常简单，不需要编写任何程序即可完成；

3）动画过程的引发不限于变量，也可以是由变量组成的连接表达式；

4）为每一个有动画连接的图形对象设置了访问权限，以增强系统安全性。

3. 动画连接的步骤

创建动画连接的基本步骤如下：

1）创建或选择连接对象（线、填充图形、文本、按钮或符号）；

2）双击图形对象，弹出"动画连接"对话框；

3）选择对象想要进行的连接；

4）为连接定义输入详细资料。

当用户创建动画连接时，在连接生效之前，使用的标记名必须在数据库中定义。如果未被定义，当按下"确定"按钮时，将要求用户立即定义它。

3.3.2　动画连接的类型

图形对象与变量之间有丰富的连接类型，给工程人员设计图形界面提供了极大的方便。

1）属性变化连接。有线属性、填充属性、文本色三种连接。它们规定了图形对象的颜色、线型、填充类型等属性如何随变量或连接表达式的值变化而变化。单击任一按钮弹出相应的连接对话框。线类型的图形对象可定义线属性连接；填充形状的图形对象可定义线属性、填充属性连接；文本对象可定义文本色连接。

2）位置与大小变化连接。有水平移动、垂直移动、缩放、旋转、填充五种连接。它们规定了图形对象如何随变量值的变化而改变位置或大小。不是所有的图形对象都能定义这五种连接。单击任一按钮弹出相应的连接对话框。

3）值输出连接。只有文本图形对象能定义三种值输出连接中的某一种。这种连接用来在画面上输出文本图形对象的连接表达式的值。运行时文本字符串将被连接表达式的值所替换，输出字符串的大小、字体和文本对象相同。按任一按钮弹出相应的输出连接对话框。

4）用户输入连接。所有的图形对象都可以定义为三种用户输入连接中的一种，输入连接使被连接对象在运行时为触敏对象。当 TouchView 运行时，触敏对象周围出现反显的矩形框，可由鼠标或键盘选中此触敏对象。按〈Space〉键、〈Enter〉键或鼠标左键，会弹出输入对话框，可以从键盘输入数据以改变数据库中变量的值。

5）特殊动画连接。所有的图形对象都可以定义闪烁、隐含两种连接，这是两种规定图形对象可见性的连接。按任一按钮弹出相应连接对话框。

6）滑动杆输入连接。所有的图形对象都可以定义两种滑动杆输入连接中的一种，滑动杆输入连接使被连接对象在运行时为触敏对象。当 TouchView 运行时，触敏对象周围出现反显的矩形框。用鼠标左键拖动有滑动杆输入连接的图形对象可以改变数据库中变量的值。

7）命令语言连接。所有的图形对象都可以定义三种命令语言连接中的一种，命令语言连接使被连接对象在运行时成为触敏对象。当 TouchView 运行时，触敏对象周围出现反显的矩形框，可由鼠标或键盘选中。按〈Space〉键、〈Enter〉键或鼠标左键，就会执行定义命令语言连接时用户输入的命令语言程序。按相应按钮弹出连接的命令语言对话框。

3.4　命令语言

组态王除了在建立动画连接时支持连接表达式外，还允许工程人员定义命令语言来驱动应用程序，增强应用程序的灵活性，处理一些算法和操作等。

命令语言的语法和 C 语言非常类似，是 C 语言的一个子集，具有完备的语法查错功能和丰富的运算符、数学函数、字符串函数、控件函数、SQL 函数和系统函数。

命令语言都是靠事件触发执行的，如定时、数据的变化、键盘键的按下、鼠标的单〈双〉击等。命令语言具有完备的词法语法查错功能和丰富的运算符、数学函数、字符串函数、控件函数 SQL 函数和系统函数。

各种命令语言通过命令语言编辑器编辑输入，在组态王运行系统中被编译执行。

3.4.1 命令语言的类型

根据事件和功能的不同，命令语言包括应用程序命令语言、热键命令语言、事件命令语言、数据改变命令语言、自定义函数命令语言、动画连接命令语言和画面命令语言等。其区别在于命令语言执行的时机或条件不同。

应用程序命令语言、热键命令语言、事件命令语言、数据改变命令语言可以称为"后台命令语言"，它们的执行不受画面打开与否的限制，只要符合条件就可以执行。另外可以使用运行系统中的菜单"特殊"→"开始执行后台任务"和"特殊"→"停止执行后台任务"来控制所有这些命令语言是否执行。而画面和动画连接命令语言的执行则不受影响。也可以通过修改系统变量"$启动后台命令语言"的值来实现上述控制，该值置 0 时停止执行，置 1 时开始执行。

各种命令语言操作在工程浏览器中进行，如图 3-7 所示。

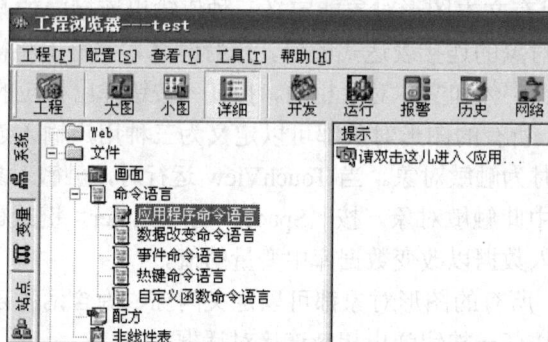

图 3-7　命令语言菜单

1．应用程序命令语言

根据工程人员的要求，应用程序命令语言可以在程序启动、关闭时执行或者在程序运行期间定时执行。如果希望定时执行，还需要指定时间间隔（或频率）。

应用程序命令语言主要用于系统的初始化，系统退出时的处理以及常规程序处理。

2．数据改变命令语言

当应用数据改变命令语言时，在变量或变量的域的值变化到超出数据词典中所定义的变化灵敏度时，命令语言程序就被执行一次。

3．事件命令语言

事件命令语言是指当规定的表达式的条件成立时执行的命令语言。如某个变量等于定值，某个表达式描述的条件成立等。

当应用事件命令语言时，可以规定在事件发生、存在和消失时分别执行的程序。离散变量名或表达式都可以作为事件。

在使用"事件命令语言"或"数据改变命令语言"过程中要注意防止死循环。例如，在命令语言中若变量 A 变化执行程序 B=B+1，那么变量 B 变化就不能再执行程序 A=A+1，否则程序进入死循环。

4．热键命令语言

热键命令语言被链接到工程人员指定的热键上，软件运行期间，操作人员随时按下热键都可以启动这段命令语言程序。热键命令语言可以指定使用权限和操作安全区。热键命令语言主要用于处理用户的键盘命令。

5．自定义函数命令语言

如果组态王提供的各种函数不能满足工程的特殊需要，组态王还提供用户自定义函数功能。用户可以自己定义各种类型的函数，通过这些函数能够实现工程特殊的需要。自定义函数是利用类似 C 语言来编写的一段程序，通过其他命令语言来调用执行编写好的自定义函数，从而实现工程的特殊需要，如累加、线性化、阶乘计算等。

6．画面命令语言

根据工程人员的要求，画面命令语言可以在画面显示时、隐含时执行或者在画面存在期间定时执行。如果希望定时执行，还需要指定时间间隔。

3.4.2 命令语言的语法

命令语言可以进行赋值、比较、数学运算，还提供了可执行 If-Else 及 While 型表达式的逻辑操作。

1．运算符

用运算符连接变量或常量就可以组成较简单的命令语言语句，如赋值、比较、数学运算等。组态王可使用的运算符见下表。

运算符及其功能列表

～	取补码，将整型变量变成"2"的补码
*	乘法
/	除法
%	模运算
+	加法
-	减法（双目）
&	整型量按位与
|	整型量按位或
^	整型量异或
&&	逻辑与
||	逻辑或
<	小于
>	大于
<=	小于或等于
>=	大于或等于
==	等于（判断）
!=	不等于
=	等于（赋值）

2. 程序语句

1）赋值语句。赋值语句用得最多，其语法如下。

> 变量（变量的可读写域）= 表达式；

可以给一个变量赋值，也可以给可读写变量的域赋值。

例1：自动开关＝1；表示将自动开关置为开（1 表示开，0 表示关）。

例2：颜色＝2；表示将颜色置为黑色（如果数字 2 代表黑色）。

例3：反应罐温度.priority=3；表示将反应罐温度的报警优先级设为 3。

2）If-Else 语句。If-Else 语句用于按表达式的状态有条件地执行不同的程序，可以嵌套使用。语法如下。

```
If（表达式）
    {
        一条或多条语句（以;结尾）
    }
Else
    {
        一条或多条语句（以;结尾）
    }
```

If-Else 语句里如果是单条语句可省略大括号"{ }"，多条语句必须在一对大括号"{ }"中，Else 分支可以省略。

例1：

```
If (step = = 3)
    颜色="红色"；
```

上述语句表示当变量 step 与数字 3 相等时，将变量颜色置为"红色"（变量"颜色"为内存字符串变量）。

例2：

```
If（出料阀 = = 1）
    出料阀=0; //将离散变量"出料阀"设为 0 状态
Else
    出料阀=1;
```

上述语句表示将内存离散变量"出料阀"设为相反状态。If-Else 里如果是单条语句则可以省略"{ }"。

例3：

```
If (step= =3)
    {
        颜色="红色"；
        反应罐温度.priority=1;
    }
Else
    {
```

```
    颜色="黑色";
    反应罐温度.priority=3;
}
```

上述语句表示当变量 step 与数字 3 相等时，将变量颜色置为"红色"（变量"颜色"为内存字符串变量），反应罐温度的报警优先级设为 1；否则变量颜色置为"黑色"，反应罐温度的报警优先级设为 3。

3）While 语句。当 While（）括号中的表达式条件成立时，循环执行后面大括号"｛｝"内的程序。语法如下。

```
While(表达式)
{
    一条或多条语句(以；结尾)
}
```

同 If 语句一样，While 里的语句若是单条语句，可省略大括号"｛｝"，但若是多条语句必须在一对大括号"｛｝"中。这条语句要慎用，否则，会造成死循环。

例如：

```
While (循环<=10)
{
    ReportSetCellvalue("实时报表",循环, 1, 原料罐液位);
    循环=循环+1;
}
```

当变量"循环"的值小于等于 10 时，向报表第一列的 1~10 行添入变量"原料罐液位"的值。应该注意使 While 表达式条件满足，然后退出循环。

3．程序注释

命令语言程序添加注释，有利于程序的可读性，也方便程序的维护和修改。

组态王的所有命令语言中都支持注释。注释的方法分为单行注释和多行注释两种。注释可以在程序的任何地方进行。

单行注释在注释语句的开头加注释符"//"，例如：

```
//设置装桶速度
If (游标刻度>=10)    //判断液位的高低
    {装桶速度=80；}
```

多行注释是在注释语句前加"/*"，在注释语句后加"*/"。多行注释也可以用在单行注释上，例如：

```
/*判断液位的高低
改变装桶的速度*/
If (游标刻度>=10)
    {装桶速度=80；}
Else
{装桶速度=60；}
```

3.4.3　命令语言对话框

各种命令语言通过命令语言编辑对话框编辑输入，在组态王运行系统中被编译执行。在工程浏览器左侧树形菜单中双击"应用程序命令语言"项，出现"应用程序命令语言"对话框，如图3-8所示。

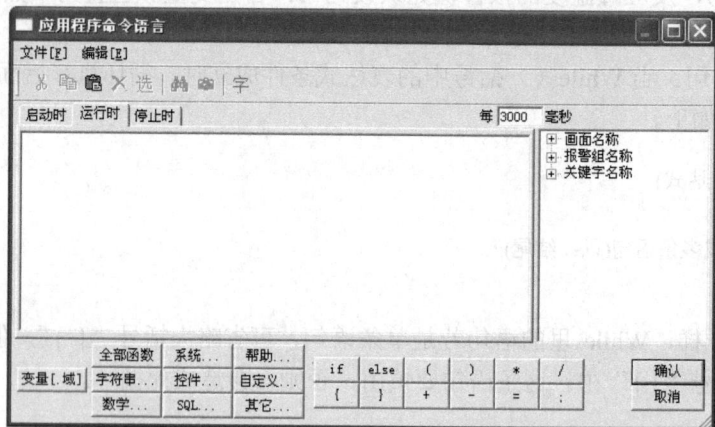

图3-8　"应用程序命令语言"对话框

命令语言编辑区：输入命令语言程序的区域。命令语言对话框的左侧区域为命令语言编辑区，用户在此编辑区输入和编辑程序。编辑区支持块操作。块操作之前需要定义块。

关键字选择列表：可以在这里直接选择现有的画面名称、报警组名称、其他关键字（运算连接符等）到命令语言编辑区里。如选中一个画面名称，然后双击它，则该画面名称就被自动添加到了编辑区中。

函数选择：组态王支持使用内建的复杂函数，其中包括字符串函数、数学函数、系统函数、控件函数、配方函数、报告函数及其他函数。

函数选择按钮有：

"全部函数"——显示组态王提供的所有函数列表。

"系统"——只显示系统函数列表。

"字符串"——只显示与字符串操作相关的函数列表。

"数学"——只显示数学函数列表。

"SQL"——只显示 SQL 函数列表。

"控件"——选择 Active X 控件的属性和方法。

"自定义"——显示自定义函数列表。

单击某一按钮，弹出相关的函数选择列表，直接选择某一函数到命令语言编辑区中。

当用户不知道函数的用法时，可以单击"帮助"，进入在线帮助，查看使用方法。

运算符输入：单击某一个按钮，按钮上标签表示的运算符或语句被自动输入到编辑区中。

变量选择：单击"变量[.域]"按钮时，弹出"选择变量名"对话框。所有变量名均可通过左下角"变量[.域]"按钮来选择。

以上这四种工具都是为减少手工输入而设计的。

40

第4章　组态软件初级应用实训

本章通过 6 个实训项目讲解组态软件 KingView 的初级应用，包括整数变量、离散变量、实数变量、字符串变量的定义和使用；应用程序命令语言、数据改变命令语言、事件命令语言及程序控制语句的使用等。

实训 1　整数累加

一、学习目标

1．认识组态王软件 KingView 的集成开发环境与运行环境。

2．掌握组态王软件 KingView 设计应用程序的步骤和方法。

3．掌握整数变量的定义和使用。

4．掌握应用程序命令语言及赋值语句的使用。

二、设计任务

一个整数从零开始每隔 1000ms 加 1，将累加数显示在画面的文本框中。

三、任务实现

1．建立新工程项目

运行组态王程序，出现组态王工程管理器画面。为建立一个新工程，执行以下操作。

1）在工程管理器中依次选择菜单"文件"→"新建工程"或单击快捷工具栏"新建"按钮，弹出"新建工程向导之一——欢迎使用本向导"对话框，如图 4-1 所示。

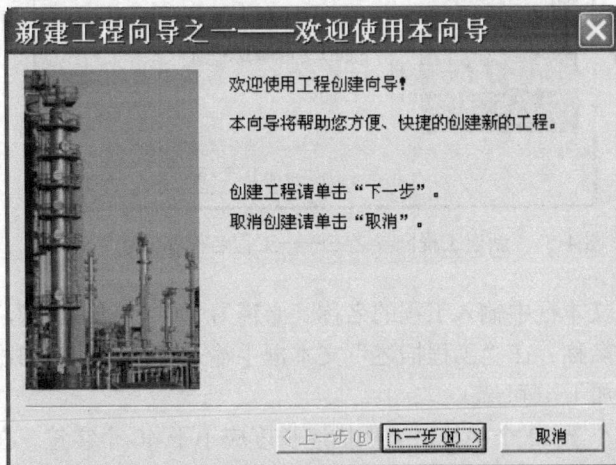

图 4-1　"新建工程向导之一——欢迎使用本向导"对话框

2）单击"下一步"继续，弹出"新建工程向导之二——选择工程所在路径"对话框，如图 4-2 所示。在工程路径文本框中输入一个有效的工程路径（如果输入的路径不存在，系统将自动提示用户），或单击"浏览…"按钮，在弹出的路径选择对话框中选择一个有效的路径。

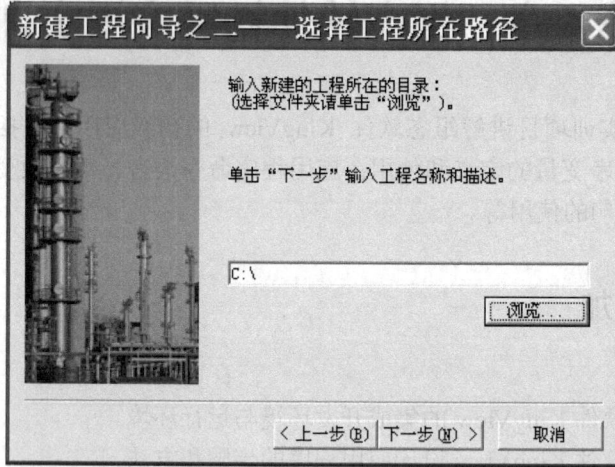

图 4-2 "新建工程向导之二——选择工程所在路径"对话框

3）单击"下一步"继续，弹出"新建工程向导之三——工程名称和描述"对话框，如图 4-3 所示。

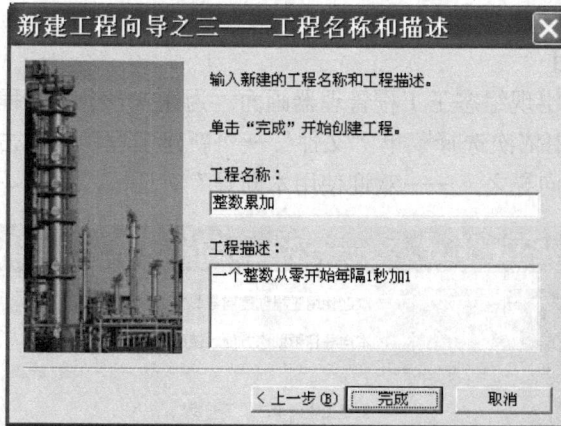

图 4-3 "新建工程向导之三——工程名称和描述"对话框

在"工程名称"文本框中输入工程的名称（必需），如"整数累加"，该工程名称同时将作为当前工程的路径名称。在"工程描述"文本框中输入对该工程的描述文字，如"一个整数从零开始每隔 1 秒加 1"（可选）。

工程名称长度应小于 32 个字符，工程描述长度应小于 40 个字符。在组态王中，工程名称是唯一的，不能重名，工程名称和工程路径是一一对应的。

4）单击"完成"按钮完成新工程的建立，确认将新建的工程设为组态王当前工程，此时组态王工程管理器中出现新建的工程"整数累加"，如图 4-4 所示。

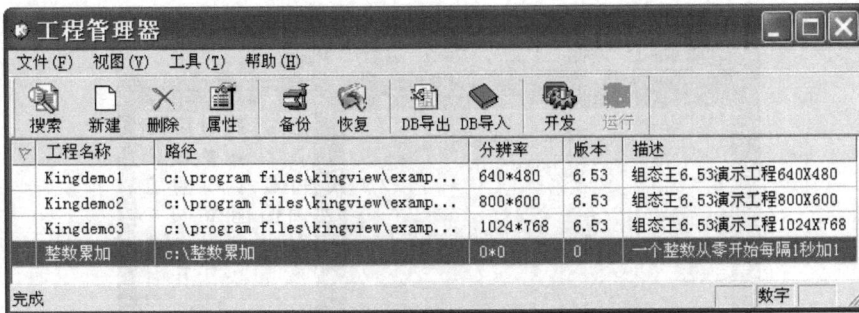

图 4-4　新工程建立

完成以上操作就可以新建一个组态王工程的工程信息了。此处新建的工程，在实际上并未真正创建，只是在用户给定的工程路径下设置了工程信息，当用户将此工程作为当前工程，并且切换到组态王开发环境时才真正创建工程。

5）双击新建的工程名，出现演示方式"提示"对话框，单击"确定"按钮，进入工程浏览器。

注：每套正版组态王软件均配置了"加密狗"，在实际工业监控中，将"加密狗"安装在计算机并口上，则组态王运行时，没有时间限制。

2. 制作图形画面

在工程浏览器左侧树形菜单中依次选择"文件"→"画面"，在右侧视图中双击"新建"，弹出"画面属性"对话框。输入画面名称"整数累加"，设置画面位置、大小、画面风格等，如图 4-5 所示。单击"确定"按钮，进入组态王画面开发系统，此时工具箱自动加载，如图 4-6 所示。

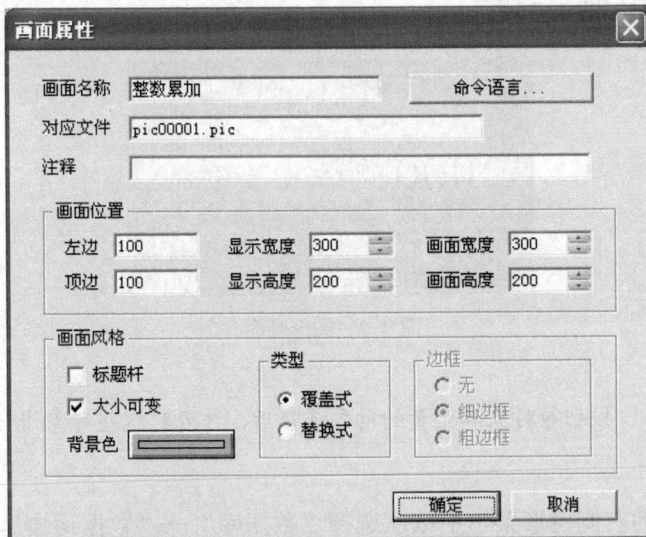

图 4-5　"画面属性"对话框

图 4-6　画面开发系统

　　绘制图素的主要工具放在图形编辑工具箱中，各基本工具的使用方法与"画笔"类似。

　　1）添加 1 个文本对象。用鼠标单击工具箱中的文本工具按钮"T"，然后将鼠标移动到画面上适当位置单击，出现一个闪动的光标，用户便可以在此输入文字如"000"。输入完毕后，单击鼠标，文字输入完成。

　　若需要对输入的文字进行修改，则可以首先选中该文本，单击鼠标右键，在弹出的菜单中单击"字符串替换"菜单项，弹出"字符串替换"对话框，输入要修改的文字。

　　2）添加 1 个按钮对象。用鼠标单击工具箱中的"按钮"工具，然后将鼠标移动到画面上适当位置单击，就将"按钮"控件添加到画面中。

　　若需要对按钮的显示文本进行修改，首先选中该按钮，单击鼠标右键，在弹出的菜单中单击"字符串替换"菜单项，弹出"按钮属性"对话框，将字符串"文本"改为"关闭"。

　　设计的图形画面如图 4-7 所示。

图 4-7　图形画面

　　注意：建立文本、按钮等对象和变量的动画连接后，才可对这些对象进行各种属性设置。

3．定义变量

　　在工程浏览器的左侧树形菜单中依次选择"数据库"→"数据词典"，在右侧双击"新建…"，弹出"定义变量"对话框。

　　定义 1 个内存整数变量：变量名为"num"，变量类型选"内存整数"，初始值设为"0"，最小值设为"0"，最大值设为"1000"，如图 4-8 所示。

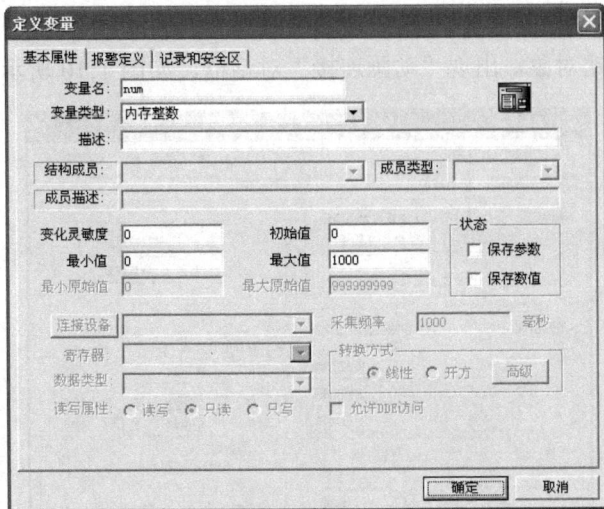

图 4-8 定义变量 "num"

定义完成后，单击 "确定" 按钮，则在数据词典中增加 1 个内存整型变量 "num"。

4. 建立动画连接

进入组态王开发系统，双击画面中的图形对象，将定义好的变量与相应对象连接起来。

1）建立显示文本对象 "000" 的动画连接。

双击画面中文本对象 "000"，出现 "动画连接" 对话框，单击 "模拟值输出" 按钮，则弹出 "模拟值输出连接" 对话框，将其中的表达式设置为 "\\本站点\num"（可以直接输入，也可以单击表达式文本框右边的 "？" 号，选择已定义好的变量名 "num"），输出格式中将整数位数设为 "2"，小数位数设为 "0"，如图 4-9 所示。

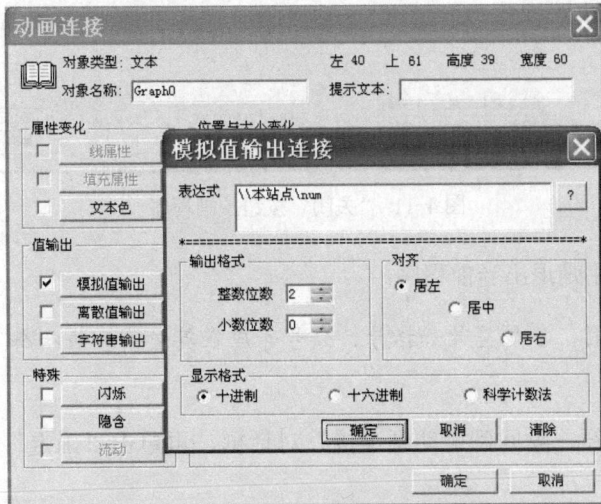

图 4-9 文本对象 "000" 的动画连接

单击 "确定" 按钮返回到 "动画连接" 对话框，再次单击 "确定" 按钮，动画连接设置完成。

2）建立按钮对象的动画连接。

双击"关闭"按钮对象，出现"动画连接"对话框，如图 4-10 所示。

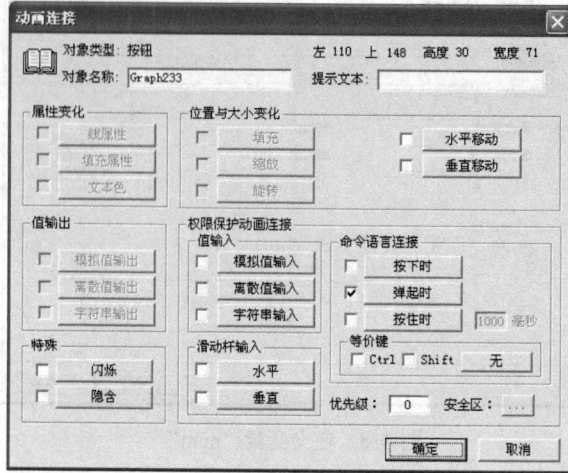

图 4-10 "关闭"按钮动画连接

单击命令语言连接中的"弹起时"按钮，出现"命令语言"对话框，在编辑栏中输入命令"exit(0);"，如图 4-11 所示。

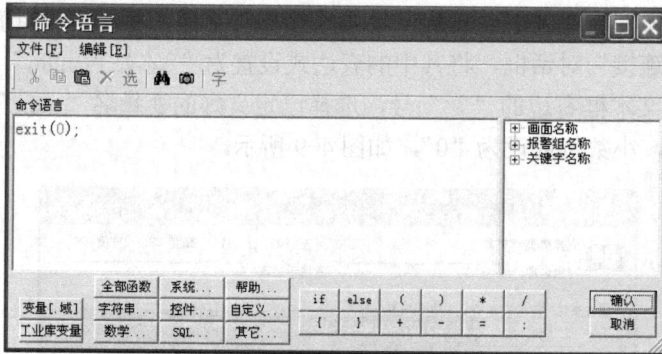

图 4-11 "关闭"按钮控制程序

函数 exit(0)的作用是退出当前程序。

注意：输入程序时，各种符号如括号、分号等应在英文输入法状态下输入。程序设计时也是如此。

单击"确定"按钮，返回到"动画连接"对话框，再单击"确定"按钮，"关闭"按钮的动画连接完成。

5. 程序设计

各种命令语言通过"命令语言"对话框编辑输入，在组态王运行系统中被编译执行。

在工程浏览器左侧树形菜单中双击"应用程序命令语言"项，出现"应用程序命令语言"对话框。

选择"运行时"选项卡，将循环执行时间设定为 1000ms，然后在"运行时"编辑框中输入程序"\\本站点\num=\\本站点\num+1;"，实现整数的累加，如图 4-12 所示。

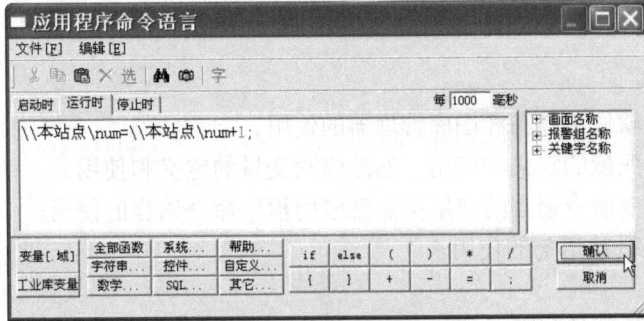

图 4-12　编写整数累加程序

本程序的含义是：程序运行时，每隔 1000ms，整数 num 加 1。

单击"确定"按钮，完成命令语言的输入。

程序中的变量名可以直接输入，也可以单击文本框下方的"变量[域]"选择已定义好的变量名"num"。

6. 程序测试与运行

1）画面存储。画面设计完成后，在开发系统"文件"菜单中执行"全部存"命令将设计的画面和程序全部存储。

注意：在开发系统中，对画面所做的任何改变，必须存储，所做的改变才有效，即在画面运行系统中才能运行。

2）配置主画面。在工程浏览器中，单击快捷工具栏上"运行"按钮，出现"运行系统设置"对话框，如图 4-13 所示。单击"主画面配置"选项卡，选中制作的图形画面名称"整数累加"，单击"确定"按钮即将其配置成主画面。

将图形画面"整数累加"设为主画面，目的是启动组态王画面运行程序 TouchView 后，直接进入"整数累加"画面，无须再进行画面选择。

3）程序测试与运行。在工程浏览器中，单击快捷工具栏上"View"按钮或在开发系统中执行"文件"→"切换到 View"命令，启动运行系统。

画面文本对象中的数字每隔 1000ms 加 1。程序运行画面如图 4-14 所示。

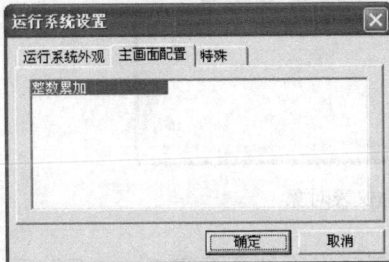

图 4-13　"运行系统设置"对话框

图 4-14　程序运行画面

单击"关闭"按钮,程序停止运行并退出。

实训 2 信息提示

一、学习目标

1. 掌握组态王软件工具箱和图库管理器的使用。
2. 掌握字符串变量的定义和使用;熟悉整数变量的定义和使用。
3. 掌握数据改变命令语言的使用;熟悉应用程序命令语言的使用。
4. 掌握程序控制 If 语句的使用。

二、设计任务

1. 一个整数从零开始每隔 1000ms 加 1,画面中仪表指针随着转动。
2. 当整数累加至 10 时,画面中出现提示信息"数值超限!"。

三、任务实现

1. 建立新工程项目

工程名称:信息提示。

工程描述:整数累加至 10 时出现提示信息。

2. 制作图形画面

画面名称:信息提示。

1)添加 1 个文本对象。用鼠标单击工具箱中的文本工具按钮"T",然后将鼠标移动到画面上适当位置单击,输入字符"####"。输入完毕后,单击鼠标。

2)添加 1 个仪表对象。在开发系统中执行菜单"图库"→"打开图库"命令,进入图库管理器,选择"仪表"库中的一个仪表图形对象,如图 4-15 所示。

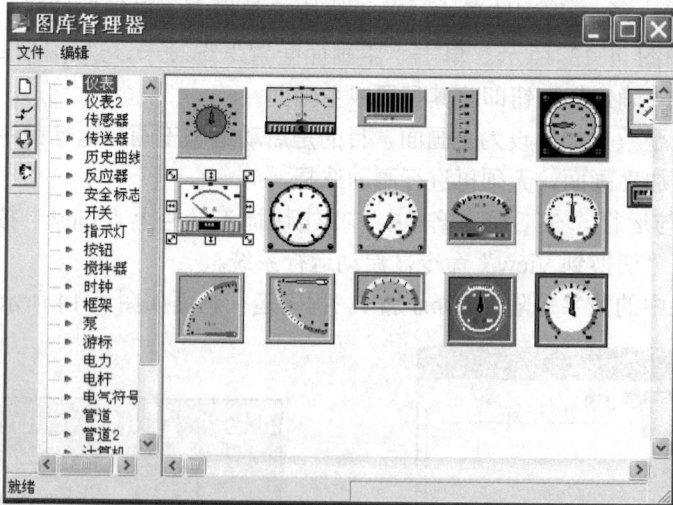

图 4-15 在图库管理器选择仪表对象

双击选择的仪表图形,此时图库管理器消失,显示开发系统画面窗口,在开发系统画面空白处单击并拖动鼠标,则画面中出现选择的仪表图形,可以通过鼠标拖动图形边上的箭头来放大或缩小图形。

3）添加 1 个按钮对象。在工具箱中选择"按钮"控件添加到画面中，然后选中该按钮，单击鼠标右键，选择"字符串替换"，将按钮"文本"改为"关闭"。

设计的图形画面如图 4-16 所示。

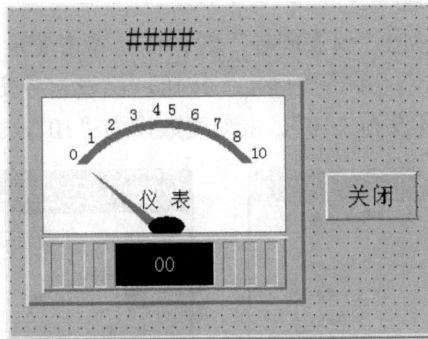

图 4-16　图形画面

3. 定义变量

1）定义 1 个内存整数变量。

变量名为"num"，变量类型选"内存整数"，初始值设为"0"，最小值设为"0"，最大值设为"100"。

定义完成后，单击"确定"按钮，则在数据词典中增加 1 个内存整型变量"num"。

2）定义 1 个内存字符串变量。

变量名为"str"，变量类型选"内存字符串"，初始值设为"正常！"，如图 4-17 所示。

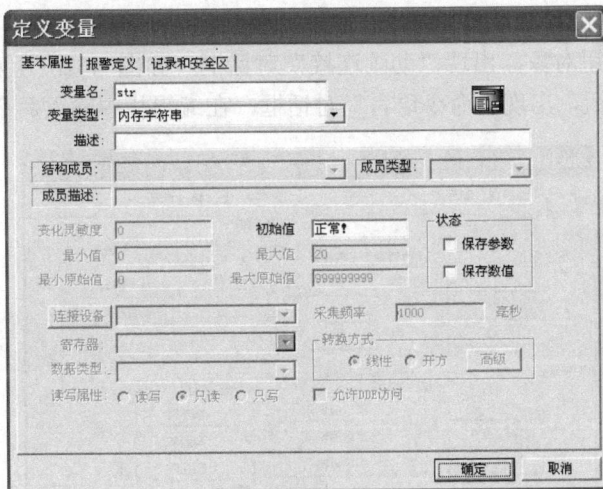

图 4-17　定义变量"str"

定义完成后，单击"确定"按钮，则在数据词典中增加 1 个内存字符串变量"str"。

4. 建立动画连接

1）建立显示文本对象"####"的动画连接。

双击画面中文本对象"####",出现"动画连接"对话框,单击"字符串输出"按钮,则弹出"文本输出连接"对话框,将其中的表达式设置为"\\本站点\str",对齐方式选"居中",如图4-18所示。

单击"确定"按钮返回到"动画连接"对话框,再次单击"确定"按钮,动画连接完成。

2)建立仪表对象的动画连接。

双击画面中仪表对象,弹出"仪表向导"对话框。单击变量名文本框右边的"?"号,选择已定义好的变量名"num",单击"确定"按钮,仪表向导变量名文本框中出现"\\本站点\num"表达式,将最大刻度设为"10",主刻度数设为"10",如图4-19所示。

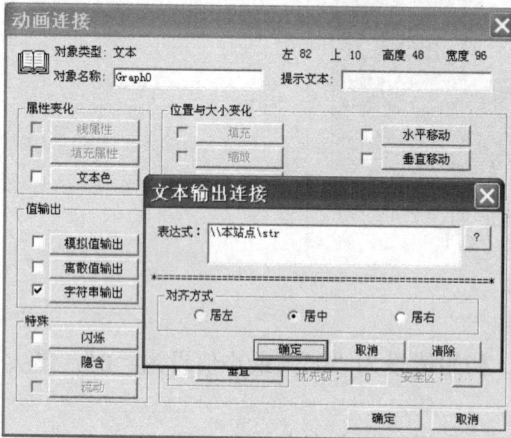

图4-18　文本对象"str"动画连接

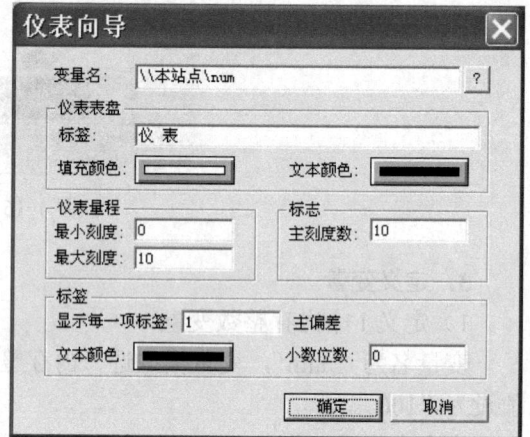

图4-19　仪表对象动画连接

单击"确定"按钮,动画连接完成。

3)建立按钮对象的动画连接。

双击"关闭"按钮对象,出现"动画连接"对话框,如图4-20所示。单击命令语言连接中的"弹起时"按钮,出现"命令语言"对话框,在编辑栏中输入命令"exit(0);"。

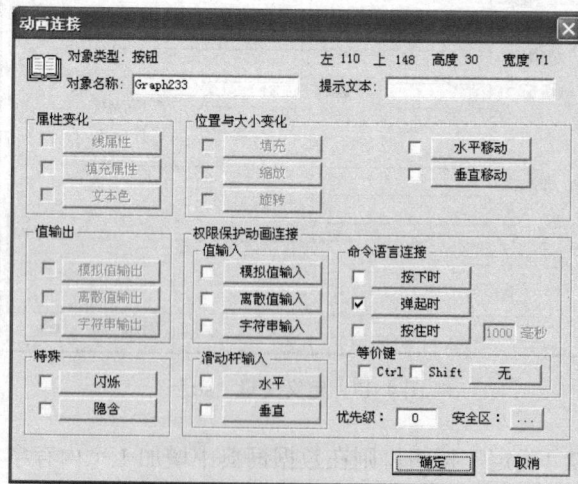

图4-20　"关闭"按钮的动画连接

单击"确定"按钮，返回到"动画连接"对话框，再单击"确定"按钮，"关闭"按钮的动画连接完成。

5. 程序设计——方法1

1）整数累加程序。

在工程浏览器左侧树形菜单中双击"应用程序命令语言"项，出现"应用程序命令语言"对话框。

单击"运行时"选项卡，将循环执行时间设定为 1000ms，然后在"运行时"编辑框中输入整数累加程序"\\本站点\num=\\本站点\num+1;"，如图 4-21 所示。

图 4-21　整数累加程序

本程序的含义是：程序运行时，每隔 1000ms，整数 num 加 1（仪表指针随着转动）。

单击"确定"按钮，完成命令语言的输入。

2）信息显示程序。

在工程浏览器左侧树形菜单中选择"数据改变命令语言"，在右侧双击"新建..."按钮，出现"数据改变命令语言"对话框。

在"变量[.域]"文本框中输入"\\本站点\num"（也可以单击文本框右边的"？"号，选择已定义好的变量名"num"），然后在命令语言编辑框中输入信息显示程序，如图 4-22 所示。

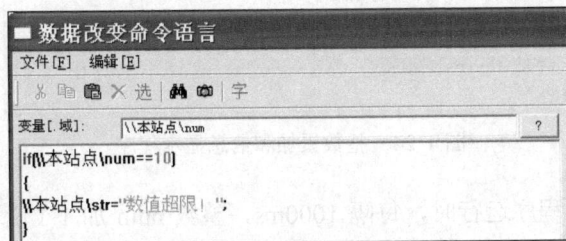

图 4-22　信息显示程序

本程序的含义是：当整数 num 累加到 10 时，显示字符串"数值超限！"

单击"确定"按钮，完成命令语言的输入。

6. 程序测试与运行

在开发系统"文件"菜单中执行"全部存"命令将设计的画面和程序全部存储。

在工程浏览器中单击"运行"快捷按钮将画面配置成主画面。

在工程浏览器中单击快捷按钮"View"，启动运行系统。

画面中仪表指针随着整数累加而转动；当整数累加至 10 时，画面中出现提示信息"数值超限！"。程序运行画面如图 4-23 所示。单击"关闭"按钮，程序停止运行并退出。

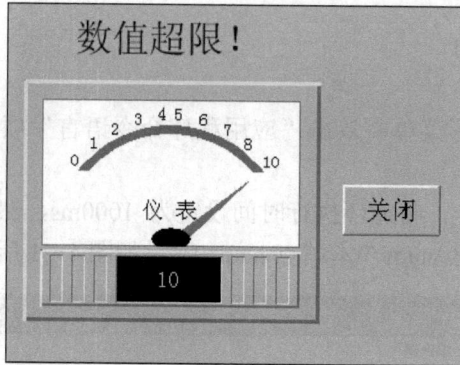

图 4-23　程序运行画面

7. 程序设计——方法 2

可只采用应用程序命令语言程序完成整数累加和信息显示。首先删除已编写的应用程序命令语言和数据改变命令语言中的程序。

在工程浏览器左侧树形菜单中双击"应用程序命令语言"项，出现"应用程序命令语言"对话框。

单击"运行时"选项卡，将循环执行时间设定为 1000ms，然后在"运行时"编辑框中输入整数累加和信息显示程序，如图 4-24 所示。

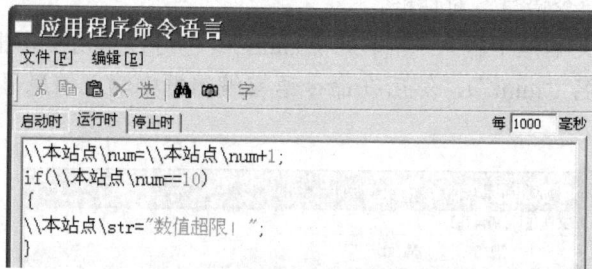

图 4-24　整数累加和信息显示程序

本程序的含义是：程序运行时，每隔 1000ms，整数 num 加 1（仪表指针随着转动）；当整数 num 累加到 10 时，显示字符串"数值超限！"。

单击"确定"按钮，完成命令语言的输入。

启动运行系统，程序运行效果与方法 1 相同。

实训 3　超限报警

一、学习目标

1. 掌握组态王软件工具箱和图库管理器的使用。
2. 掌握离散变量的定义和使用；熟悉整数变量的定义和使用。
3. 掌握事件命令语言的使用；熟悉数据改变命令语言的使用。

4．熟悉程序控制 If 语句的使用。

二、设计任务

1．一个整数从零开始每隔 1000ms 加 1，画面中的游标标尺随着累加数的增加而上升。

2．当整数累加值达到 10 时，游标标尺停止移动，指示灯变换颜色。

三、任务实现

1．建立新工程项目

工程名称：超限报警。

工程描述：整数累加至 10 时指示灯变换颜色。

2．制作图形画面

画面名称：超限报警。

1）添加 1 个游标对象。在开发系统中依次执行菜单"图库"→"打开图库"命令，进入图库管理器，选择"游标"库中的一个图形对象，如图 4-25 所示。

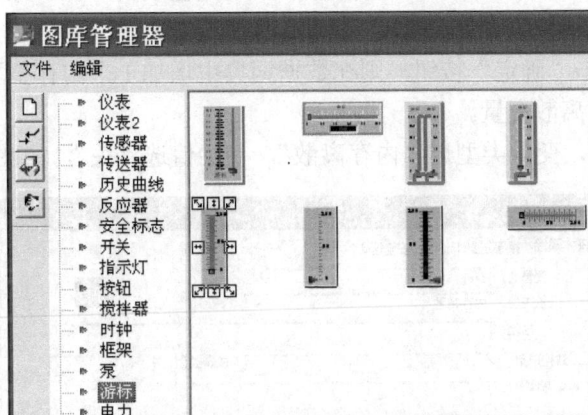

图 4-25 在图库管理器选择游标对象

2）添加 1 个指示灯对象。在开发系统中依次执行菜单"图库"→"打开图库"命令，进入图库管理器，选择"指示灯"库中的一个图形对象，如图 4-26 所示。

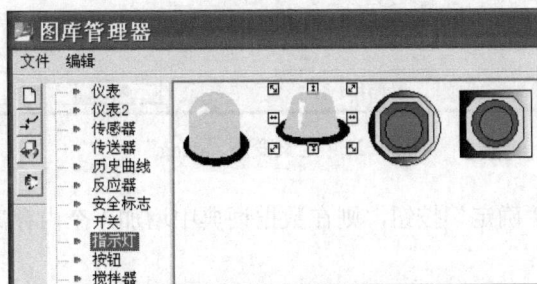

图 4-26 在图库管理器选择指示灯对象

3）添加 1 个按钮对象。在工具箱中选择"按钮"控件添加到画面中，将按钮"文本"改为"关闭"。

设计的图形画面如图 4-27 所示。

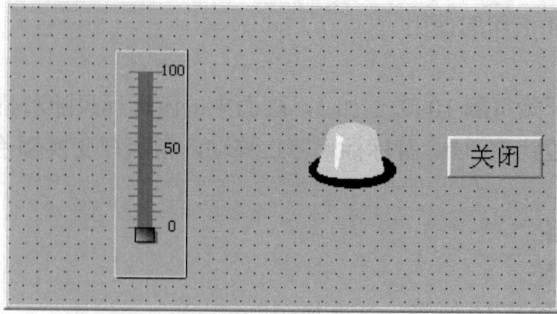

图 4-27　图形画面

3. 定义变量

1）定义1个内存整数变量。

变量名为"num"，变量类型选"内存整数"，初始值设为"0"，最小值设为"0"，最大值设为"100"。

定义完成后，单击"确定"按钮，则在数据词典中增加1个内存整型变量"num"。

2）定义1个内存离散变量。

变量名为"deng"，变量类型选"内存离散"，初始值选"关"，如图4-28所示。

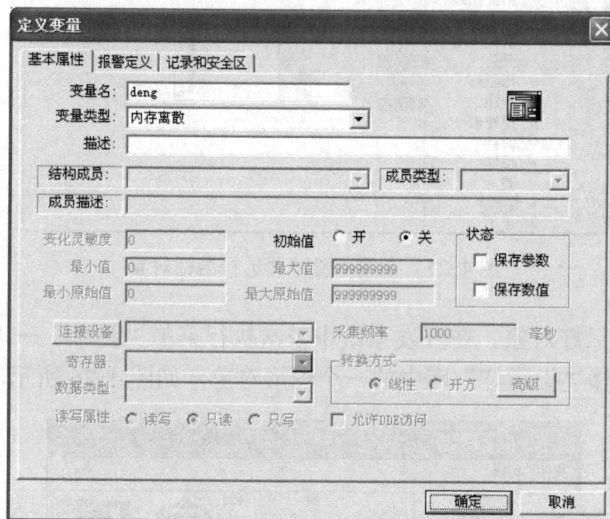

图 4-28　定义变量"deng"

定义完成后，单击"确定"按钮，则在数据词典中增加1个内存离散变量"deng"。

4. 建立动画连接

1）建立游标对象的动画连接。

双击画面中游标对象，弹出"游标"对话框，单击变量名文本框右边的"？"号，选择已定义好的变量名"num"，将滑动范围最大值设为"20"，如图4-29所示。

单击"确定"按钮，动画连接完成。

2）建立指示灯对象的动画连接。

双击画面中指示灯对象，出现"指示灯向导"对话框，将变量名（离散量）设定为"\\本站点\deng"，将正常色设置为"绿色"，报警色设置为"红色"，如图4-30所示。

单击"确定"按钮，动画连接完成。

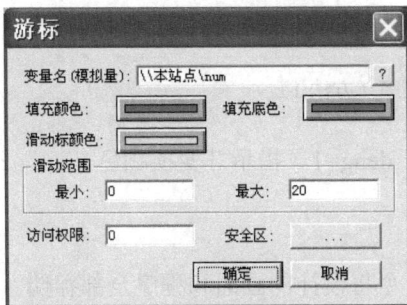

图 4-29 游标对象动画连接

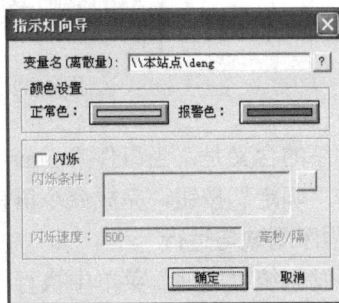

图 4-30 指示灯对象动画连接

3）建立按钮对象的动画连接。

双击"关闭"按钮对象，出现"动画连接"对话框。单击命令语言连接中的"弹起时"按钮，出现"命令语言"对话框，在编辑栏中输入命令"exit(0);"。

单击"确定"按钮，返回到"动画连接"对话框，再单击"确定"按钮，"关闭"按钮的动画连接完成。

5. 程序设计——方法1

1）整数累加程序。

在工程浏览器左侧树形菜单中双击"应用程序命令语言"项，出现"应用程序命令语言"对话框。

单击"运行时"选项卡，将循环执行时间设定为1000ms，然后在"运行时"编辑框中输入整数累加程序，如图4-31所示。

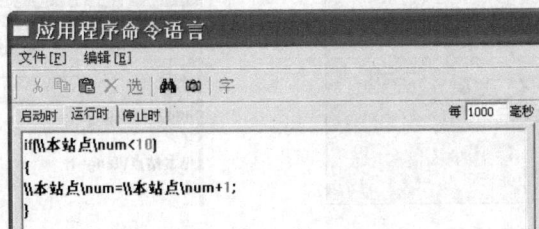

图 4-31 整数累加程序

本程序的含义是：程序运行时，每隔1000ms，整数num加1（游标标尺上升），当累加值大于等于10时，停止累加（游标标尺停止上升）。

单击"确定"按钮，完成命令语言的输入。

2）指示灯控制程序。

在工程浏览器左侧树形菜单中选择"事件命令语言"，双击"新建…"，出现"事件命令语言"对话框，在"事件描述"文本框中输入"\\本站点\num==10"，然后在"发生时"编辑框中输入指示灯控制程序"\\本站点\deng=1;"，如图4-32所示。

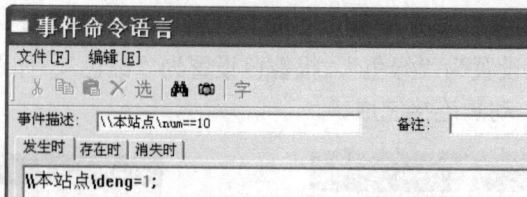

图 4-32 指示灯控制程序（方法 1）

本程序的含义是：当事件"num=10"发生时，deng=1（指示灯变换颜色）。

单击"确定"按钮，完成命令语言的输入。

6. 程序测试与运行

在开发系统"文件"菜单中执行"全部存"命令将设计的画面和程序全部存储。

在工程浏览器中单击"运行"快捷按钮将画面配置成主画面。

在开发系统中执行"文件"→"切换到 View"命令，启动运行系统。

画面中游标对象标尺随着整数累加而上升，当整数累加到 10 时，游标标尺停止上升，指示灯颜色变化。

程序运行画面如图 4-33 所示。单击"关闭"按钮，程序停止运行并退出。

7. 程序设计——方法 2

可采用数据改变命令语言程序完成指示灯控制。首先删除在事件命令语言中编写的指示灯控制程序，保留应用程序命令语言编写的整数累加程序。

在工程浏览器左侧树形菜单中选择"数据改变命令语言"，在右侧双击"新建…"按钮，出现"数据改变命令语言"对话框。

在"变量[.域]"文本框中输入"\\本站点\num"（也可以单击文本框右边的"？"号，选择已定义好的变量名"num"），然后在命令语言编辑框中输入指示灯控制程序，如图 4-34 示。

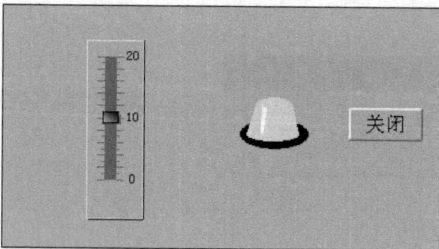

图 4-33　程序运行画面

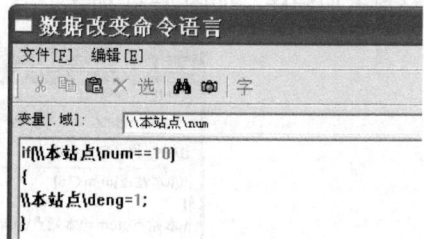

图 4-34　指示灯控制程序（方法 2）

本程序的含义是：当整数 num 变化到 10 时，deng=1（指示灯变换颜色）。

单击"确定"按钮，完成命令语言的输入。

启动运行系统，程序运行效果与前面相同。

实训 4　开关控制

一、学习目标

1. 熟悉组态王软件工具箱和图库管理器的使用。

2．熟悉离散变量的定义和使用。

3．熟悉应用程序命令语言、数据改变命令语言和事件命令语言的使用。

4．掌握程序控制 If-Else 语句的使用。

二、设计任务

单击画面中的开关，模拟开关的打开和关闭动作，控制画面中的指示灯变换颜色。

三、任务实现

1．建立新工程项目

工程名称：开关控制。

工程描述：开关控制指示灯变换颜色。

2．制作图形画面

画面名称：开关控制。

1）添加 1 个指示灯对象。在开发系统中执行菜单"图库"→"打开图库"命令，进入图库管理器，选择"指示灯"库中的一个图形对象。

2）添加 1 个开关对象。在开发系统中执行菜单"图库"→"打开图库"命令，进入图库管理器，选择"开关"库中的一个图形对象。

3）用工具箱中的"直线"工具画线，将开关对象与指示灯对象连接起来。

4）添加 1 个按钮对象。在工具箱中选择"按钮"控件添加到画面中，然后选中该按钮，单击鼠标右键，选择"字符串替换"，将按钮"文本"改为"关闭"。

设计的图形画面如图 4-35 所示。

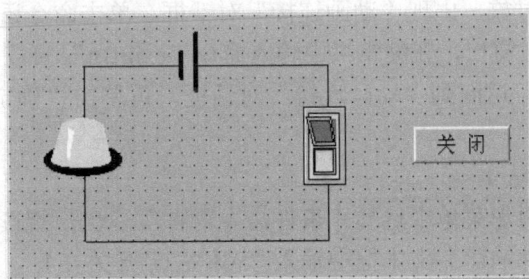

图 4-35　图形画面

3．定义变量

定义 2 个内存离散变量。

1）开关变量。

变量名为"开关"，变量类型选"内存离散"，初始值选"关"。

定义完成后，单击"确定"按钮，则在数据词典中增加 1 个内存离散变量"开关"。

2）指示灯变量。

变量名为"灯"，变量类型选"内存离散"，初始值选"关"。

定义完成后，单击"确定"按钮，则在数据词典中增加 1 个内存离散变量"灯"。

4．建立动画连接

1）建立开关对象的动画连接。

双击画面中开关对象，出现"开关向导"对话框，将变量名（离散量）设定为"\\本站

57

点\开关"（可以直接输入，也可以单击变量名文本框右边的"？"号，选择已定义好的变量名"开关"），如图4-36所示。

设置完毕后单击"确定"按钮，开关对象动画连接完成。

2）建立指示灯对象的动画连接——方法1。

双击画面中指示灯对象，出现"指示灯向导"对话框，将变量名（离散量）设定为"\\本站点\灯"（可以直接输入，也可以单击变量名文本框右边的"？"号，选择已定义好的变量名"灯"），如图4-37所示。将正常色设置为"绿色"，报警色设置为"红色"。

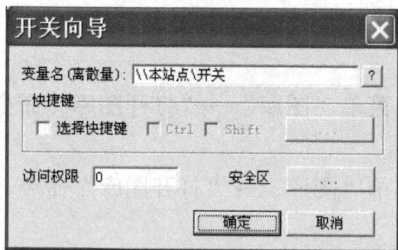

图4-36　开关对象动画连接

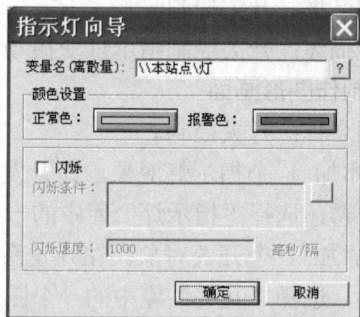

图4-37　指示灯对象动画连接（方法1）

设置完毕后单击"确定"按钮，指示灯对象动画连接完成。

3）建立按钮对象的动画连接。

双击"关闭"按钮对象，出现"动画连接"对话框。单击命令语言连接中的"弹起时"按钮，出现"命令语言"窗口，在编辑栏中输入命令"exit(0);"。

单击"确定"按钮，返回到"动画连接"对话框，再单击"确定"按钮，"关闭"按钮的动画连接完成。

5. 程序设计——方法1

在工程浏览器左侧树形菜单中选择"事件命令语言"，双击"新建…"，出现"事件命令语言"对话框。在"事件描述"文本框中输入"\\本站点\开关==1"，然后在"发生时"编辑框中输入指示灯控制程序"\\本站点\灯=1;"，如图4-38所示。

本程序的含义是：当事件"开关=1"（即开关闭合）发生时，"灯=1"（颜色1）。

单击"确定"按钮，完成命令语言的输入。

再次双击"新建…"，出现"事件命令语言"对话框。在"事件描述"文本框中输入"\\本站点\开关==0"，然后在"发生时"编辑框中输入指示灯控制程序"\\本站点\灯=0;"，如图4-39所示。

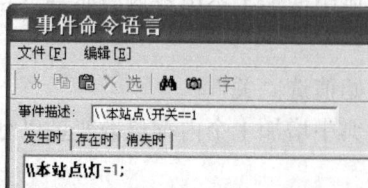

图4-38　指示灯控制程序1（方法1）

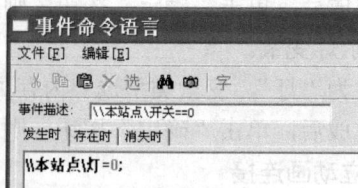

图4-39　指示灯控制程序2（方法1）

本程序的含义是：当事件"开关=0"（即开关断开）发生时，"灯=0"（颜色2）。

单击"确定"按钮，完成命令语言的输入。

6．程序测试与运行

在开发系统"文件"菜单中执行"全部存"命令将设计的画面和程序全部存储。

在工程浏览器中单击"运行"快捷按钮将画面配置成主画面。

在开发系统中执行"文件"→"切换到View"命令，启动运行系统。

用鼠标单击画面中开关对象，模拟开关的打开/关闭动作，画面中指示灯对象的颜色随之变化，程序运行画面如图4-40所示。单击"关闭"按钮，程序停止运行并退出。

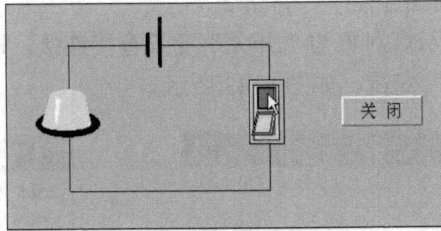

图4-40　程序运行画面

7．程序设计——方法2

可采用数据改变命令语言程序完成指示灯控制。首先删除在事件命令语言中编写的指示灯控制程序。

在工程浏览器左侧树形菜单中选择 "数据改变命令语言"，在右侧双击"新建…"按钮，出现"数据改变命令语言"对话框。

在"变量[.域]"文本框中输入"\\本站点\开关"，然后在命令语言编辑框中输入指示灯控制程序，如图4-41所示。

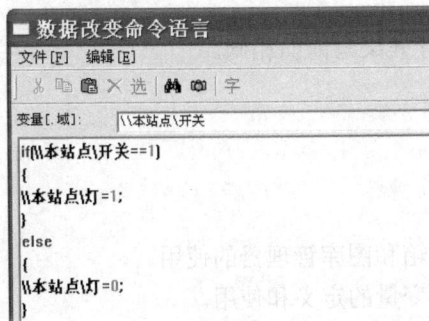

图4-41　指示灯控制程序（方法2）

本程序的含义是：当开关由0（断开）变化到1（闭合）时，"灯=1"（颜色1）；当开关由1（闭合）变化到0（断开）时，"灯=0"（颜色2）。

单击"确定"按钮，完成命令语言的输入。

启动运行系统，程序运行效果与前面相同。

8．程序设计——方法3

可采用应用程序命令语言完成指示灯控制。首先删除在事件命令语言和数据改变命令语言中编写的指示灯控制程序。

在工程浏览器左侧树形菜单中双击"应用程序命令语言"项，出现"应用程序命令语言"对话框。单击"运行时"选项卡，将循环执行时间设定为 100ms，然后在"运行时"编辑框中输入指示灯控制程序，如图 4-42 所示。

本程序的含义是：程序运行时，每隔 100ms 判断一次"开关"变量的值，当"开关=1"（闭合）时，"灯=1"（颜色 1）；当"开关=0"（断开）时，"灯=0"（颜色 2）。

单击"确定"按钮，完成命令语言的输入。

启动运行系统，程序运行效果与前面相同。

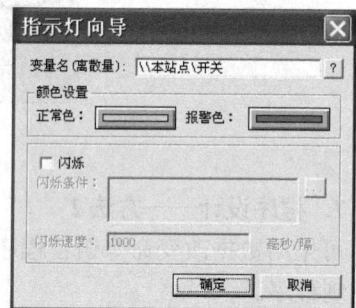

9．建立指示灯对象的动画连接——方法 2

动画连接时，可以将指示灯对象与"开关"变量直接连接，即在"指示灯向导"对话框变量名文本框中选择"开关"变量，如图 4-43 所示。

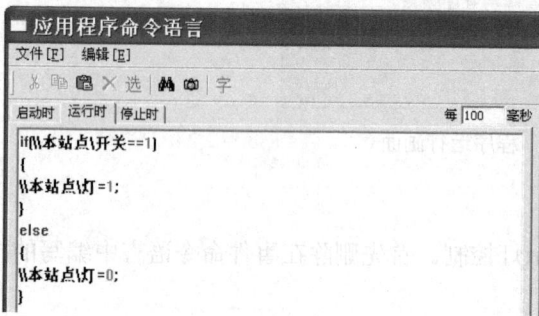

图 4-42 指示灯控制程序（方法 3）　　图 4-43 指示灯对象动画连接（方法 2）

删除在应用程序命令语言、数据改变命令语言和事件命令语言中编写的所有程序，即不需要进行任何程序设计就可完成开关对指示灯的控制。这时只需定义 1 个"开关"变量，不需定义"灯"变量。

启动运行系统，程序运行效果与前面相同。

实训 5　液位控制

一、学习目标

1．熟悉组态王软件工具箱和图库管理器的使用。

2．熟悉整数变量和离散变量的定义和使用。

3．熟悉应用程序命令语言和事件命令语言的使用。

二、设计任务

打开阀门，反应器液位随之上升；当液位上升至 10 时，阀门关闭，液位停止上升，报警指示灯变换颜色。

三、任务实现

1．建立新工程项目

工程名称：液位控制。

工程描述：整数累加至 10 时开关动作。

2．制作图形画面

画面名称：液位控制。

1）添加 1 个阀门对象。在开发系统中执行菜单"图库"→"打开图库"命令，进入图库管理器，选择"阀门"库中的一个图形对象。

2）添加 1 个反应器对象。在开发系统中执行菜单"图库"→"打开图库"命令，进入图库管理器，选择"反应器"库中的一个图形对象。

3）添加 2 个管道对象。在开发系统中执行菜单"图库"→"打开图库"命令，进入图库管理器，选择"管道"库中的直形管道对象，将阀门与反应器连接起来。

4）添加 1 个指示灯对象。在开发系统中执行菜单"图库"→"打开图库"命令，进入图库管理器，选择"指示灯"库中的一个图形对象。

5）添加 1 个文本对象。在工具箱中选择文本"T"控件添加到画面中，输入字符"00"。

6）添加 1 个按钮对象。在工具箱中选择"按钮"控件添加到画面中，将按钮"文本"改为"关闭"。

设计的图形画面如图 4-44 所示。

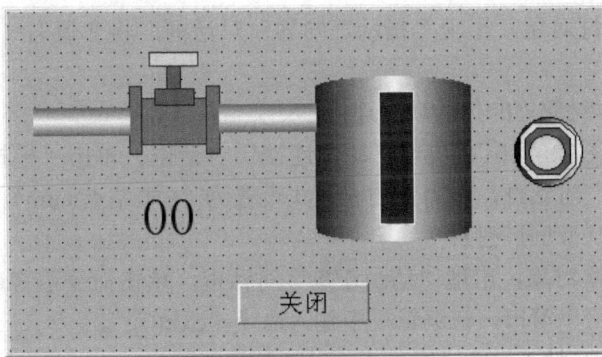

图 4-44　图形画面

3．定义变量

（1）定义 1 个内存整数变量

变量名为"num"，变量类型选"内存整数"，初始值设为"0"，最小值设为"0"，最大值设为"100"。

（2）定义 2 个内存离散变量

1）开关变量。

变量名为"kaiguan"，变量类型选"内存离散"，初始值选"关"。

2）指示灯变量。

变量名为"deng"，变量类型选"内存离散"，初始值选"关"。

4．建立动画连接

1）建立阀门对象的动画连接。

双击画面中阀门对象，出现"阀门"对话框，将变量名（离散量）设定为"\\本站点\kaiguan"，如图 4-45 所示。

2）建立反应器对象的动画连接。

双击画面中反应器对象，出现"反应器"对话框，将变量名（模拟量）设定为"\\本站点\num"，将填充设置中的最大值设为"15"，如图 4-46 所示。

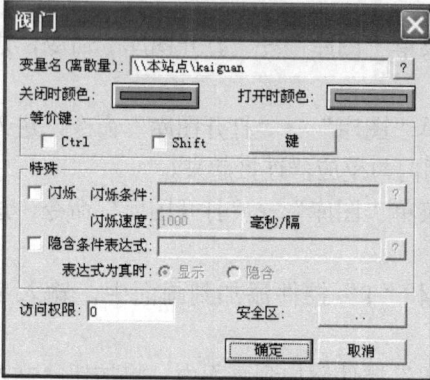

图 4-45　阀门对象动画连接

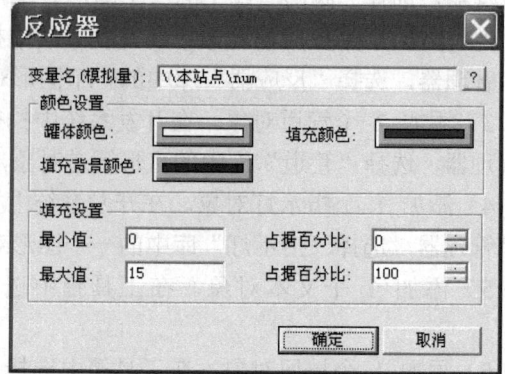

图 4-46　反应器对象动画连接

3）建立指示灯对象的动画连接。

双击画面中指示灯对象，出现"指示灯向导"对话框，将变量名（离散量）设定为"\\本站点\deng"。

4）建立显示文本对象"00"的动画连接。

双击画面中文本对象"00"，出现"动画连接"对话框。单击"模拟值输出"按钮，弹出"模拟值输出连接"对话框，将其中的表达式设置为"\\本站点\num"。

5）建立按钮对象的动画连接。

双击"关闭"按钮对象，出现"动画连接"对话框。单击命令语言连接中的"弹起时"按钮，出现"命令语言"窗口，在编辑栏中输入命令"exit(0);"。

5. 程序设计——方法 1

在工程浏览器左侧树形菜单中选择"事件命令语言"，双击"新建…"，出现"事件命令语言"对话框。在"事件描述"文本框中输入"kaiguan==1"，然后在"存在时"编辑框中输入整数累加程序，如图 4-47 所示。

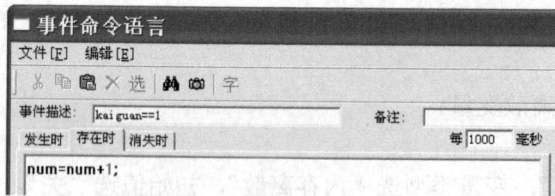

图 4-47　整数累加程序

本程序的含义是：当阀门状态值"kaiguan=1"发生并存在时（即阀门打开并保持），整数 num 开始每隔 1000ms 加 1（即反应器液位上升）。

单击"确定"按钮，完成命令语言的输入。

再次双击"新建…"，出现"事件命令语言"对话框。在"事件描述"文本框中输入

62

"num==10",然后在"发生时"编辑框中输入阀门和指示灯控制程序,如图4-48所示。

本程序的含义是:当 num=10(液位上升到 10)时,kaiguan=0(阀门关闭),deng=1(指示灯变换颜色)。因为 kaiguan=0,上述事件命令语言中的条件不再满足,整数 num 不再累加,即反应器液位停止上升。

6. 程序测试与运行

将设计好的画面全部存储并配置成主画面,启动画面运行程序。

用鼠标单击画面中阀门对象,打开阀门,反应器液位上升,当上升到 10 时,阀门关闭,液位停止上升,指示灯变换颜色。

程序运行画面如图4-49所示。单击"关闭"按钮,程序停止运行并退出。

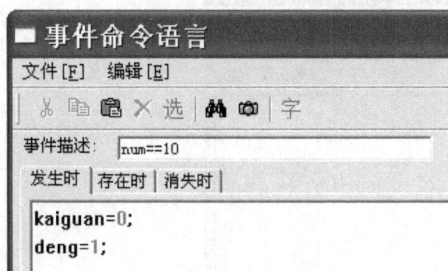

图 4-48 阀门和指示灯控制程序(方法 1)

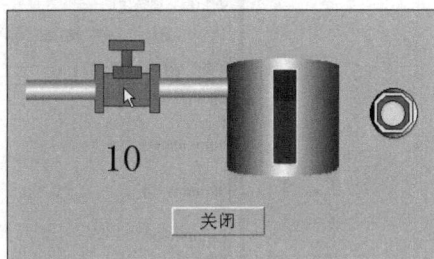

图 4-49 程序运行画面

7. 程序设计——方法 2

可采用数据改变命令语言程序完成阀门和指示灯控制。首先删除在事件命令语言中编写的阀门和指示灯控制程序,保留在事件命令语言中编写的整数累加程序。

在工程浏览器左侧树形菜单中选择"数据改变命令语言",在右侧双击"新建…"按钮,出现"数据改变命令语言"对话框。

在"变量[.域]"文本框中输入"num",然后在命令语言编辑框中输入阀门和指示灯控制程序,如图4-50所示。

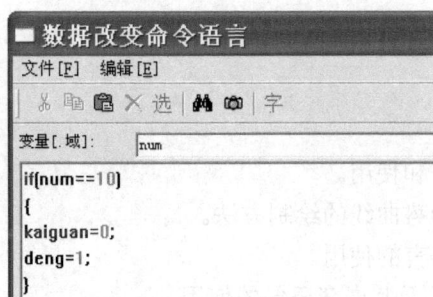

图 4-50 阀门和指示灯控制程序(方法 2)

本程序的含义是:当整数 num 变化到 10(液位上升到 10)时,kaiguan=0(阀门关闭),deng=1(指示灯变换颜色)。因为 kaiguan=0,上述事件命令语言中的条件不再满足,整数 num 不再累加,即反应器液位停止上升。

单击"确定"按钮,完成命令语言的输入。

启动运行系统，程序运行效果与前面相同。

8. 程序设计——方法 3

可只采用应用程序命令语言程序完成整数累加和阀门、指示灯控制。首先删除已编写的事件命令语言和数据改变命令语言中的程序。

在工程浏览器左侧树形菜单中双击"应用程序命令语言"项，出现"应用程序命令语言"对话框。

单击"运行时"选项卡，将循环执行时间设定为 1000ms，然后在"运行时"编辑框中输入整数累加和阀门、指示灯控制程序，如图 4-51 所示。

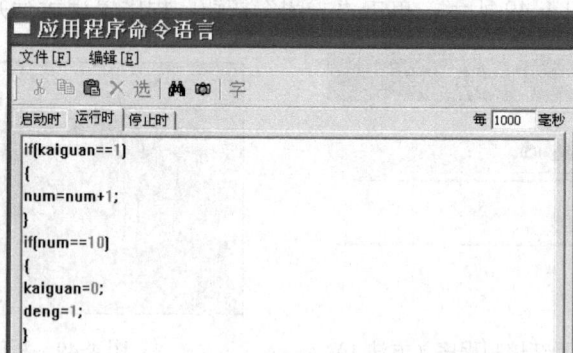

```
■应用程序命令语言
文件[F]  编辑[E]
 ✂ ▣ ▤ ✕ 选 🔍 ▥ 字
启动时 运行时 停止时|                        每 1000  毫秒
if(kaiguan==1)
{
num=num+1;
}
if(num==10)
{
kaiguan=0;
deng=1;
}
```

图 4-51 整数累加和阀门、指示灯控制程序（方法 3）

本程序的含义是：当阀门状态值"kaiguan=1"时（即阀门打开并保持），整数 num 每隔 1000ms 加 1（即反应器液位上升）；当 num 累加到 10（液位上升到 10）时，kaiguan=0（阀门关闭），deng=1（指示灯变换颜色）。因为 kaiguan=0，整数 num 不再累加（反应器液位停止上升）。

单击"确定"按钮，完成命令语言的输入。

启动运行系统，程序运行效果与前面相同。

实训 6　实时曲线

一、学习目标

1．掌握实数变量的定义和使用。

2．掌握数据变化实时趋势曲线的绘制方法。

3．熟悉应用程序命令语言的使用。

4．熟悉程序控制 If-Else 及其嵌套语句的使用。

二、设计任务

一个实数从零开始每隔 100ms 递增 0.5，当达到 10 时开始每隔 100ms 递减 0.5，到 0 后又开始递增，循环变化；绘制该实数实时变化曲线（类似三角波）。

三、任务实现

1. 建立新工程项目

工程名称：实数变化。

工程描述：绘制实数实时变化曲线。

2．制作图形画面

画面名称：实时曲线。

1）通过工具箱为图形画面添加1个文本对象，数值改为"00"。

2）通过工具箱为图形画面添加1个实时趋势曲线对象。

3）通过工具箱为图形画面添加1个按钮对象，文本改为"关闭"。

设计的图形画面如图4-52所示。

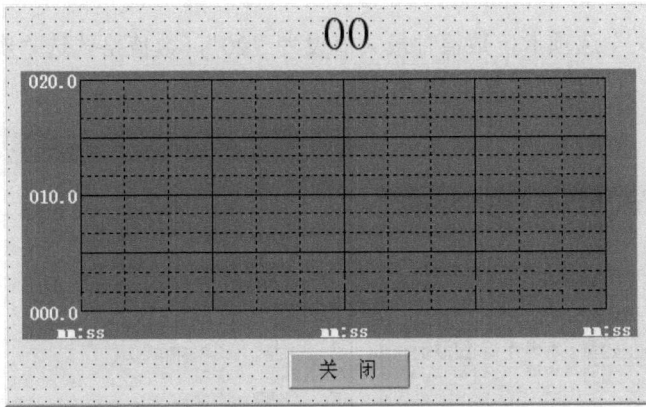

图4-52　图形画面

3．定义变量

1）定义1个内存实数变量。

变量名为"data"，变量类型选"内存实数"，初始值设为"0"，最小值设为"0"，最大值设为"100"，如图4-53所示。

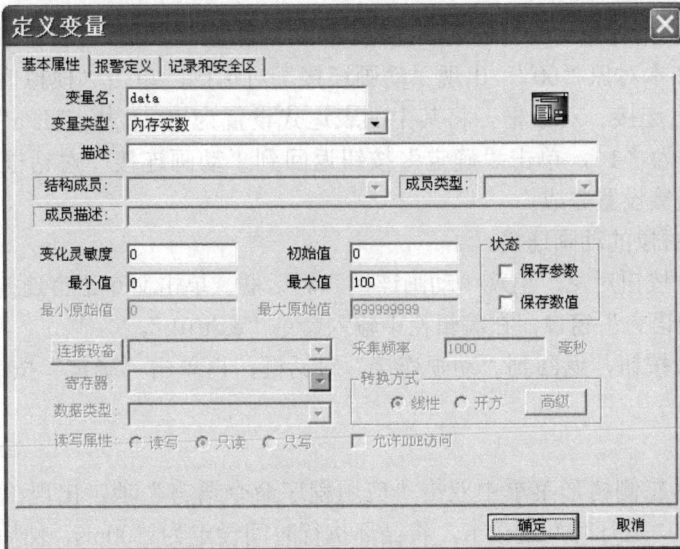

图4-53　定义内存实数变量"data"

2）定义 1 个内存整数变量。

变量名为"bz"，变量类型选"内存整数"，初始值设为"0"，最小值设为"0"，最大值设为"10"。

4．建立动画连接

1）建立实时趋势曲线对象的动画连接。

双击画面中实时趋势曲线对象，出现"实时趋势曲线"对话框。在"曲线定义"选项卡中，单击曲线 1 表达式文本框右边的"？"号，选择已定义好的变量"data"，如图 4-54 所示。

进入"标识定义"选项卡，数值轴最大值设为"20"，数值格式选"实际值"，时间长度选"分"，其数值设为"2"，如图 4-55 所示。

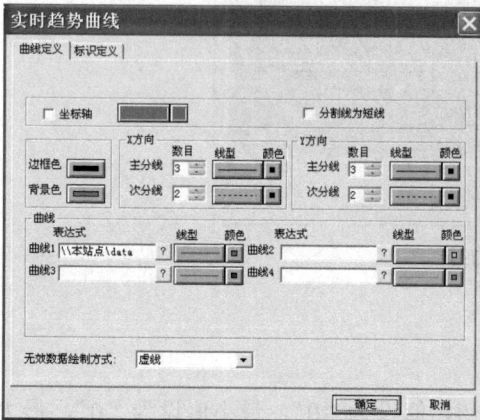

图 4-54　实时趋势曲线对象动画连接 1

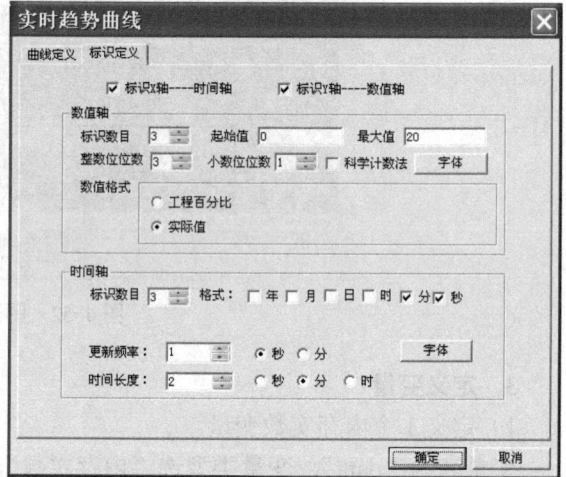

图 4-55　实时趋势曲线对象动画连接 2

2）建立显示文本对象"00"的动画连接。

双击画面中文本对象"00"，出现"动画连接"对话框，单击"模拟值输出"按钮，则弹出"模拟值输出连接"对话框，将其中的表达式设置为"\\本站点\data"，整数位数设为"2"，小数位数设为"1"，单击"确定"按钮返回到"动画连接"对话框，再次单击"确定"按钮，动画连接设置完成。

3）建立按钮对象的动画连接。

双击"关闭"按钮对象，出现"动画连接"对话框。单击命令语言连接中的"弹起时"按钮，出现"命令语言"窗口，在编辑栏中输入命令"exit(0);"。

单击"确定"按钮，返回到"动画连接"对话框，再单击"确定"按钮，"关闭"按钮的动画连接完成。

5．程序设计

在工程浏览器左侧树形菜单中双击"应用程序命令语言"项，出现"应用程序命令语言"对话框，单击"运行时"选项卡，将循环执行时间设定为 100ms，然后在命令语言编辑框中输入程序，如图 4-56 所示。然后单击"确定"按钮，完成命令语言的输入。

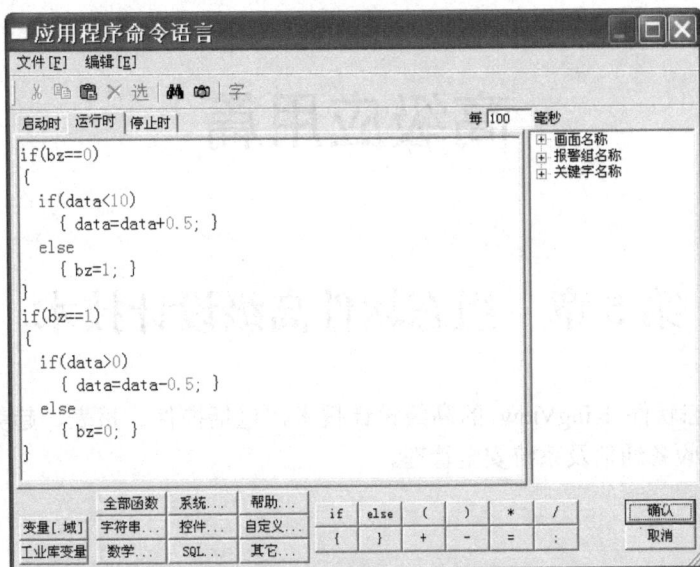

图 4-56 编写命令语言

本程序的含义是：当 bz=0（初始值）时，实数 data 每隔 100ms 加 0.5，当递增值等于 10 时停止递增，此时 bz=1；当 bz=1 时，实数 data 每隔 100ms 减 0.5，当递减值等于 0 时停止递减，此时 bz=0；然后又重新递增，循环往复。

因为实时趋势曲线对象与变量 data 连接，随着 data 数值由 0 到 10、由 10 到 0 循环变化，因此在实时趋势曲线对象上绘制的变化曲线为三角波。

6. 程序测试与运行

将设计好的画面全部存储并配置成主画面，启动画面运行程序。

画面显示数值变换，当数值递增到 10 时开始递减，递减到 0 时开始递增，往复循环变化，画面绘制实时变化曲线。

程序运行画面如图 4-57 所示。单击"关闭"按钮，程序停止运行并退出。。

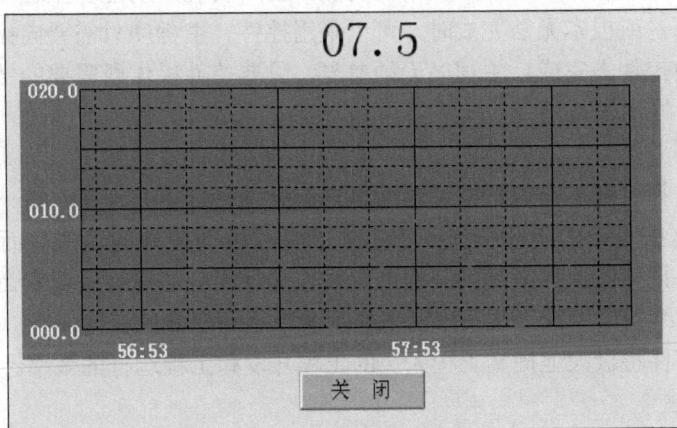

图 4-57 程序运行画面

高级应用篇

第5章 组态软件高级设计技术

本章讲解组态软件 KingView 的高级设计技术，包括控件、报表、趋势曲线、报警窗口、数据库、I/O 设备通信及系统安全管理。

5.1 控件

5.1.1 概述

1. 控件的含义

控件实际上是可重用对象，用来执行专门的任务，每个控件实质上都是一个微型程序，但不是一个独立的应用程序，通过控件的属性控制控件的外观和行为，接受输入并提供输出。例如，Windows 操作系统中的组合列表框就是一个控件，通过设置其属性可以决定组合列表框的大小、要显示文本的字体类型及颜色。

组态王的控件（如棒图、温控曲线、X-Y 轴曲线）就是一种微型软元件，它们能提供各种属性和丰富的命令语言函数来完成各种特定的功能。

2. 控件的功能

控件在外观上类似于组合图素，工程人员只需把它放在画面上，然后配置控件的属性，进行相应的函数连接，控件就能完成复杂的功能。当所实现的功能由主程序完成时需要编写很复杂的命令语言，或根本无法完成时，可以采用控件。主程序只需要向控件提供输入，而剩下的复杂工作由控件去完成，主程序无须参与，只要控件提供所需要的结果输出即可。另外，控件的可重用性也很方便。

比如画面上需要多个二维条形图，用以表示不同变量的变化情况，如果没有棒图控件，则首先要利用工具箱绘制多个矩形框，然后将它们分别进行填充连接，每一个变量对应一个矩形框，最后把这些复杂的步骤合在一起，才能完成棒图控件的功能。而直接利用棒图控件，工程人员只要把棒图控件复制到画面上，对它进行相应的属性设置和命令语言函数的连接，就可实现用二维条形图或三维条形图来显示多个不同变量的变化情况。

总之，使用控件将极大地提高工程人员的工程开发和工程运行的效率。

3. 控件的属性

控件的属性是指控件对象的特征，如尺寸、位置、颜色或文本。特定功能的控件就具有特定的属性。比如温控曲线控件就具有温度最大值、温度最小值、温度分度数、时间分度数、设定曲线颜色等属性；又如棒图控件就具有背景颜色、前景颜色、标签字体等属性。不同类型的控件具有不同的属性。

在定义控件变量时，同时需要设置它的部分属性。设计者也可以用与控件相关的函数编制程序来读取或设置变量的属性。需要注意的是：有的属性可以被读取或设置，称为"可读可写"型；有的属性只能被读取不能被设置，称为"只读"型；有的属性只能被设置而读不出正确的值，称为"只写"型。

5.1.2 控件介绍

组态王本身提供很多内置控件，如列表框、选项按钮、棒图、温控曲线和视频控件等，这些控件只能通过组态王主程序来调用，其他程序无法使用。这些控件的使用主要是通过组态王相应控件函数或与之连接的变量实现的。

1. 立体棒图控件

棒图是指用图形的变化表现与之关联的数据的变化的绘图图表，用于数据变量的动态显示。组态王中的棒图图形可以是二维条形图、三维条形图或饼图。

比如二维条形图，每一个条形图下面对应一个标签 L1、L2、L3、L4、L5、L6，这些标签分别和组态王数据库中的变量相对应。当数据库中的变量发生变化时，则与每个标签相对应的条形图的高度也随之动态地发生变化，因此通过棒图控件可以实时地反映数据库中变量的变化情况。

2. 温控曲线控件

温控曲线反映出实际测量值按设定曲线变化的情况。在温控曲线中，纵轴代表温度值，横轴对应时间的变化，同时将每一个温度采样点显示在曲线中，另外还提供两个游标，当用户把游标放在某一个温度采样点上时，该采样点的注释值就可以显示出来。此控件主要用于温度控制、流量控制等。

温控曲线的设定方式有两种，即自由设定方式和升温-保温设定方式。在实际工程应用中，使用升温-保温设定方式来设置温控曲线方便、实用，每一段温控曲线都由升温曲线和保温曲线组成。在自由设定方式中，用户可以任意设置温控曲线。

3. X-Y 轴曲线控件

X-Y 轴曲线控件可用于显示两个变量之间的数据关系，如电流-转速曲线等形式的曲线。

4. 窗口类控件

组态王提供的窗口类控件有 5 种，即列表框控件、组合框控件、复选框控件、编辑框控件和单选按钮控件。这些控件的作用和操作方法与 Windows 操作系统中相应的标准窗口类控件相同。

1）列表框控件。用于显示按.csv 格式编写的文件或在编辑框中输入的列表项内容。

2）组合框控件。组合列表框的功能除了具有列表框的功能外，还能快速列出指定字母的列表项。组合框控件分 3 种，即简单组合框控件、下拉式组合框控件和列表式组合框控件。

3）复选框控件。用于控制离散型变量，也就是现场控制中的各种开关变量。

4）编辑框控件。主要用于输入文本字符串并送入指定的字符串变量中。

5）单选按钮控件。用于控制整型变量和实型变量。

5. 超级文本显示控件

组态王提供一个超级文本显示控件，用于显示.rtf 格式或.txt 格式的文件，而且也可在超级文本显示控件中输入文本字符串，然后将其存入到指定的文件中。

6．多媒体控件

组态王提供 AVI 动画和视频输出等多个多媒体控件，用于播放图形动画和实现视频监控。播放.avi 文件需调用 PlayAvi()函数。

7．Active X 控件

随着 Active X 技术的应用，Active X 控件也普遍被使用。组态王支持符合其数据类型的 Active X 标准控件。这些控件包括 Microsoft Windows 标准控件和任何用户制作的标准 Active X 控件。这些控件在组态王中被称为"通用控件"，组态王程序中但凡提到"通用控件"都是指 Active X 控件。

Active X 控件的引入在很大程度上方便了用户，用户可以灵活地编制一个符合自身需要的控件或调用一个已有的标准控件来完成一项复杂的任务，而无须在组态王中做大量复杂的工作。一般的 Active X 控件都具有属性、方法、事件，用户通过控件的这些属性、事件、方法来完成工作。

5.2　报表

作为组态软件，除了能够实时显示数据和存储数据外，生成报表的功能也是必不可少的。报表能反映实时的生产情况，也能对长期的生产过程进行统计、分析，使管理人员能够实时掌握和分析生产情况。

组态王提供内嵌式报表系统，用户可以任意设置报表样式，对报表进行组态。组态王为工程人员提供了丰富的报表函数，实现各种运算、数据转换、统计分析、报表打印等，既可以制作实时报表，也可以制作历史报表。

另外，用户还可以制作各种报表模块，实现多次使用，以免重复工作。

实时数据报表主要用来显示系统实时数据。除了在表格中实时显示变量的值外，报表还可以按照单元格中设置的函数、公式等实时刷新单元格中的数据。

历史报表记录了以往的生产记录数据，对用户来说是非常重要的。历史报表的制作根据所需数据的不同有不同的制作方法。

5.3　趋势曲线

组态王的实时数据和历史数据除了在画面中以值输出的方式和以报表的形式显示外，还可以用曲线的形式显示。组态王的曲线有趋势曲线、温控曲线和超级 X-Y 轴曲线。

趋势曲线分析是控制软件必不可少的功能，用来反映数据变量随时间变化的情况。组态王趋势曲线包括用于实时显示数据的实时趋势曲线，和能够对数据库中的数据进行分析的历史趋势曲线两种。

曲线外形类似于坐标纸，X 轴代表时间，Y 轴代表变量值。同一个趋势曲线中最多可同时显示四个变量的变化情况，而一个画面中可定义数量不限的趋势曲线。在趋势曲线中，用户可以规定时间间距、数据的数值范围、网格分辨率、时间坐标数目、数值坐标数目，以及绘制曲线的"笔"的颜色属性。

组态王图库中有设定好的各种功能按钮的趋势曲线，用户只要定义几个相关变量来适当调整曲线外观，即可完成曲线的指定的复杂功能。

5.3.1 实时趋势曲线

画面程序运行时，实时趋势曲线可以随时间变化自动卷动，以快速反映变量随时间的变化。

1. 实时趋势曲线的添加

依次选择菜单"工具"→"实时趋势曲线"或单击工具箱中的"实时趋势曲线"按钮，将十字形鼠标指针移至在画面上的适当位置后单击，拖动鼠标，画出需要的矩形框，实时趋势曲线就在这个矩形框中绘出，如图 5-1 所示。

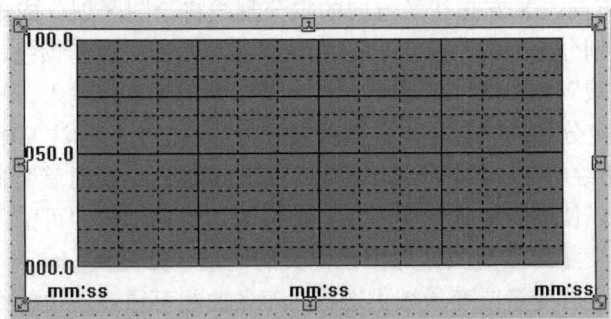

图 5-1   实时趋势曲线画面

实时趋势曲线对象的中间有一个带有网格的绘图区域，表示曲线将在这个区域中绘出，网格下方和左方分别是 X 轴（时间轴）和 Y 轴（数值轴）的坐标标注。可以通过选中实时趋势曲线对象（周围出现 8 个小矩形）来移动位置或改变大小。在画面运行时实时趋势曲线对象由系统自动更新。

2. 实时趋势曲线属性设置

双击画面中实时趋势曲线对象，弹出"实时趋势曲线"对话框，如图 5-2 所示。

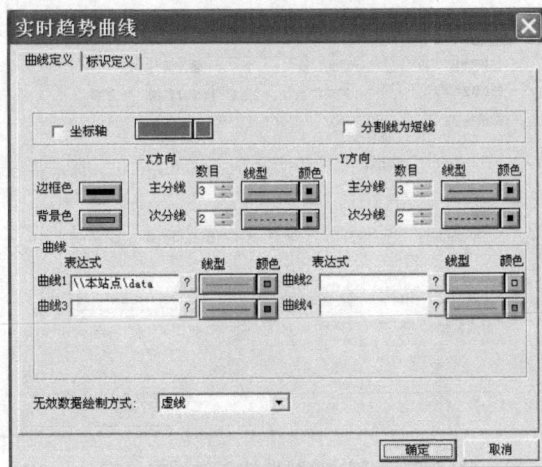

图 5-2   "实时趋势曲线"对话框（1）

（1）"曲线定义"选项卡

"曲线定义"选项卡中的选项说明如下：

1）坐标轴。选择曲线图表坐标轴的线型和颜色。选择"坐标轴"复选框后，坐标轴的线型和颜色选择按钮变为有效，通过单击"线型"按钮或"颜色"按钮，在弹出的列表框中选择坐标轴的线型或颜色。用户可以根据图表绘制需要，选择是否显示坐标轴。

2）分割线为短线。选择分割线的类型。选中此项后在坐标轴上只有很短的主分割线，整个图纸区域接近空白状态，没有网格，同时下面的"次分线"选项变灰，图表上不显示次分割线。

3）边框色、背景色。分别规定绘图区域的边框和背景（底色）的颜色。按下这两个按钮的方法与坐标轴按钮类似，弹出的浮动对话框也与之大致相同。

4）X方向、Y方向。X方向和Y方向的主分割线将绘图区划分成矩形网格，次分割线将再次划分主分割线划分出来的小矩形。这两种线都可改变线型和颜色。分割线的数目可以通过文本框右边"加减"按钮增加或减小，也可通过编辑区直接输入。工程人员可以根据实时趋势曲线的大小决定分割线的数目，分割线最好与标识定义（标注）相对应。

5）曲线。定义所绘的1～4条曲线Y坐标对应的表达式。实时趋势曲线可以实时计算表达式的值，所以它可以使用表达式。实时趋势曲线表达式编辑框中可输入有效的变量名或表达式，表达式中所用变量必须是数据库中已定义的变量（如变量 data）。右边的"？"按钮可列出数据库中已定义的变量或变量域供选择。每条曲线可通过右边的线型和颜色按钮来改变线型和颜色。在定义曲线属性时，至少应定义一条曲线变量。

6）无效数据绘制方式。在系统运行时对于采样到的无效数据（如变量质量戳≠192）的绘制方式选择。可以选择三种形式，即虚线、不画线和实线。

（2）"标识定义"选项卡

单击"标识定义"选项卡，显示如图 5-3 所示对话框。"标识定义"选项卡中的选项说明如下：

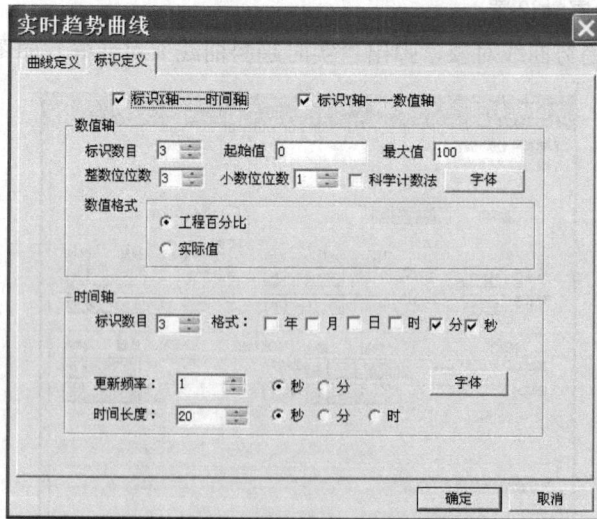

图 5-3 "实时趋势曲线"对话框（2）

1）标识 X 轴——时间轴、标识 Y 轴——数值轴。选择是否为 X 轴或 Y 轴加标识，即在绘图区域的外面用文字标注坐标的数值。如果选中此项，则下面定义相应标识的选择项由无效变为有效。

2）数值轴（Y 轴）定义区。因为一个实时趋势曲线可以同时显示 4 个变量的变化，而各变量的数值范围可能相差很大，为使每个变量都能表示清楚，组态王中规定，变量在 Y 轴上以百分数表示，即以变量值与变量范围（最大值与最小值之差）的比值表示。所以，Y 轴的范围是 0～100%。

标识数目：数值轴标识的数目，这些标识在数值轴上等间隔分布。

起始值：曲线图表上纵轴显示的最小值。如果选择"数值格式"为"工程百分比"，则规定数值轴起点对应的百分比值，最小为 0。如果选择"数值格式"为"实际值"，则可输入变量的最小值。

最大值：曲线图表上纵轴显示的最大值。如果选择"数值格式"为"工程百分比"，则规定数值轴终点对应的百分比值，最大为 100。如果选择"数值格式"为"实际值"，则可输入变量的最大值。

整数位位数：数值轴最多显示整数的位数。

小数位位数：数值轴最多显示小数点后面的位数。

科学计数法：数值轴坐标值超过指定的整数和小数位数时用科学计数法显示。

字体：规定数值轴标识所用的字体。

数值格式："工程百分比"表示数值轴显示的数据是百分比形式；"实际值"表示数值轴显示的数据是该曲线的实际值。

3）时间轴定义区。

标识数目：时间轴标识的数目，这些标识在时间轴上等间隔分布。在组态王开发系统中时间是以 yy:mm:dd:hh:mm:ss 的形式表示，在 TouchView 运行系统中，显示实际的时间。

格式：时间轴标识的格式，选择显示哪些时间量。

更新频率：图表采样和绘制曲线的频率。最小为 1s。运行时不可修改。

时间长度：时间轴所表示的时间跨度。可以根据需要选择时间单位——秒、分、时，最小跨度为 1s，每种类型单位最大值为 8000。

字体：规定时间轴标识所用的字体。与数值轴的字体选择方法相同。

5.3.2 历史趋势曲线

历史趋势曲线可以完成历史数据的查看工作，但不自动卷动，它一般与功能按钮一起工作，即通过命令语言辅助实现查阅功能。这些按钮可以完成翻页、设定时间参数、启动/停止记录、打印曲线图等复杂功能。

1. 历史趋势曲线的种类

组态王提供三种形式的历史趋势曲线。

第一种是从工具箱中调用历史趋势曲线。对于这种历史趋势曲线，用户需要对曲线的各个操作按钮进行定义，即建立命令语言连接才能操作历史曲线。对于这种形式，用户使用时自主性较强，能做出个性化的历史趋势曲线。该曲线控件最多可以绘制 8 条曲线，但无法实现曲线打印功能。

第二种是从图库中调用已经定义好各功能按钮的历史趋势曲线。对于这种历史趋势曲线，用户只需要定义几个相关变量，适当调整曲线外观即可完成历史趋势曲线的复杂功能。这种形式使用简单方便。该曲线控件最多可以绘制 8 条曲线，但无法实现曲线打印功能。

第三种是调用历史趋势曲线控件，该控件是组态王以 Active X 控件形式提供的绘制历史曲线和 ODBC 数据库曲线的功能性工具。这种历史趋势曲线功能很强大，使用比较简单。通过该控件，不但可以实现组态王历史数据的曲线绘制，还可以实现 ODBC（开放数据库互连）数据库中数据记录的曲线绘制，而且在运行状态下，可以实现在线动态增加/删除曲线、曲线图表的无级缩放、曲线的动态比较、曲线的打印等。该曲线控件最多可以绘制 16 条曲线。

2．与历史趋势曲线有关的配置项

无论使用哪一种历史趋势曲线，都要进行相关配置，主要包括变量属性配置和历史数据文件存放位置配置。

（1）定义变量范围

由于历史趋势曲线数值轴的数据是以百分比来显示，因此对于要以曲线形式来显示的变量需要特别注意变量的范围。如果变量定义的范围很大，例如-999999～999999，而实际变化范围很小，例如-0.0001～0.0001，那么曲线数据的百分比数值就会很小，在曲线图表上就会出现看不到该变量曲线的情况。

（2）对变量做历史记录

对于要以历史趋势曲线形式显示的变量，都需要对变量做记录。在组态王工程浏览器中单击"数据库"项，再选择"数据词典"项，选中要做历史记录的变量，双击该变量，则弹出"定义变量"对话框，选择"记录和安全区"选项卡，它用于配置变量的历史数据记录信息，可选择不记录、数据变化记录、定时记录或备份记录，如图 5-4 所示。

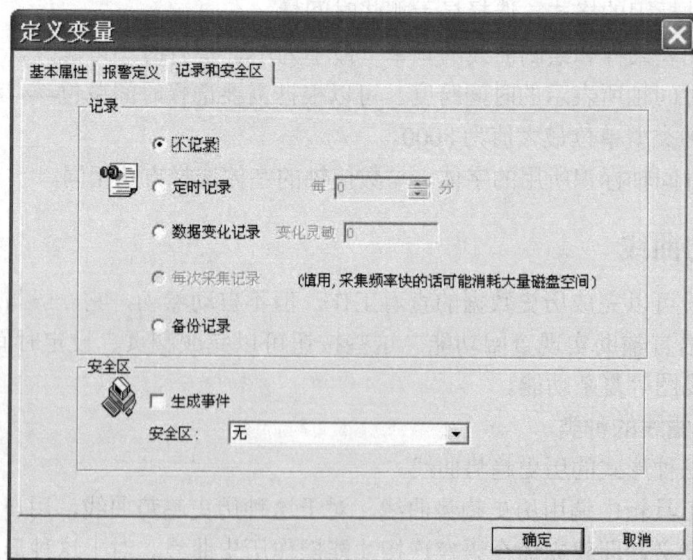

图 5-4 "记录和安全区"选项卡

不记录：此选项有效时，则该变量值不存到硬盘上，（不做历史记录）。

数据变化记录：当变量值发生变化时，将此时的变量值存到硬盘上（做历史记录）。实型、长整型、离散量可记录，适用于数据变化快的场合。

当选择数据变化记录时，应对"变化灵敏"进行设置。只有变量值的变化幅度大于"变化灵敏"设定的值时才被记录到硬盘上。当"数据变化记录"选项有效时，"变化灵敏"选项才有效，其默认值为1，用户可根据需要修改。

定时记录：按时间间隔记录历史数据，最小时间间隔为 1 分钟，适用于数据变化慢的场合。

（3）定义历史数据文件的存储目录

在组态王工程浏览器的菜单栏上单击"配置"菜单，再从弹出的子菜单命令中选择"历史数据记录"命令项，弹出"历史库配置"对话框，如图5-5所示。

选中"运行时启动历史数据记录"，并且单击"组态王历史库"右边的"配置"按钮，弹出"历史记录配置"对话框，如图 5-6 所示。此对话框中输入记录历史数据文件在硬盘上的存储路径和数据保存天数，也可进行分布式历史数据配置，使本机节点中的组态王能够访问远程计算机的历史数据。

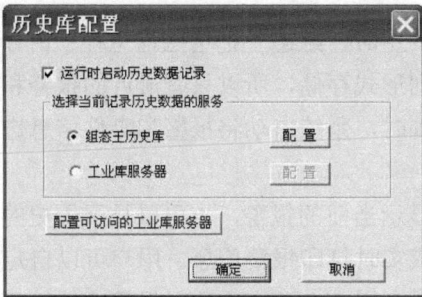

图5-5 "历史库配置"对话框

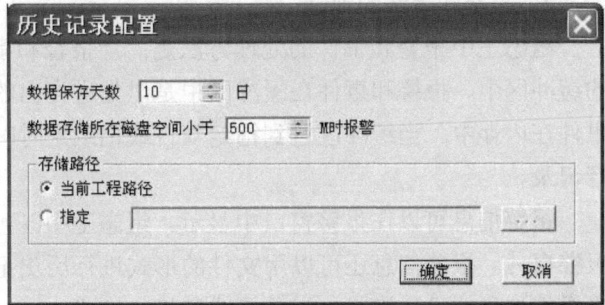

图5-6 "历史记录配置"对话框

（4）重启历史数据记录

在组态王运行系统的菜单栏上单击"特殊"菜单，再从弹出的子菜单命令中选择"重启历史数据记录"，此选项用于重新启动历史数据记录。在没有空闲硬盘空间时，系统就自动停止历史数据记录。当发生此情况时，将显示信息框通知工程人员，工程人员将数据转移到其他地方后，空出硬盘空间，再选用此命令重启历史数据记录。

3. 对历史趋势曲线的控制

历史趋势曲线在画面运行时不自动更新，所以需要通过命令语言结合按钮对历史趋势曲线进行控制，主要通过改变历史趋势曲线变量的域或使用与历史趋势曲线有关的函数。

与历史趋势曲线有关的功能如下：

改变历史趋势曲线的时间轴，从而查看不同时间段的历史曲线。

指示器功能：移动指示器，可以得到任意时间点的数值。

缩放按钮：用于快速缩放。

其他功能：打印历史趋势曲线、查看最新数据、设置参数等。

5.4 报警和事件系统

5.4.1 概述

1．报警和事件的含义

为保证工业现场安全生产，报警和事件的产生和记录是必不可少的。组态王提供了强有力的报警和事件系统，并且操作方法简单。

报警是指当系统中某些量的值超过了所规定的界限时，系统自动产生相应警告信息，表明该量的值已经超限，提醒操作人员。如炼油厂的油品储罐，在往罐中输油时，如果没有报警，就无法有效提醒操作人员，则有可能会造成"冒罐"，导致危险；有了报警，就可以提示操作人员注意，以便采取必要的措施。报警允许操作人员应答。

事件是指用户对系统的行为、动作。如修改了某个变量的值，用户的登录、注销，工作站的启动、退出等。事件不需要操作人员应答。

组态王中的事件主要包括变量报警事件、操作事件、用户登录事件和工作站事件。通过这些报警和事件，用户可以方便地记录和查看系统的报警、操作和各个工作站的运行情况。

2．报警和事件的处理

组态王中报警和事件的处理方法是：当报警和事件发生时，组态王把这些信息存于内存的缓冲区中。报警和事件在缓冲区中是以先进先出的队列形式存储，所以只有最近的报警和事件在内存中。当缓冲区达到指定数目或记录定时时间到时，系统自动将报警和事件信息进行记录。

报警信息可以在报警窗口中显示。组态王中既可以显示当前的报警，也可以显示历史的报警事件。报警信息还可以用文件的形式进行历史记录或实时打印报警信息。用户可以自定义报警信息的显示格式、记录格式和打印格式，同时可以利用命令语言实现对报警事件的复杂控制和灵活处理。

报警窗口用以反应变量的不正常变化，组态王自动对需要报警的变量进行监视。当发生报警时，将这些报警事件在报警窗口中显示出来，其显示格式在定义报警窗口时确定。

报警窗口有两种类型，即实时报警窗口和历史报警窗口。实时报警窗口只显示最近的报警事件；要查阅历史报警事件只能通过历史报警窗口。

为了分类显示报警事件，可以把变量划分到不同的报警组，同时指定报警窗口中只显示所需的报警组。趋势曲线、报警窗口和报警组都是一类特殊的变量，有变量名和变量属性等。趋势曲线、报警窗口的绘制方法和矩形对象相同，移动和缩放方法也一样。

为使报警窗口内能显示变量的报警和事件信息，必须先对报警组和变量进行相关的设置。

5.4.2 定义报警组

往往在监控系统中，为了方便查看、记录和区别，要将变量产生的报警信息归到不同的组中，使变量的报警信息属于某个规定的报警组。组态王中提供报警组的功能。

报警组是按树状组织的结构，默认只有一个根节点，默认名为 RootNode（可以改成其他名字）。可以通过"报警组定义"对话框为这个结构加入多个节点和子节点。这类似于树状的目录结构，每个子节点报警组下所属的变量，在属于该报警组的同时，也属于其上一级父节点报警组。

组态王中根节点的报警组最多可以定义 512 个节点。

通过报警组名可以按组处理变量的报警事件，如报警窗口可以按组显示报警事件，记录报警事件也可按组进行，还可以按组对报警事件进行报警确认。

定义报警组后，组态王会按照定义报警组的先后顺序为每一个报警组设定一个 ID 号，在引用变量的报警组域时，系统显示的都是报警组的 ID 号，而不是报警组名称（组态王提供获取报警组名称的函数 GetGroupName( )）。每个报警组的 ID 号是固定的，当删除某个报警组后，其他的报警组的 ID 号都不会发生变化，新增加的报警组也不会再占用这个 ID 号。

将界面切换到工程浏览器，在左侧依次选择"数据库"→"报警组"，如图 5-7 所示。进入"报警组定义"对话框，可以建立报警组。

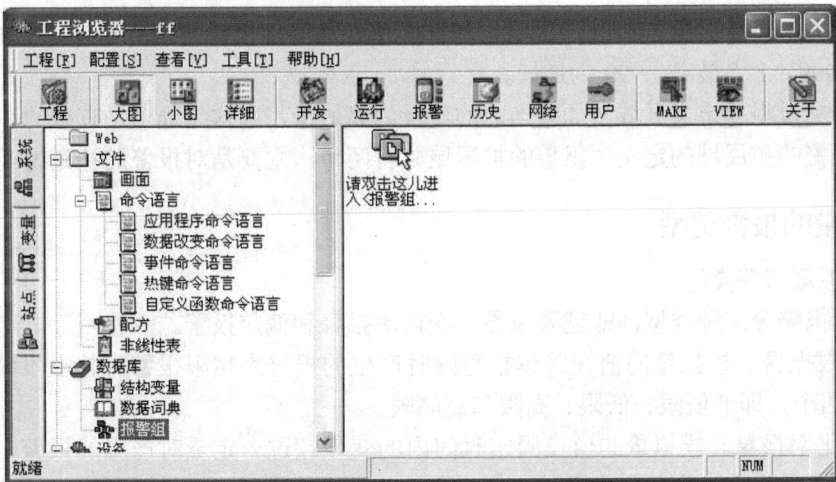

图 5-7 进入"报警组定义"对话框

5.4.3 设置变量的报警定义属性

在使用报警功能前，必须先要对变量的报警属性进行定义。

在工程浏览器的左侧依次选择"数据库"→"数据词典"，在右侧双击已定义的变量名，弹出"定义变量"对话框。在"定义变量"对话框中单击"报警定义"选项卡，弹出如图 5-8 所示的对话框，在此对话框中设置报警参数。

"报警定义"选项卡主要分为以下几个部分：

（1）报警组名 单击"报警组名"按钮，会弹出"选择报警组"对话框，在该对话框中将列出所有已定义的报警组，选择其一，确认后，则该变量的报警信息就属于当前选中的报警组。

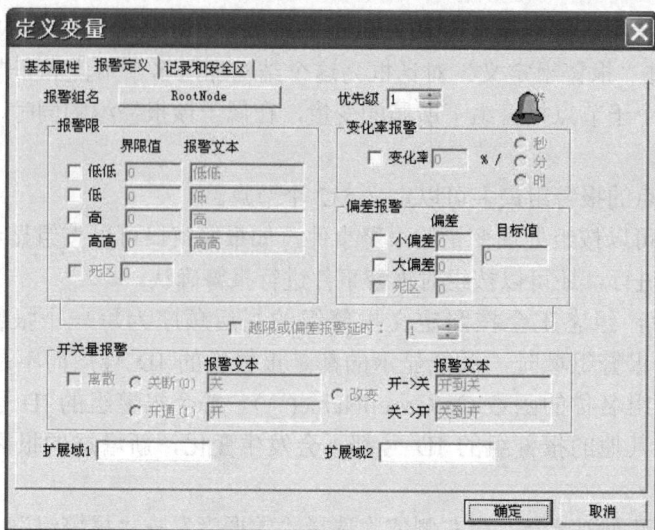

图 5-8 "报警定义"选项卡

（2）优先级　指报警的级别，主要有利于操作人员区别报警的紧急程度。报警优先级的范围为 1～999，1 为最高，999 为最低。

（3）开关量报警定义区域　如果当前的变量为离散量，则这些选项是有效的。

（4）报警的扩展域的定义　报警的扩展域共有两个，主要是对报警的补充说明和解释。

5.4.4　变量的报警类型

1. 模拟量报警类型

模拟量报警分三种类型，即越限报警、变化率报警和偏差报警。

1）越限报警。模拟量的值在跨越报警限时产生的报警为越限报警。越限报警的报警限（类型）有四个，即低低限、低限、高限和高高限。

2）变化率报警。模拟量的值在固定时间内的变化超过一定量时产生的报警，即变量变化太快时产生的报警为变化率报警。当模拟量的值发生变化时，系统就计算其变化率以决定是否报警。

3）偏差报警。模拟量的值相对目标值上下波动的量与变量范围的百分比超过一定量时产生的报警为编差报警。

2. 离散量报警类型

离散量报警分三种类型，即关断报警、开通报警和改变报警。用户只能定义其中的一种。

1）关断报警。选中此项表示当离散型变量由开（由 0 变为 1）状态变为关（由 1 变为 0）状态时，对此变量进行报警。

2）开通报警。选中此项表示当离散型变量由关状态变为开状态时，对此变量进行报警。

3）改变报警。选中此项表示当离散型变量发生变化时，即由关状态变为开状态或由开状态变为关状态，对此变量进行报警。它多用于电力系统，又称为变位报警。

5.5 数据库访问

很多工业现场要求将组态软件的数据通过 ODBC 接口存到关系数据库中。

组态王支持与 ODBC 接口的数据库进行数据传输,例如 ACCESS 和 SQLServer 等。

利用组态王 SQL 访问功能实现组态王和其他外部数据库(支持 ODBC 访问接口)之间的数据传输,必须在系统 ODBC 数据源中定义相应数据库。

在组态王的开发环境中,提供了 SQL 访问管理器配置项,来完成组态王和数据库之间的具体配置。SQL 访问管理器用来建立数据库和组态王变量之间的联系,包括表格模板和记录体两部分功能。通过表格模板在数据库中建立表格;通过记录体建立数据库表格列和组态王之间的联系,允许组态王通过记录体直接操作数据库中的数据。表格模板和记录体都是在工程浏览器中建立的。

SQL 访问管理器的记录体建立数据库表格字段和组态王变量之间的联系,允许组态王通过 SQL 函数对数据库的表的记录进行插入、修改、删除、查询等操作,也可以对数据库中的表格进行建表、删表等操作。

很多工业现场要求对关系数据库的数据根据不同的条件进行查询处理。组态王的实现方法是:利用组态王的 SQL 函数实现对数据库数据的查询处理;利用组态王的 KVADODBGrid 控件实现对数据库的查询处理。这两种实现方法的不同之处在于,第一种方式是将查询结果对应到组态王的变量上,可以通过组态王的变量进行相关的计算处理以及在命令语言中使用,但是如果符合条件的记录有许多条则无法同时看到所有的查询选择结果。第二种方式是将查询结果显示到控件的表格中,可以看到所有符合条件的查询记录,并且可以另存为其他文件以及进行打印操作,还可以通过控件的属性、方法进行其他的处理。

用户如果需要将数据库中的数据调入组态王来显示,需要另外建立一个记录体,此记录体的字段名称要和数据库中相应表的字段名称对应,连接的变量与数据库中的字段的类型一致(但必须是另外的内部变量)。

在工程中经常需要访问开放型数据库中的大量数据,如果通过 SQL 函数编程查询,因为符合条件的记录比较多,无法同时浏览所有的记录,并且无法形成报表进行打印,不易使用。针对这种情况,组态王提供了一个通过 ADO 访问开放型数据库中数据的 Active X 控件 KVADODBGrid。通过该控件,在组态王画面中用户可以很方便地访问数据库、编辑数据库。可以通过数据库查询窗口对数据库中的数据进行查询,也可以用控件的统计函数计算出控件中数据的最大、最小值和平均值等。

5.6 I/O 设备管理

作为上位机,KingView 把那些需要与之交换数据的设备或程序都作为外部设备(I/O 设备)。组态王支持的 I/O 设备包括:可编程序控制器(PLC)、智能模块、板卡、智能仪表、变频器等。

5.6.1 组态王逻辑设备的含义

KingView 软件系统与工程人员最终使用的具体控制设备或现场部件无关，对于不同的硬件设施，只需为 KingView 配置相应的通信驱动程序即可。因此要使 KingView 与外部设备通信，在 KingView 安装过程中需安装外部 I/O 设备的驱动程序，如图 5-9 所示，在运行期间，KingView 通过驱动程序和这些外部设备交换数据。

组态王提供大量不同类型的驱动程序，工程人员根据自己实际安装的 I/O 设备选择相应的驱动程序即可。

KingView 的设备管理结构列出了已配置的与 KingView 通信的各种 I/O 设备名。每个设备名实际上是具体设备的逻辑名称（简称逻辑设备名，以此区别 I/O 设备生产厂家提供的实际设备名），每一个逻辑设备名对应一个相应的驱动程序，以此与实际设备相对应。

KingView 对设备的管理是通过对逻辑设备名的管理实现的。具体讲就是每一个实际 I/O 设备都必须在 KingView 中指定一个唯一的逻辑名称，此逻辑设备名就对应着该 I/O 设备的生产厂家、实际设备名称、设备通信方式、设备地址、与上位 PC 的通信方式等信息内容（逻辑设备名的管理方式就如同对城市长途区号的管理，每个城市都有一个唯一的区号与之相对应，这个区号就可以认为是该城市的逻辑城市名，比如北京市的区号为 010，则查看长途区号时就可以知道 010 代表北京）。

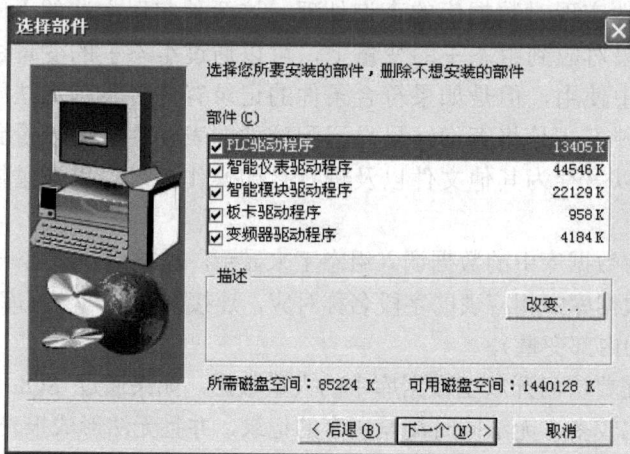

图 5-9　安装 I/O 设备驱动程序

在 KingView 中，具体 I/O 设备与逻辑设备名是一一对应的，有一个 I/O 设备就必须指定一个唯一的逻辑设备名，特别是设备型号完全相同的多台 I/O 设备，也要指定不同的逻辑设备名。

只有在定义了外部设备之后，KingView 才能通过 I/O 变量和它们交换数据。

为方便定义外部设备，KingView 设计了"设备配置向导"以指导完成设备的连接，如图 5-10 所示。在开发过程中，用户只需要按照安装向导的提示就可以进行相应的参数设置，选择 I/O 设备的生产厂家、设备名称、通信方式，指定设备的逻辑名称和通信地址，完成 I/O 设备的配置工作，则 KingView 自动完成驱动程序的启动和通信，不再需要工程人员人工进行。

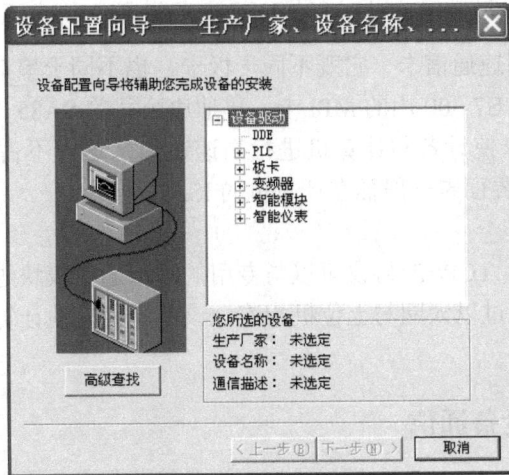

图 5-10　设备配置向导

在了解了组态王逻辑设备的概念后，工程人员可以轻松地在组态王中定义所需的设备。进行 I/O 设备的配置时将弹出相应的配置向导对话框，使用这些配置向导对话框可以方便快捷地添加、配置、修改硬件设备。

5.6.2　组态王逻辑设备的种类

组态王设备管理中的逻辑设备分为 DDE 设备、板卡类设备（即总线型设备）、串口类设备、人机界面卡和网络模块，工程人员根据自己的实际情况通过组态王的设备管理功能来配置定义这些逻辑设备，下面分别介绍这五种逻辑设备。

1. DDE 设备

DDE 设备是指与组态王进行 DDE 数据交换的 Windows 独立应用程序，因此，DDE 设备通常就代表了一个 Windows 独立应用程序，该独立应用程序的扩展名通常为.exe，组态王与 DDE 设备之间通过 DDE 协议交换数据，如 Excel 是 Windows 的独立应用程序，当 Excel 与组态王交换数据时，就是采用 DDE 的通信方式进行的。

2. 板卡类设备

板卡类逻辑设备实际上是组态王内嵌的板卡驱动程序的逻辑名称。内嵌的板卡驱动程序不是一个独立的 Windows 应用程序，而是以 DLL 形式供组态王调用。这种内嵌的板卡驱动程序对应着实际插入计算机总线扩展槽中的 I/O 设备，因此，一个板卡逻辑设备也就代表了一个实际插入计算机总线扩展槽中的 I/O 板卡。

组态王根据工程人员指定的板卡逻辑设备自动调用相应内嵌的板卡驱动程序，因此对工程人员来说，只需要在逻辑设备中定义板卡逻辑设备，其他的事情就由组态王自动完成。

3. 串口类设备

串口类逻辑设备实际上是组态王内嵌的串口驱动程序的逻辑名称。内嵌的串口驱动程序不是一个独立的 Windows 应用程序，而是以 DLL 形式供组态王调用，这种内嵌的串口驱动程序对应着实际与计算机串口相连的 I/O 设备，因此，一个串口逻辑设备也就代表了一个实际与计算机串口相连的 I/O 设备。

4．人机界面卡

人机界面卡又称为高速通信卡，它既不同于板卡，也不同于串口通信，它往往由硬件厂商提供，如西门子公司的 S7-300 用的 MPI 卡、莫迪康公司的 SA85 卡。

通过人机界面卡可以使设备与计算机进行高速通信，这样不占用计算机本身所带 RS-232 串口，因为这种人机界面卡一般插在计算机的 ISA 板槽上。

5．网络模块

组态王利用以太网和 TCP/IP 协议可以与专用的网络通信模块进行连接。例如选用松下 ET-LAN 网络通信单元通过以太网与上位机相连，该单元和其他计算机上的组态王运行程序使用 TCP/IP 协议。

5.6.3　组态王与 I/O 设备通信

在系统运行的过程中，KingView 通过内嵌的设备管理程序负责与 I/O 设备的实时数据交换，如图 5-11 所示。每一个驱动程序都是一个 COM 对象，这种方式使通信程序和 KingView 构成一个完整的系统，既保证了运行系统的高效率，也使系统能够达到很大的规模。

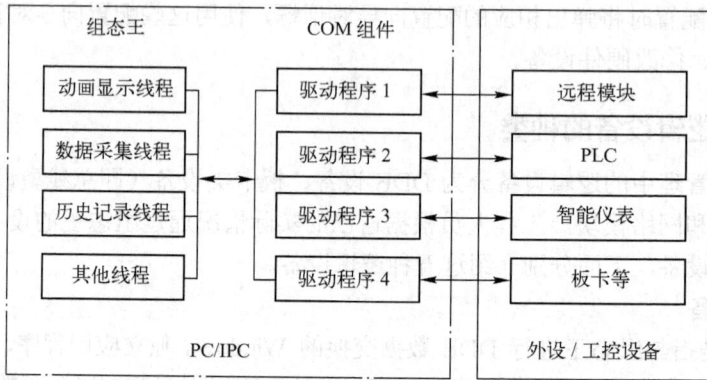

图 5-11　KingView 与下位机的通信结构

KingView 中的 I/O 变量与具体 I/O 设备的数据交换就是通过逻辑设备名来实现的。当工程人员在 KingView 中定义 I/O 变量属性时，就要指定与该 I/O 变量进行数据交换的逻辑设备名。一个逻辑设备可与多个 I/O 变量对应。

I/O 设备的输入提供现场的信息，例如产品的位置、机器的转速、炉温等。I/O 设备的输出通常用于对现场的控制，例如起动电动机、改变转速、控制阀门和指示灯等。有些 I/O 设备（例如 PLC），其本身的程序完成对现场的控制，程序根据输入决定各输出的值。组态王与 I/O 设备的连接如图 5-12 所示。

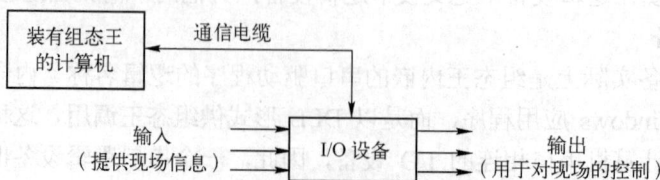

图 5-12　KingView 与 I/O 设备的连接

输入、输出的数值存放在 I/O 设备的寄存器中，寄存器通过其地址进行引用。大多数 I/O 设备提供与其他设备或计算机进行通信的通信端口或数据通道，KingView 通过这些通信通道读写 I/O 设备的寄存器，采集到的数据可用于进一步的监控。用户不需要读写 I/O 设备的寄存器，KingView 提供了一种数据定义方法，用户定义了 I/O 变量后，可直接将变量名用于系统控制、操作显示、趋势分析、数据记录和报警显示。

5.7 系统安全管理

安全保护是应用系统不可忽视的问题，对于可能有不同类型的用户共同使用的大型复杂应用，必须解决好授权与安全性的问题，系统必须能够依据用户的使用权限允许或禁止其对系统进行操作。

组态王提供一个强有力的先进的基于用户的安全管理系统。在组态王开发系统里可以对工程进行加密。打开工程时只有输入密码正确时才能进入该工程的开发系统。对画面上的图形对象设置访问权限，同时给操作者分配访问优先级和安全区，运行时当操作者的优先级小于对象的访问优先级或不在对象的访问安全区内时，该对象为不可访问，即要访问一个有权限设置的对象，要求先具有访问优先级，而且操作者的操作安全区须在对象的安全区内时，方能访问，组态王以此来保障系统的安全运行。

5.7.1 工程加密

为了防止其他人员对工程进行修改，在组态王开发系统中可以分别对多个工程进行加密。当进入一个有密码的工程时，必须正确输入密码方可进入开发系统，否则不能打开该工程进行修改，从而实现了组态王开发系统的安全管理。

新建组态王工程，首次进入组态王浏览器，系统默认没有密码，可直接进入组态王开发系统。如果要对该工程的开发系统进行加密，选中未加密的工程，执行工程浏览器中"工具"→"工程加密"命令，弹出"工程加密处理"对话框，如图 5-13 所示。

密码长度不超过 12 个字节，密码可以是字母（区分字母大小写）、数字或其他符号，且须再次输入相同密码进行确认。

单击"确定"按钮后，系统将自动对工程进行加密。加密过程中系统会弹出提示信息框，显示对每一个画面分别进行加密处理。当加密操作完成后，系统弹出"操作完成"提示框。

退出组态王工程浏览器，每次在开发环境下打开该工程都会出现检查文件密码提示框，要求输入工程密码。

图 5-13 "工程加密处理"对话框

如果想取消对工程的加密，在打开该工程后，依次单击"工具"→"工程加密"，弹出"工程加密处理"对话框，将密码设为空，单击"确定"按钮后，系统将取消对工程的加密。

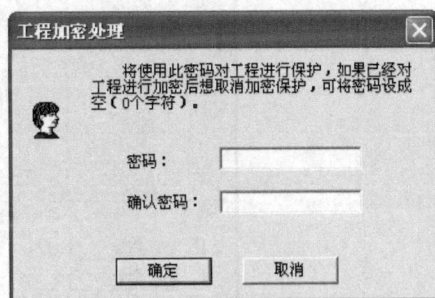

5.7.2 运行系统安全管理

在组态王系统中，为了保证运行系统的安全运行，需对画面上的图形对象设置访问权限，同时给操作者分配访问优先级和安全区，当操作者的优先级小于对象的访问优先级或不在对象的访问安全区内时，该对象为不可访问，即要访问一个有权限设置的对象，要求先具有访问优先级，而且操作者的操作安全区须在对象的安全区内时，方能访问。

操作者的操作优先级级别从 1~999，每个操作者和对象的操作优先级级别只有一个。系统安全区共有 64 个，用户在进行配置时，每个用户可选择除"无"以外的多个安全区，即一个用户可有多个安全区权限，每个对象也可有多个安全区权限。除"无"以外的安全区名称可由用户按照自己的需要进行修改。在软件运行过程中，优先级大于 900 的用户还可以配置其他操作者，为他们设置用户名、口令、访问优先级和安全区。

1. 设置图形对象的访问权限

组态窗口画面中设置的"退出系统"按钮的功能是退出组态王画面运行程序。而对一个实际的系统来说，为了避免误操作所带来的停产或其他事故，可能不是每一个操作者都有权利使用此按钮，这就需要为按钮设置访问权限。同时，也要给操作者赋予不同级别的操作权限，只有当操作者的操作权限不小于按钮的访问权限时，此按钮的功能才可实现。

1）打开组态王画面开发系统，在画面中添加"退出系统"按钮

2）双击"退出系统"按钮，弹出"动画连接"对话框，如图 5-14 所示。单击"弹起时"按钮，在出现的命令语言对话框编辑区输入程序"exit(0);"，再单击"确认"按钮回到"动画连接"对话框，然后在对话框中的"优先级"文本框内输入"900"。

3）单击"确定"，关闭"动画连接"对话框。

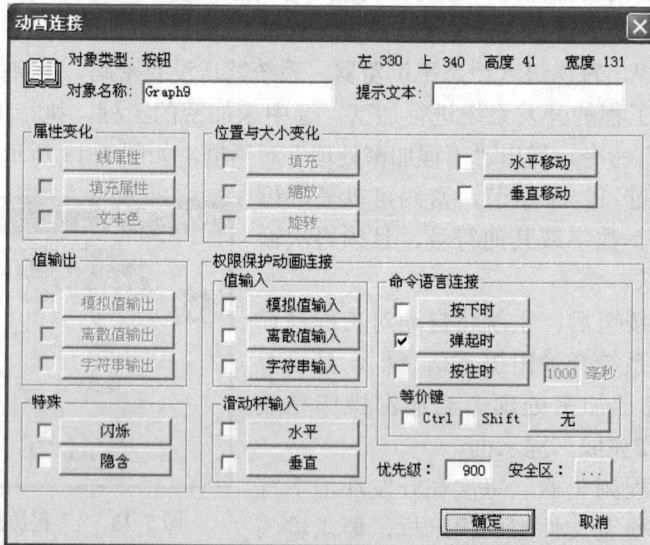

图 5-14 设置"退出系统"按钮优先级

2. 配置用户

1）在工程浏览器中，选择菜单"系统配置"→"用户配置"，双击右侧的"用户配置"项，弹出"用户和安全区配置"对话框，单击对话框中的"新建"按钮，弹出"定义用户组

84

和用户"对话框，如图 5-15 所示。选择"用户"单选按钮，设置用户名：ZDH，用户密码：1234，优先级：900，单击"确认"，关闭对话框。

2）在开发系统中依次选择菜单"文件"→"全部存"，保存所做的修改。

激活组态王画面运行程序，"退出系统"按钮此时变灰，要操作此按钮，操作者必须登录，以确认操作权限。

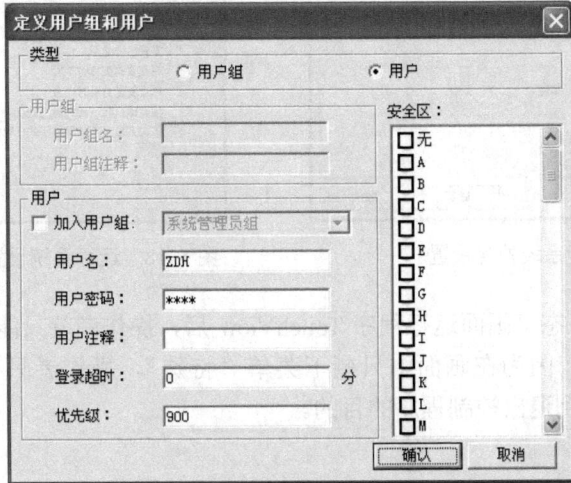

图 5-15　"定义用户组和用户"对话框

3．登录

在运行系统依次选择菜单"特殊"→"登录开"，弹出"登录"对话框，如图 5-16 所示，在对话框中输入用户名：ZDH，用户密码：1234，单击"确定"按钮，"退出系统"按钮变为正常颜色，可以实现其功能了。

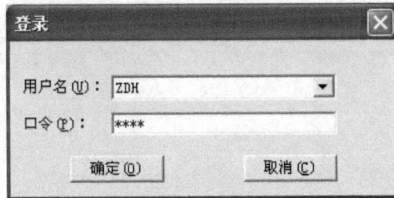

图 5-16　"登录"对话框

4．禁止退出应用程序

对于退出应用程序这一功能而言，操作者也可以通过开发系统菜单"文件"→"退出"或者系统菜单"退出"来实现。如果要禁止这两种方式，需要做如下设置。

在工程浏览器中选择快捷按钮"运行"，弹出"运行系统设置"对话框，选择"运行系统外观"选项卡，进行如图 5-17 的设置。

选择"特殊"选项卡，将"禁止退出运行环境"和"禁止 ALT 键"两个选项设为有效，如图 5-18 所示。

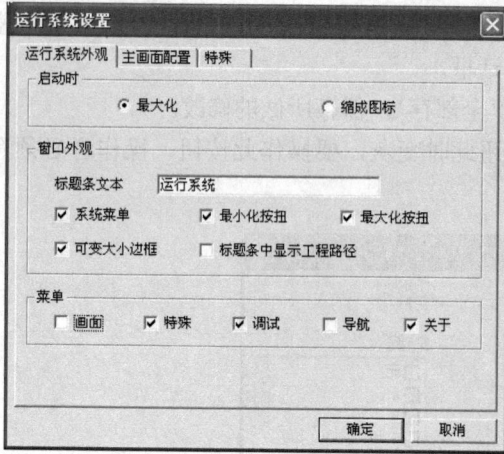

| 图 5-17 运行系统外观设置 | 图 5-18 运行系统设置—禁止退出应用程序 |

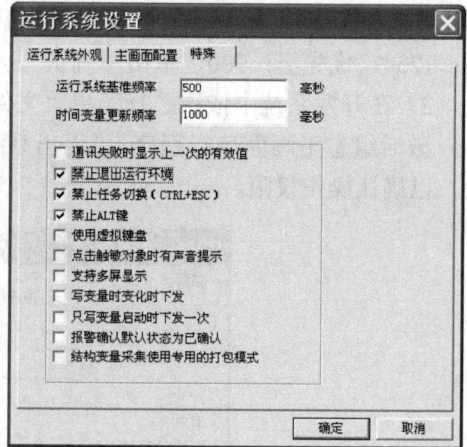

关闭并重新启动组态王画面运行程序 TouchView 后，操作者就只能通过"退出系统"按钮来退出控制程序了。因为在画面中只剩下菜单"特殊"，操作者只有通过登录才能激活"退出系统"按钮，达到退出控制程序的目的。

第6章　组态软件高级应用实训

本章通过 6 个实训项目讲解组态软件 KingView 的高级应用技术，包括控件的制作、报警窗口的制作、历史趋势曲线的绘制、数据报表的生成以及数据库操作等。

实训 7　棒图的生成

一、学习目标
掌握棒图控件的创建和棒图的生成方法。

二、设计任务
4 个内存实数每隔 1000ms 分别累加 0.5、1.0、1.5 和 2.0，在画面上通过棒图形式显示 4 个实数的数值变化情况。

三、任务实现

1．建立新工程项目

工程名称：棒图控件。

工程描述：显示数据变化情况。

2．制作图形画面

画面名称：立体棒图。

1）添加 1 个立体棒图控件。单击"工具箱"中的"插入控件"按钮或选择菜单命令"编辑"→"插入控件"，弹出"创建控件"对话框，如图 6-1 所示。在"趋势曲线"栏内选中"立体棒图"控件，用鼠标左键单击"创建"按钮，鼠标指针变成十字形，然后在画面上画一个矩形框，棒图控件就放到画面上了。

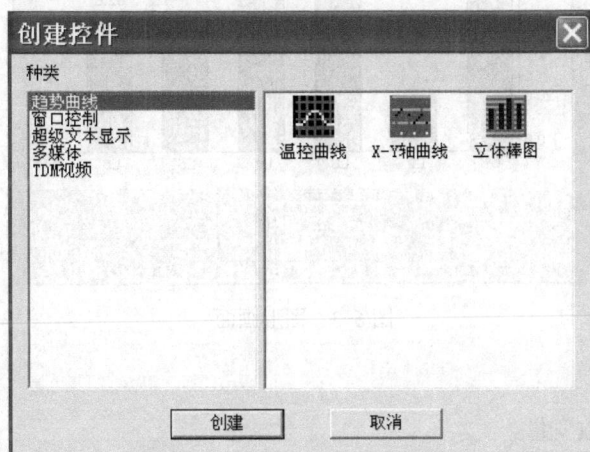

图 6-1　"创建控件"对话框

棒图控件属性设置：用鼠标双击棒图控件，弹出棒图"属性"对话框，如图 6-2 所示。将控件名改为"棒图"，图表类型选"二维条形图"（如果要立体显示，则选"三维条形图"），去掉显示属性中的"自动刻度"和"添加网格线"选项，将 Y 轴最大值设为"100"，刻度间隔数设为"5"。

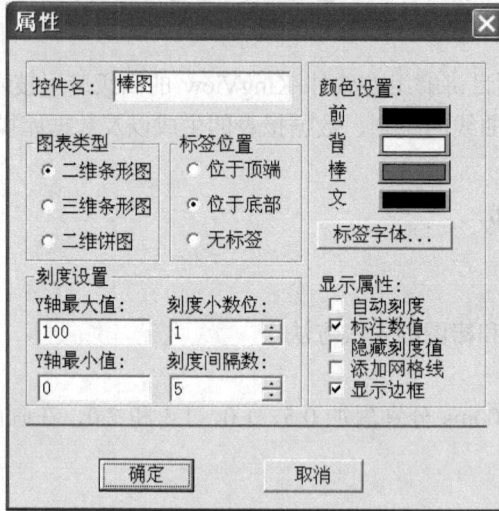

图 6-2　棒图"属性"对话框

2）添加 1 个按钮对象。在工具箱中选择"按钮"控件添加到画面中，将按钮"文本"改为"关闭"。

设计的图形画面如图 6-3 所示。

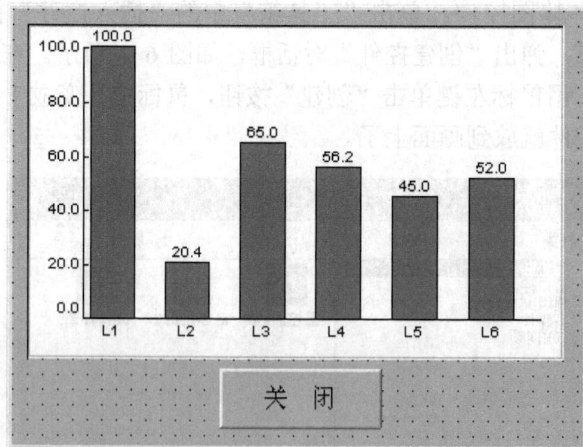

图 6-3　图形画面

3．定义变量

定义 4 个内存实数变量。

变量名为"data1"，变量类型选"内存实数"，初始值设为"0"，最小值设为"0"，最大值设为"100"。

同样再定义 3 个内存实数变量，变量名分别为"data2""data3"和"data4"，其他设置相同。

4．动画连接

建立按钮对象的动画连接：双击"关闭"按钮对象，出现"动画连接"对话框。单击命令语言连接栏中的"弹起时"按钮，出现"命令语言"对话框，在编辑栏中输入命令"exit(0);"。

5．命令语言编程

在工程浏览器左侧树形菜单中双击"应用程序命令语言"项，出现"应用程序命令语言"对话框，单击"运行时"选项卡，将循环执行时间设定为 1000ms，然后在命令语言编辑框中输入实数累加与棒图生成程序，如图 6-4 所示。

图 6-4　编写命令语言程序

程序中，函数 chartClear()用于在指定的棒图控件中清除所有的棒形图；函数 chartAdd()用于在指定的棒图控件中增加一个新的条形图。

6．程序测试与运行

将设计好的画面全部存储并配置成主画面，启动画面运行程序。

随着 4 个实数递增，画面中棒图显示数值变换情况，程序运行画面如图 6-5 所示。

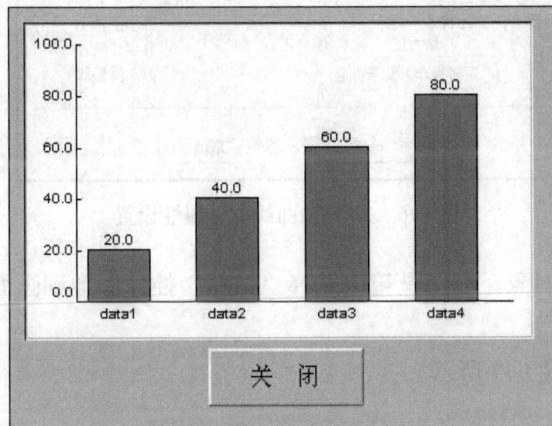

图 6-5　棒图显示画面

实训 8 X-Y 轴曲线的绘制

一、学习目标
掌握 X-Y 轴曲线控件的创建和 X-Y 曲线的绘制方法。

二、设计任务
在画面上通过 X-Y 轴曲线控件显示两个变量之间的关系曲线。

三、任务实现

1. 建立新工程项目

工程名称：X-Y 轴曲线。

工程描述：显示两个变量的关系曲线。

2. 制作图形画面

画面名称：关系曲线。

1）添加 1 个 X-Y 轴曲线控件。单击"工具箱"中的"插入控件"按钮或选择菜单命令"编辑"→"插入控件"，则弹出"创建控件"对话框，如图 6-1 所示。选择右侧"X-Y 轴曲线"控件。

属性设置：用鼠标双击画面上 X-Y 轴曲线控件，弹出"属性设置"对话框，如图 6-6 所示。将控件名称改为"XY 曲线"，X 轴最大值设为"50"，Y 轴最大值设为"100"，分度数设为"5"，显示属性中去掉"显示图例"和"添加网格线"选项。

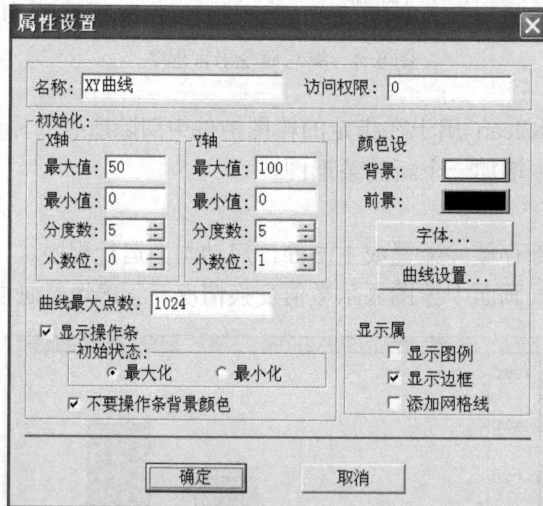

图 6-6 X-Y 轴曲线控件属性设置

2）添加 1 个按钮对象。在工具箱中选择"按钮"控件添加到画面中，将按钮"文本"改为"关闭"。

设计的图形画面如图 6-7 所示。

3. 定义变量

1）定义 1 个内存整数变量。变量名为"x"，变量类型选"内存整数"，初始值设为

90

"0"，最小值设为"0"，最大值设为"100"。

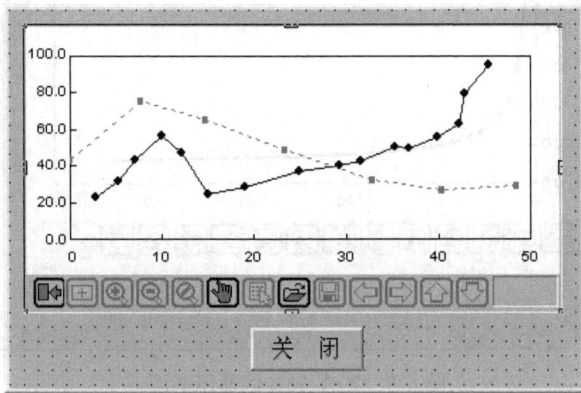

图 6-7　图形画面

2）定义 1 个内存实数变量。变量名为"y"，变量类型选"内存实数"，初始值设为"0"，最小值设为"0"，最大值设为"100"。

4. 动画连接

建立按钮对象的动画连接：双击"关闭"按钮对象，弹出"动画连接"对话框。单击命令语言连接栏中的"弹起时"按钮，出现"命令语言"对话框，在编辑栏中输入命令"exit(0);"。

5. 命令语言编程

在工程浏览器左侧树形菜单中双击"应用程序命令语言"项，出现"应用程序命令语言"对话框，单击"运行时"选项卡，将循环执行时间设定为 1000ms，然后在命令语言编辑框中输入 x、y 变化关系与 X-Y 曲线生成程序，如图 6-8 所示。

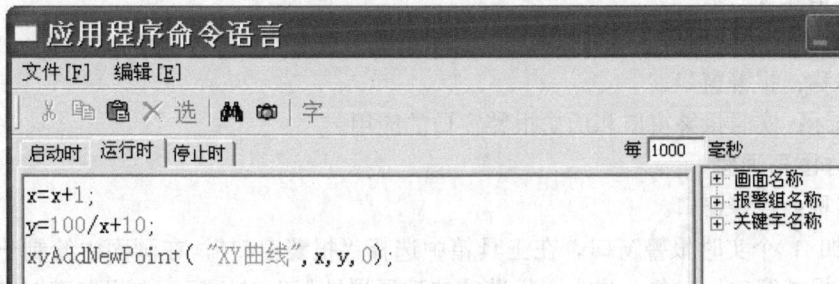

图 6-8　编写命令语言

程序中，函数 xyAddNewPoint()用于在指定的 X-Y 轴曲线控件中给指定曲线添加一个数据点。

6. 程序测试与运行

将设计好的画面全部存储并配置成主画面，启动画面运行程序。

变量 x 每隔 1s 加 1，变量 y 随着 x 变化，画面中显示两个变量的数据变化关系曲线，程序运行画面如图 6-9 所示。

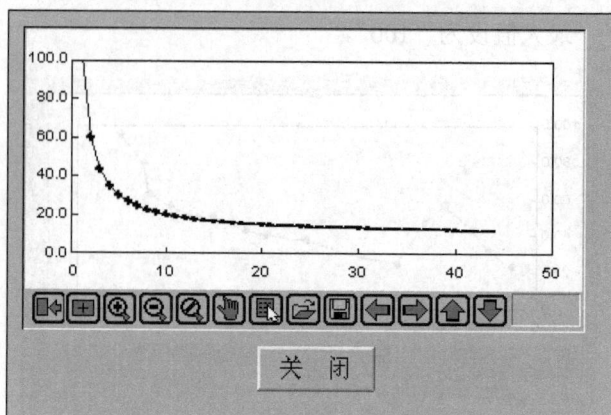

图 6-9 X-Y 轴曲线显示画面

实训 9 报警窗口的制作

一、学习目标

1. 掌握报警窗口的添加和属性设置方法。
2. 掌握报警组的定义方法。
3. 掌握实数变量的报警定义方法。

二、设计任务

1. 一个实数从零开始每隔 1s 加 1，画面中反应器液位随着累加数增加而上升。

2. 当累加值小于等于 10 或者大于等于 30 时，发生报警事件，报警信息记录在实时报警窗口和历史报警窗口。

三、任务实现

1. 建立新工程项目

工程名称：报警窗口。

工程描述：实时报警窗口和历史报警窗口的应用。

2. 制作图形画面

画面名称：报警窗口。

1）添加 1 个实时报警窗口。在工具箱中选择"报警窗口"，在画面中绘制一个报警窗口。双击"报警窗口"对象，弹出"报警窗口配置属性页"对话框。在报警窗口名文本框中输入"实时报警"，选择"实时报警窗"单选按钮，再依次设置其他项目，如图 6-10 所示。

2）添加 1 个历史报警窗口。在工具箱中选择"报警窗口"，在画面中绘制一个报警窗口。双击"报警窗口"对象，弹出"报警窗口配置属性页"对话框。在报警窗口名文本框中输入"历史报警"，选择"历史报警窗"单选按钮，再依次设置其他项目。

3）添加 1 个反应器对象。在开发系统中执行菜单"图库"→"打开图库"命令，进入图库管理器，选择"反应器"库中的一个图形对象。

4）添加 1 个文本对象。输入字符"000"。

5）添加 1 个按钮对象。将文本改为"关闭"。

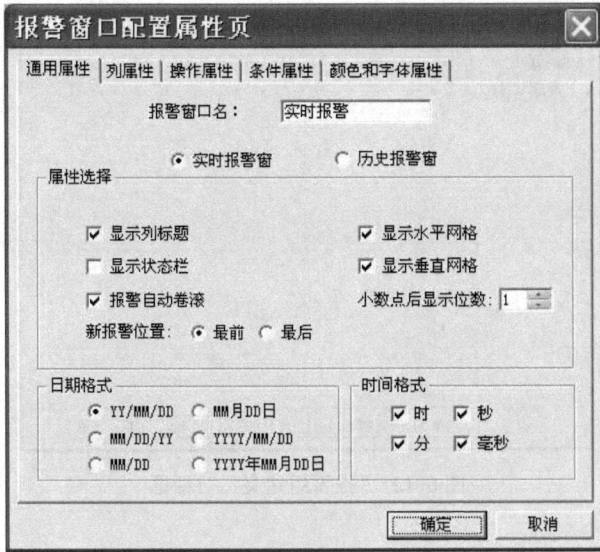

图 6-10 "报警窗口配置属性页"对话框

设计的图形画面如图 6-11 所示。

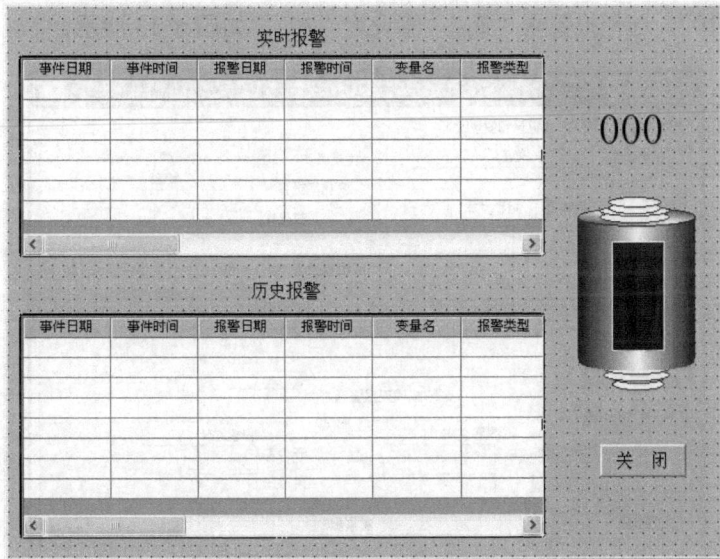

图 6-11 图形画面

3. 定义报警组

在工程浏览器窗口左侧工程目录显示区选择数据库中的"报警组"选项，在右侧显示区中双击进入报警组对话框图标，弹出"报警组定义"对话框，如图 6-12 所示。

单击"修改"按钮，将报警组名称"RootNode"改为"化工厂"；选中"化工厂"报警组，单击"增加"按钮，增加此报警组的子报警组，名称为"反应车间"，单击"确认"按钮关闭对话框，结束对报警组的设置。

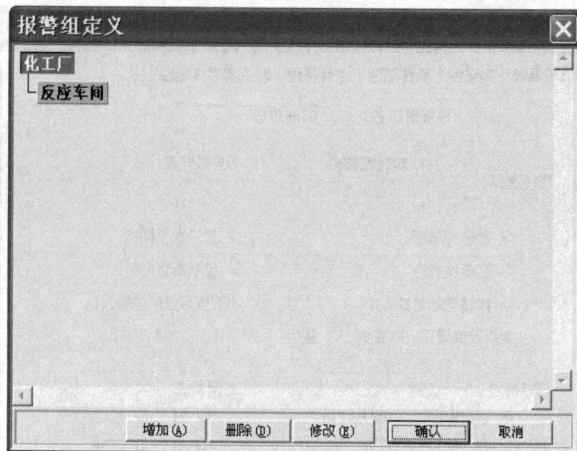

图 6-12 "报警组定义"对话框

4.定义变量

定义 1 个内存实数变量。变量名为"液位",变量类型选"内存实数",初始值设为 "0",最小值设为"0",最大值设为"50"。

单击"报警定义"选项卡。报警组名默认为已定义的报警组"化工厂",选择报警限 "低",值设为"10",选择报警限"高",值设为"30",如图 6-13 所示。

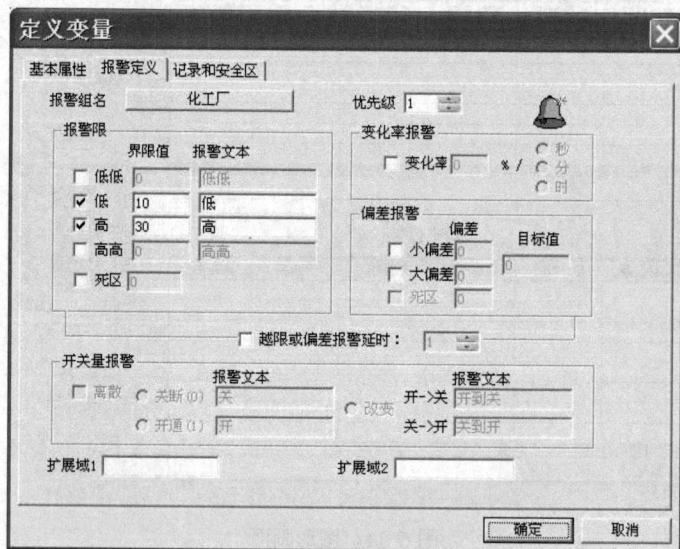

图 6-13 设置变量的报警属性

5.建立动画连接

1)建立反应器对象的动画连接。

双击画面中反应器对象,出现"反应器"对话框,将变量名(模拟量)设定为"\\本站 点\液位"。将填充设置最大值设为"50"。

2)建立显示文本对象"000"的动画连接。

双击画面中文本对象"000",出现"动画连接"对话框,单击"模拟值输出"按钮,弹出"模拟值输出连接"对话框,将其中的表达式设置为"\\本站点\液位"。

3)建立按钮对象的动画连接。

双击"关闭"按钮对象,出现"动画连接"对话框。单击命令语言连接栏中的"弹起时"按钮,出现"命令语言"对话框,在编辑栏中输入命令"exit(0);"。

6. 命令语言编程

在工程浏览器左侧树形菜单中双击"应用程序命令语言"项,出现"应用程序命令语言"对话框,单击"运行时"选项卡,将循环执行时间设定为 1000ms,然后在命令语言编辑框中输入变量"液位"的累加程序,如图 6-14 所示。

图 6-14 编写命令语言

7. 程序测试与运行

将设计好的画面全部存储并配置成主画面,启动画面运行程序。

一个实数从零开始每隔 1s 加 1,画面中的反应器液位随着累加数增加而上升;当数值小于等于 10 或者大于等于 30 时,发生报警事件,报警信息记录在实时报警窗口和历史报警窗口。当数值大于 10 小于 30 时,实时报警窗口无信息显示。

程序运行画面如图 6-15 所示。

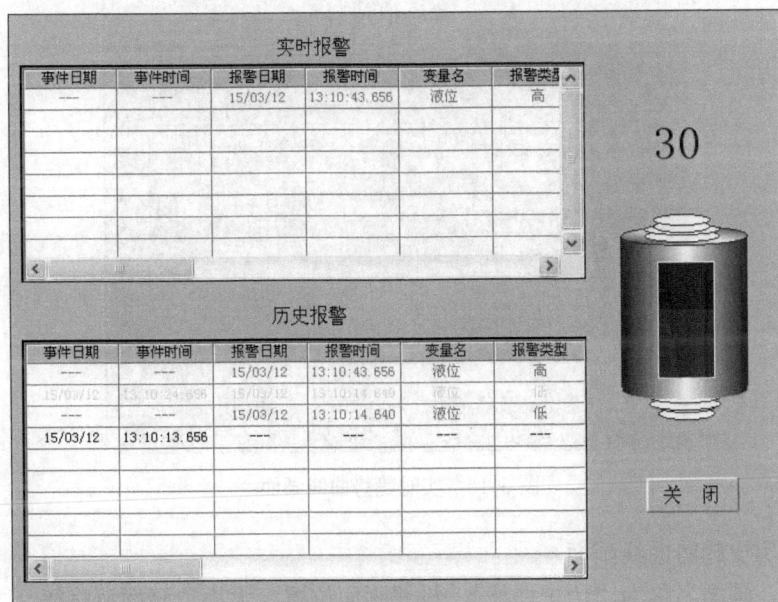

图 6-15 程序运行画面

95

实训 10 历史趋势曲线的绘制

一、学习目标

1. 掌握组态软件多窗口画面的制作和操作方法。
2. 掌握仿真 PLC 设备的配置及其 I/O 变量的定义方法。
3. 掌握历史趋势曲线控件的添加和属性设置方法。

二、设计任务

1. 利用仿真 PLC 设备产生模拟量压力数据，并系统记录其历史数据。
2. 绘制压力数据实时趋势曲线和历史趋势曲线。

三、任务实现

1. 建立新工程项目

工程名称：历史趋势曲线。

工程描述：绘制实时和历史趋势曲线。

2. 制作图形画面

制作 2 个图形画面。

（1）建立实时趋势曲线画面

新建画面，画面名称为"实时曲线"，设置画面位置、大小、画面风格等。

1）通过工具箱为图形画面添加 1 个文本对象，文本改为"实时趋势曲线"。

2）通过工具箱为图形画面添加 1 个实时趋势曲线对象。

3）添加 2 个按钮对象。将按钮文本分别改为"历史趋势曲线"和"关闭"。

设计的图形画面如图 6-16 所示。

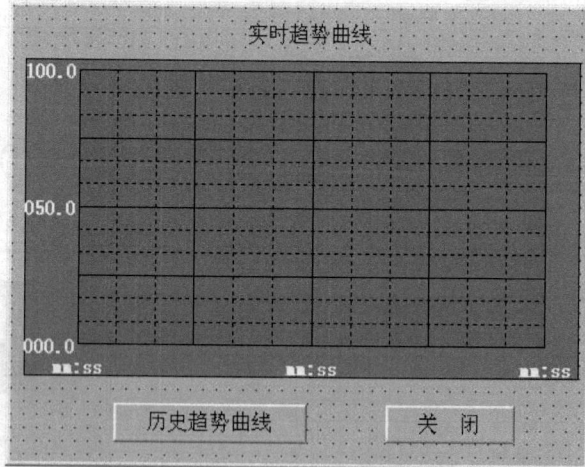

图 6-16 实时趋势曲线画面

（2）建立历史趋势曲线画面

新建画面，画面名称为"历史曲线"，设置画面位置、大小、画面风格等。

1）通过工具箱为图形画面添加 1 个文本对象，文本改为"历史趋势曲线"。

2）通过工具箱为图形画面添加 1 个"历史趋势曲线"控件。在工具箱中单击"插入通用控件"或选择菜单"编辑"→"插入通用控件"命令，弹出"插入控件"对话框，在列表中选择"历史趋势曲线"。

3）添加 1 个按钮对象。将按钮文本改为"实时趋势曲线"。

设计的图形画面如图 6-17 所示。

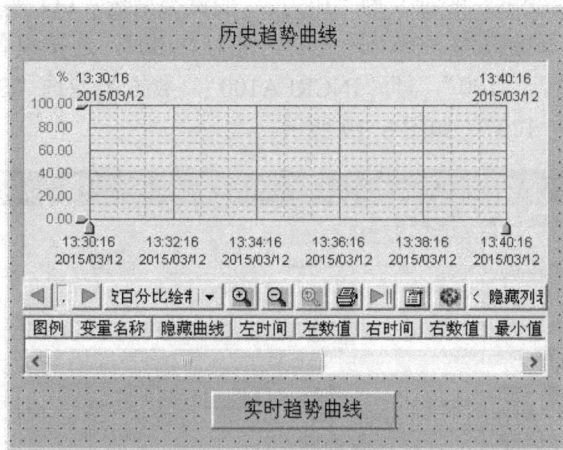

图 6-17　历史趋势曲线画面

3．定义仿真 PLC 设备

在组态王工程浏览器的左侧选择"设备"→"COM1"，在右侧双击"新建"，运行"设备配置向导"。

1）依次选择"设备驱动"→"PLC"→"亚控"→"仿真 PLC"→"COM"，如图 6-18 所示。

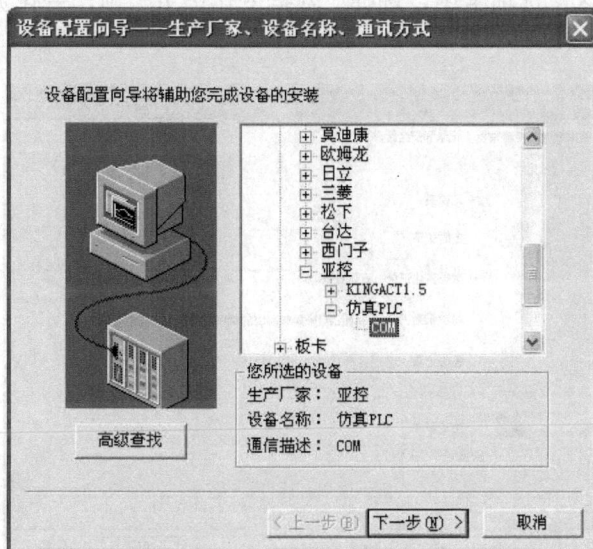

图 6-18　定义仿真 PLC 设备

2）单击"下一步"，给要安装的设备指定唯一的逻辑名称，如"仿真 PLC"。

3）单击"下一步"，选择串口号，如"COM1"。

4）单击"下一步"，为要安装的 PLC 指定地址，如"1"。

单击"完成"按钮，可以在工程浏览器的右侧看到新建的逻辑设备"仿真 PLC"。

4．定义变量

定义 1 个 I/O 实数变量。变量名为"压力"，变量类型选"I/O 实数"，最小值为"0"，最大值为"100"，最小原始值为"0"，最大原始值为"100"，连接设备选"仿真 PLC"，寄存器选"INCREA"，输入"100"，即"INCREA100"，数据类型选"SHORT"，读写属性选"只读"，采集频率设为"100"，如图 6-19 所示。

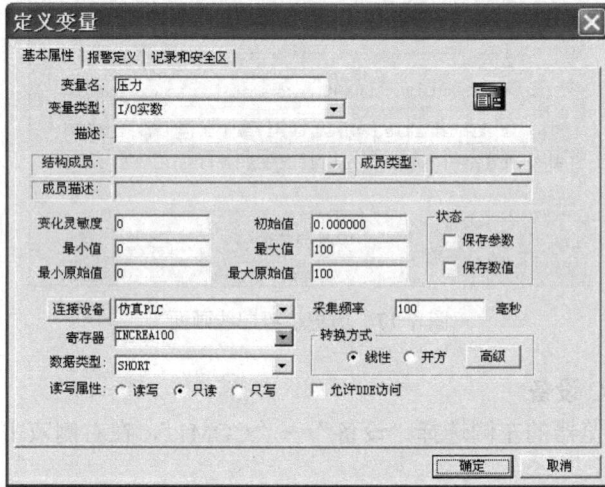

图 6-19　定义变量"压力"

在"记录和安全区"选项卡中，选择"数据变化记录"项，变化灵敏值设为"0"，如图 6-20 所示。

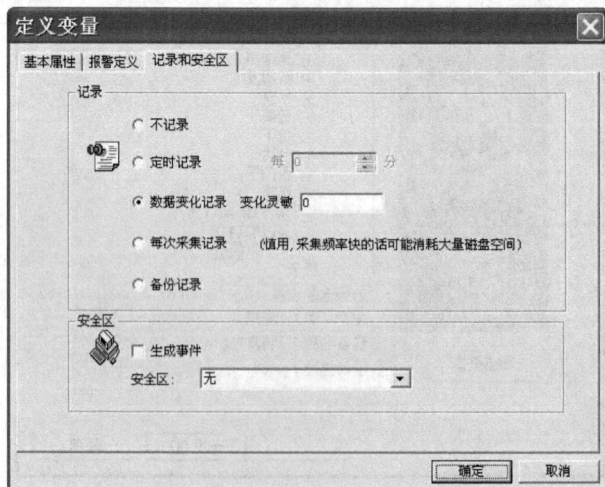

图 6-20　变量"压力"的记录属性

5. 设置历史趋势曲线属性

选中历史趋势曲线控件，单击鼠标右键，弹出快捷菜单，选择"控件属性"项，弹出"历史曲线属性"对话框，选择"曲线"选项卡，单击"历史库中添加"按钮，弹出"增加曲线"对话框，选择本站点变量"压力"，如图 6-21 所示，选择"线类型""线颜色"等，单击"确定"按钮完成曲线的添加，如图 6-22 所示。

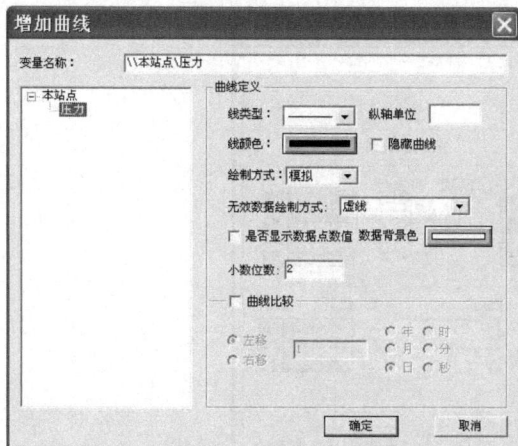

图 6-21 添加变量"压力"曲线

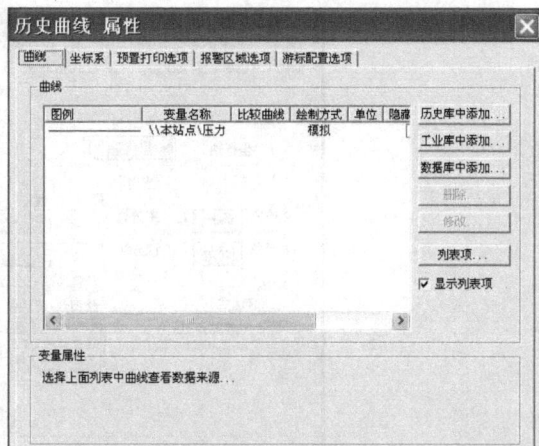

图 6-22 曲线添加完成

进入"坐标系"选项卡对坐标系进行设置。设置 Y 轴的起始值为"0"，最大值为"100"，不按照百分比绘制，选择"自适应实际值"。设置时间轴的时间长度为"10"分，如图 6-23 所示。

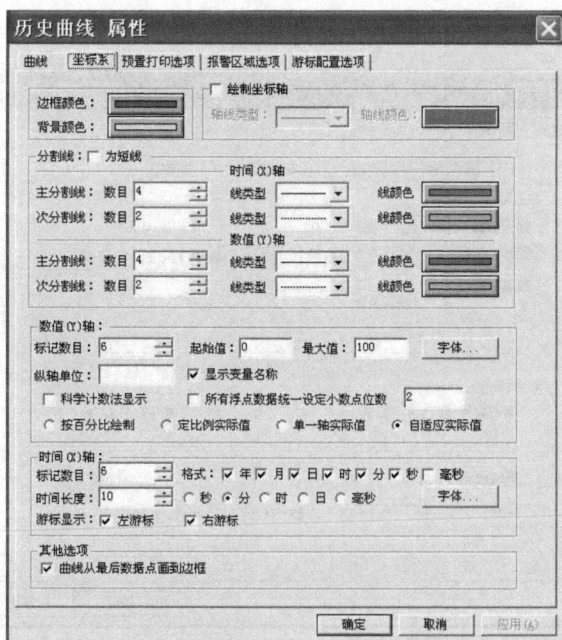

图 6-23 "坐标系"选项卡设置

6．建立动画连接

（1）"实时曲线"画面对象动画连接

1）建立实时趋势曲线对象的动画连接。

双击实时趋势曲线对象，出现"实时趋势曲线"对话框。在"曲线定义"选项卡中，单击曲线 1 表达式文本框右边的"？"号，选择已定义好的变量"压力"，如图 6-24 所示。

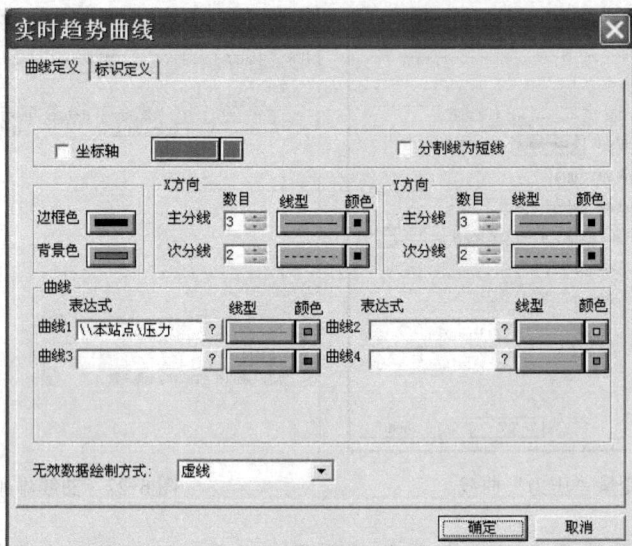

图 6-24　"曲线定义"选项卡的设置

进入"标识定义"选项卡，数值轴最大值设为"100"，数值格式选"实际值"，时间长度单位选"分"，数值设为"2"，如图 6-25 所示。

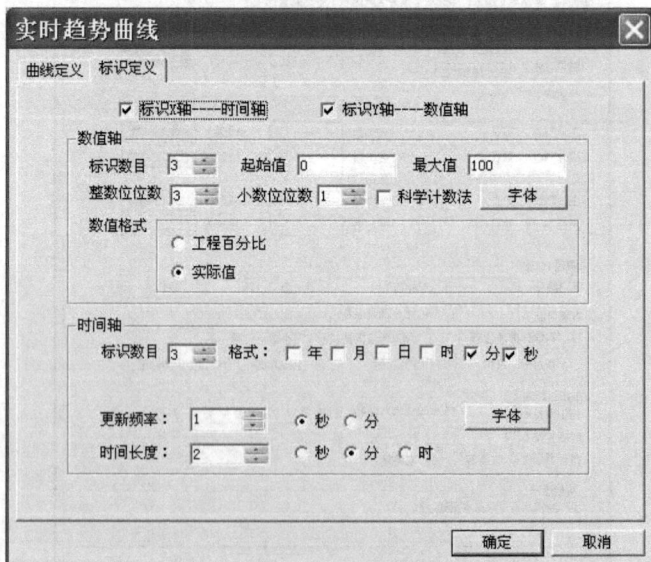

图 6-25　"标识定义"选项卡的设置

2）建立"历史趋势曲线"按钮对象的动画连接。

双击"历史趋势曲线"按钮对象，出现"动画连接"对话框。单击命令语言连接中的"弹起时"按钮，出现"命令语言"对话框，在编辑栏中输入命令如下。

ShowPicture("历史曲线");

函数 ShowPicture()的作用是显示指定名称的画面。

3）建立"关闭"按钮对象的动画连接。

双击"关闭"按钮对象，出现"动画连接"对话框。单击命令语言连接中的"弹起时"按钮，出现"命令语言"对话框，在编辑栏中输入命令"exit(0);"。

（2）"历史曲线"画面对象动画连接

1）建立历史趋势曲线控件的动画连接。

双击画面中历史趋势曲线控件，出现"动画连接属性"对话框。在"常规"选项卡中，将控件名改为"历史曲线"，如图 6-26 所示。

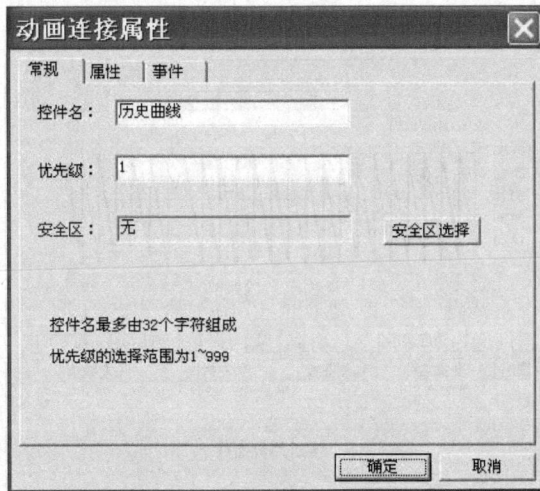

图 6-26　历史趋势曲线控件动画连接

2）建立"实时趋势曲线"按钮对象的动画连接。

双击"实时趋势曲线"按钮对象，出现"动画连接"对话框。单击命令语言连接中的"弹起时"按钮，出现"命令语言"对话框，在编辑栏中输入命令如下。

"ShowPicture("实时曲线");"

7．程序测试与运行

在开发系统"文件"菜单中执行"全部存"命令将设计的画面和程序全部存储。

在工程浏览器中单击"运行"快捷按钮将"实时曲线"画面配置成主画面。

在开发系统中执行"文件"→"切换到 View"命令，启动运行系统，显示"实时曲线"画面。

PLC 仿真设备产生的数据往复循环变化，画面上显示该数据实时变化曲线。

程序运行画面如图 6-27 所示。

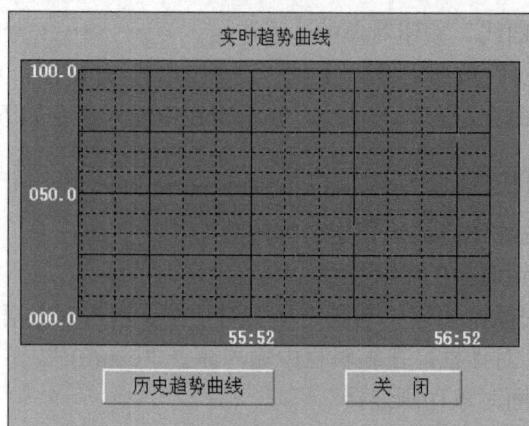

图 6-27　实时曲线运行画面

单击"历史趋势曲线"按钮，进入"历史曲线"画面，可以看到数据变化的历史曲线。可以放大、缩小等，程序运行画面如图 6-28 所示。

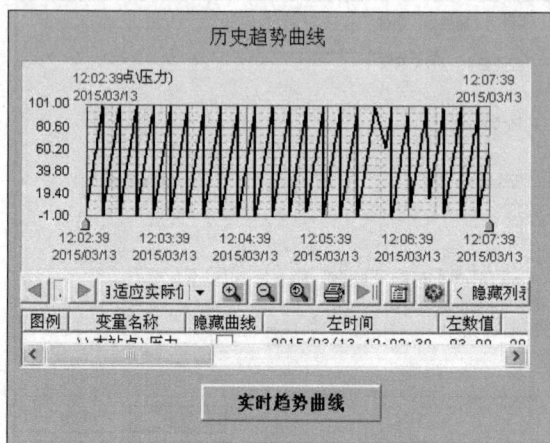

图 6-28　历史曲线运行画面

如果运行程序时，历史趋势曲线控件上无曲线显示，可多次运行程序再关闭，重新启动，就可看到历史数据的变化曲线。

如果运行程序时出现"历史库服务程序没有启动"提示框，可先关闭组态软件，进入组态王安装文件夹"C:\Program Files\kingview"，找到程序 HistorySvr.exe 并运行，重新启动组态软件即可。

实训 11　数据日报表的生成

一、学习目标

1. 掌握数据报表对象的添加和格式设置方法。
2. 掌握日历控件的添加和使用方法。

3．掌握仿真 PLC 设备的配置及其 I/O 变量的定义方法。

二、设计任务

1．利用仿真 PLC 设备产生模拟量数据，系统记录历史数据。

2．自动从历史数据中查询整点数据，生成日报表，保存、打印报表。

三、任务实现

1．建立新工程项目

工程名称：报表生成。

工程描述：仿真 PLC 数据日报表。

2．制作图形画面

画面名称：日报表。

1）创建报表。

在工具箱中，单击"报表窗口"按钮，此时，光标箭头变为小"+"字形，在画面上需要加入报表的位置按下鼠标左键，并拖动，画出一个矩形，松开鼠标左键，报表窗口创建成功，如图 6-29 所示。

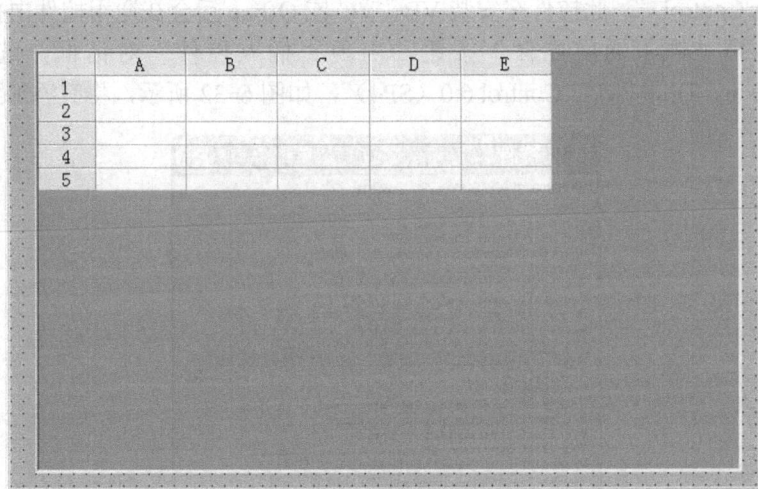

图 6-29　添加报表对象

用鼠标双击报表窗口的灰色部分（即没有单元格的部分），弹出"报表设计"对话框，如图 6-30 所示，设置报表名称为"Report0"，行数为"27"，列数为"6"。

根据需要对报表的格式进行设置，如报表的表头，标题等。选中单元格 A1～F1，单击鼠标右键弹出快捷菜单，选择"合并单元格"，单元格合并后填写标题，如"监控系统日报表"，再次单击鼠标右键在快捷菜单中选择"设置单元格格式"，设置字体、对齐方式、边框等。最后依次选中 A3～F3 单元格，分别输入时间、压力等，按照此方法设计日报表的显示格式，如图 6-31 所示。

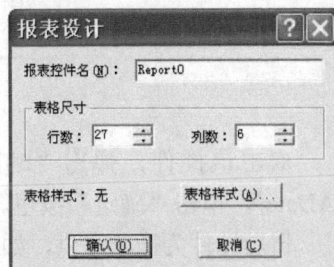

图 6-30　"报表设计"对话框

图 6-31　报表格式

2）添加日历控件。

按照日期进行历史数据的查询生成日报表，使用微软提供的通用控件"Microsoft Date and Time Picker Control"，此控件在安装 VB、VC 或 Office 后会在通用控件中找到。

单击工具箱"插入通用控件"按钮，出现"插入控件"对话框，选择日历控件"Microsoft Date and Time Picker Control 6.0（SP4）"，如图 6-32 所示，将其添加到画面上。

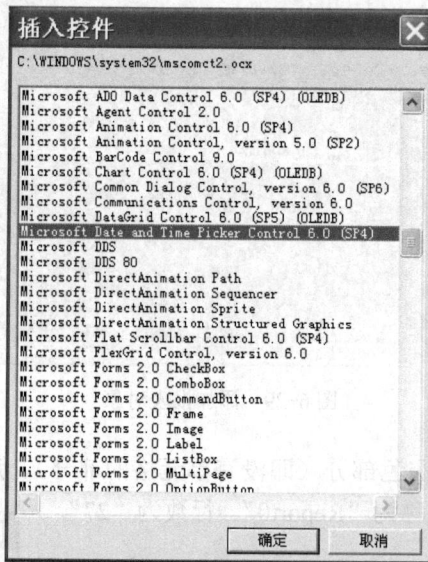

图 6-32　插入日历控件

双击该控件，弹出"动画连接属性"对话框，在"常规"选项卡中为控件命名为"ADate"，单击"确定"按钮。

日历控件为微软提供，如果无法创建此控件可以考虑安装 Office 或 VB 等软件。

3）通过工具箱为图形画面添加 3 个"按钮"对象。按钮文本分别为"保存""打印"和"关闭"。

设计的图形画面如图 6-33 所示。

104

图 6-33　图形画面

3．添加仿真 PLC 设备

在组态王工程浏览器的左侧选择"设备"→"COM1"，在右侧双击"新建"，运行"设备配置向导"。

1）依次选择"设备驱动"→"PLC"→"亚控"→"仿真 PLC"→"COM"，如图 6-34 所示。

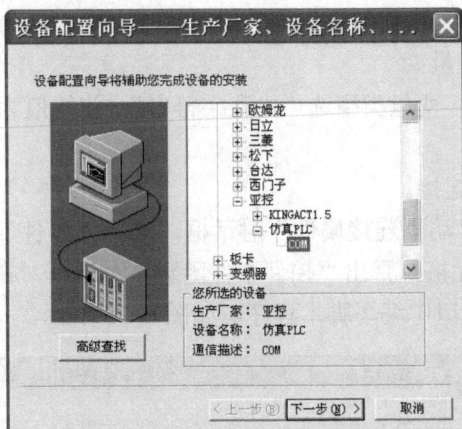

图 6-34　仿真 PLC 设备配置

2）单击"下一步"，给要安装的设备指定唯一的逻辑名称，如"PLC"。

3）单击"下一步"，选择串口号，如"COM2"。

4）单击"下一步"，为要安装的设备指定地址，如"0"。

5）连续单击"下一步"，不改变通信参数和设置。

设备定义完成后，可以在工程浏览器的右侧看到新建的设备"PLC"。

4．定义变量

（1）定义 5 个 I/O 实数变量

1）变量名为"压力"，变量类型选"I/O 实数"，最小值为"0"，最大值为"100"，最小原始值为"0"，最大原始值为"100"，连接设备选"PLC"，寄存器设为"INCREA100"，数据类型选"SHORT"，读写属性选"只读"，采集频率为"1000"。在"记录和安全区"选项卡中选择"数据变化记录"，变化灵敏度选择"0"。

2）变量名为"温度"，变量类型选"I/O 实数"，最小值为"0"，最大值为"50"，最小原始值为"0"，最大原始值为"100"，连接设备选"PLC"，寄存器为"DECREA100"，数据类型选"SHORT"，读写属性选"只读"，采集频率为"1000"。在"记录和安全区"选项卡中选择"数据变化记录"，变化灵敏度选择"0"。

3）变量名为"密度"，变量类型选"I/O 实数"，最小值为"0"，最大值为"1"，最小原始值为"0"，最大原始值为"100"，连接设备选"PLC"，寄存器为"INCREA100"，数据类型选"SHORT"，读写属性选"只读"，采集频率为"1000"。在"记录和安全区"选项卡中选择"数据变化记录"，变化灵敏度选择"0"。

4）变量名为"电流"，变量类型选"I/O 实数"，最小值为"30"，最大值为"50"，最小原始值为"0"，最大原始值为"100"，初始值为"30"，连接设备选"PLC"，寄存器为"DECREA100"，数据类型选"SHORT"，读写属性选"只读"，采集频率为"1000"。在"记录和安全区"选项卡中选择"数据变化记录"，变化灵敏度选择"0"。

5）变量名为"电压"，变量类型选"I/O 实数"，最小值为"180"，最大值为"250"，最小原始值为"0"，最大原始值为"100"，初始值为"220"，连接设备选"PLC"，寄存器为"DECREA100"，数据类型选"SHORT"，读写属性选"只读"，采集频率为"1000"。在"记录和安全区"选项卡中选择"数据变化记录"，变化灵敏度选择"0"。

（2）定义 1 个字符串变量

变量名为"选择日期"，变量类型选"内存字符串"，初始值为"0"。

5. 建立动画连接

1）建立日历控件动画连接。

双击日历控件，弹出"动画连接属性"对话框，选择"事件"选项卡，在"事件"选项卡中双击 CloseUp 事件单元格，弹出"控件事件函数"对话框，在函数声明中为此函数命名为"CloseUp( )"，在编辑窗口中编写脚本程序，如图 6-35 所示。

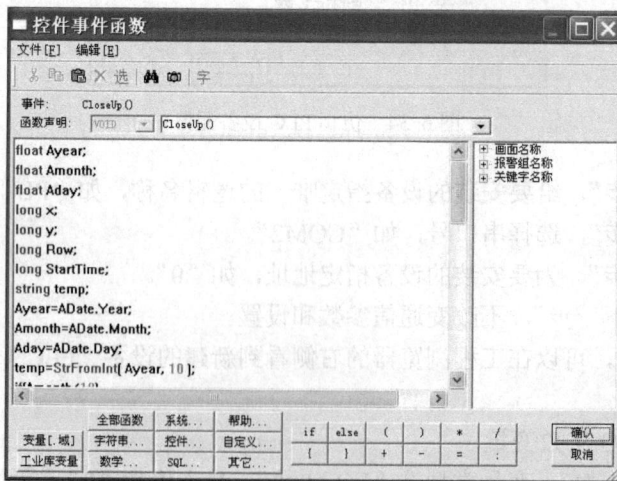

图 6-35　日历控件事件函数编辑窗口

脚本程序如下。

```
float Ayear;
float Amonth;
float Aday;
long x;
long y;
long Row;
long StartTime;
string temp;
Ayear=ADate.Year;
Amonth=ADate.Month;
Aday=ADate.Day;
temp=StrFromInt( Ayear, 10 );
if(Amonth<10)
temp=temp+"-0"+StrFromInt( Amonth, 10 );
else
temp=temp+"-"+StrFromInt( Amonth, 10 );
if(Aday<10)
temp=temp+"-0"+StrFromInt( Aday, 10 );
else
temp=temp+"-"+StrFromInt( Aday, 10 );
\\本站点\选择日期=temp;
ReportSetCellString("Report0", 4, 1, 27, 6, " "); //清空单元格
ReportSetCellString("Report0", 2, 2, temp);//填写日期
StartTime=HTConvertTime(Ayear,Amonth,Aday,0,0,0);
ReportSetHistData("Report0", "\\本站点\压力", StartTime, 3600, "B4:B27");
ReportSetHistData("Report0", "\\本站点\温度", StartTime, 3600, "C4:C27");
ReportSetHistData("Report0", "\\本站点\密度", StartTime, 3600, "D4:D27");
ReportSetHistData("Report0", "\\本站点\电流", StartTime, 3600, "E4:E27");
ReportSetHistData("Report0", "\\本站点\电压", StartTime, 3600, "F4:F27");
x=0;
        while(x<24)
        {
        row=4+x;
        y=StartTime+x*3600;
        temp=StrFromTime( y, 2 );
        ReportSetCellString("Report0", row, 1, temp);
        x=x+1;
        }
```

单击"确定"按钮,完成日历控件动画连接。

2)建立"保存"按钮对象的动画连接。

双击"保存"按钮对象,出现"动画连接"对话框。单击命令语言连接中的"弹起时"按钮,在"命令语言"对话框中编写报表保存脚本程序。报表保存为.xls文件。

脚本程序如下。

```
string filename;
filename=InfoAppDir()+\\本站点\选择日期+".xls";
ReportSaveAs("Report0",filename);
```

3）建立“打印”按钮对象的动画连接。

双击“保存”按钮对象，出现“动画连接”对话框。单击命令语言连接中的“弹起时”按钮，在“命令语言”对话框中编写报表打印的脚本程序。

脚本程序如下。

```
ReportPrintSetup("Report0");
```

4）建立“关闭”按钮对象的动画连接。

双击“关闭”按钮对象，出现“动画连接”对话框。单击命令语言连接中的“弹起时”按钮，出现“命令语言”对话框，在编辑栏中输入命令“exit(0);”。

6．程序测试与运行

将设计的画面全部存储并配置成主画面，启动画面运行程序。

单击日历控件，选择要查询的日报表的日期（建议选择当天），就可以查询出日报表的数据，程序运行画面如图 6-36 所示。

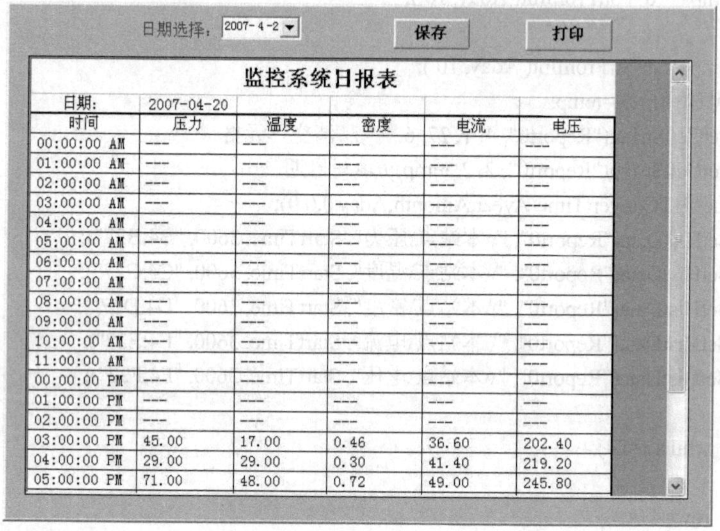

日期:	2007-04-20				
时间	压力	温度	密度	电流	电压
00:00:00 AM	---	---	---	---	---
01:00:00 AM	---	---	---	---	---
02:00:00 AM	---	---	---	---	---
03:00:00 AM	---	---	---	---	---
04:00:00 AM	---	---	---	---	---
05:00:00 AM	---	---	---	---	---
06:00:00 AM	---	---	---	---	---
07:00:00 AM	---	---	---	---	---
08:00:00 AM	---	---	---	---	---
09:00:00 AM	---	---	---	---	---
10:00:00 AM	---	---	---	---	---
11:00:00 AM	---	---	---	---	---
00:00:00 PM	---	---	---	---	---
01:00:00 PM	---	---	---	---	---
02:00:00 PM	---	---	---	---	---
03:00:00 PM	45.00	17.00	0.46	36.60	202.40
04:00:00 PM	29.00	29.00	0.30	41.40	219.20
05:00:00 PM	71.00	48.00	0.72	49.00	245.80

图 6-36 程序运行画面

单击“保存”按钮，可以将报表保存为.xls 格式文件，文件名为日期，如“2014-11-08.xls”，文件的保存路径为工程所在的路径。

单击“打印”按钮，可以对报表进行打印输出，并且可以进行报表的打印预览。

实训 12 数据库的存储与查询

一、学习目标

1．掌握数据库文件及数据表的创建方法。

2．掌握在 Windows 操作系统控制面板管理工具中建立 ODBC 数据源的方法。

3．掌握在组态王中创建记录体的方法；建立组态王与数据库的关联方法。

二、设计任务

1．一个实数从零开始每隔 1s 递增 0.5，当达到 10 时开始每隔 1s 递减 0.5，到 0 后又开始递增，循环变化，绘制数据实时变化曲线。

2．将变化数据记录在数据库中；查询数据库中的数据。

三、任务实现

1．建立新工程项目

工程名称：数据库。

工程描述：数据库存储与查询。

2．制作图形画面

画面名称：数据库。

1）添加 KVADODBGrid 表格控件：单击工具箱中的"插入通用控件"按钮，弹出"插入控件"对话框，选择"KVADODBGrid Class"控件，如图 6-37 所示，在画面中放入此控件。

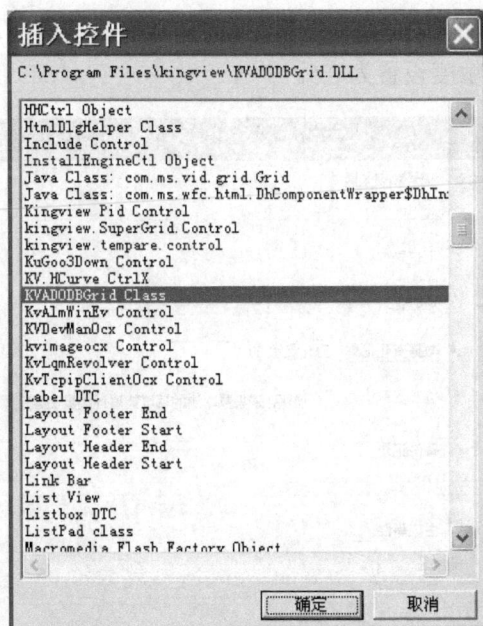

图 6-37 插入控件

2）通过工具箱为图形画面添加 1 个实时趋势曲线对象。

3）通过工具箱为图形画面添加 8 个文本对象，分别是"实时趋势曲线""历史数据查询""日期""时间""数据"以及 3 个"####"。

4）通过工具箱为图形画面添加 6 个按钮对象，文本分别是"数据查询""首记录""上一条""下一条""末记录"和"系统退出"按钮。

设计的图形画面如图 6-38 所示。

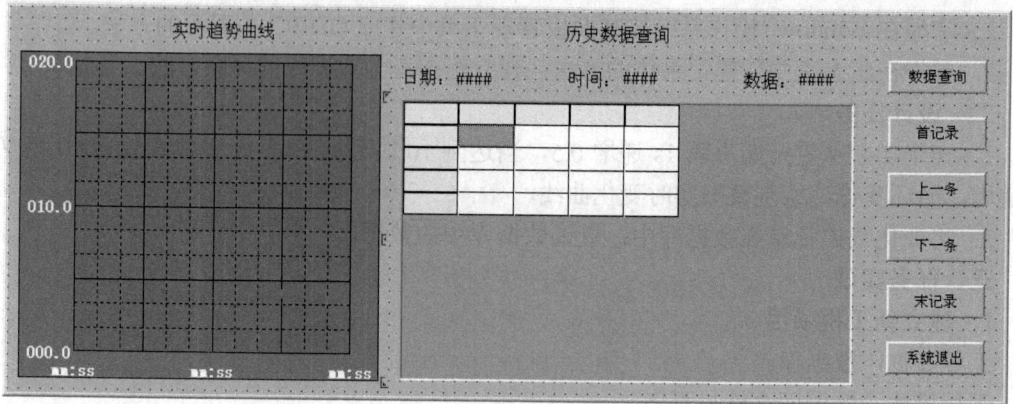

图 6-38　图形画面

3. 定义变量

（1）定义 2 个内存实数变量

1）变量名为"data"，变量类型选"内存实数"，初始值设为"0"，最小值设为"0"，最大值设为"100"。

在"记录和安全区"选项卡中定义变量 data 的数据记录属性，如图 6-39 所示，选择"数据变化"记录，变化灵敏度设置为 0.5。

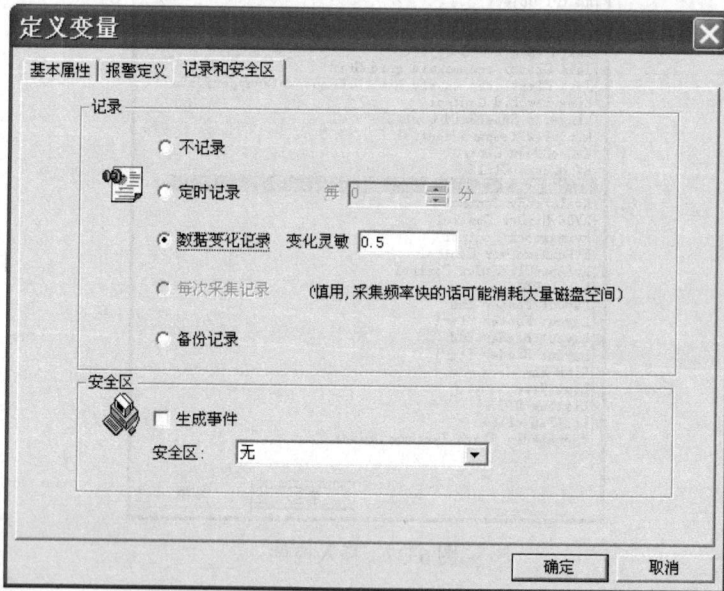

图 6-39　变量"data"的记录属性

2）变量名为"查询数据"，变量类型选"内存实数"，初始值设为"0"，最小值设为"0"，最大值设为"100"。

（2）定义 2 个内存整数变量

1）变量名为"bz"，变量类型选"内存整数"，初始值设为"0"，最小值设为"0"，最大值设为"10"。

2）变量名为"DeviceID"，变量类型选"内存整数"，初始值设为"0"，最小值设为"0"，最大值设为"100"。

（3）定义 2 个内存字符串变量

1）变量名为"查询日期"，变量类型选"内存字符串"。

2）变量名为"查询时间"，变量类型选"内存字符串"。

4. 创建数据库及数据表

在 Microsoft Office Access 中新建一个空数据库，数据库文件名为"数据.mdb"，保存在文件夹"\实训 12 数据库存储与查询\"中。

在"数据.mdb"数据库中创建一个数据表，表的名称为"历史数据"；字段为"日期""时间"和"data"，字段"日期"和"时间"的数据类型为文本，字段"data"的数据类型为数字，单精度型，如图 6-40 所示。

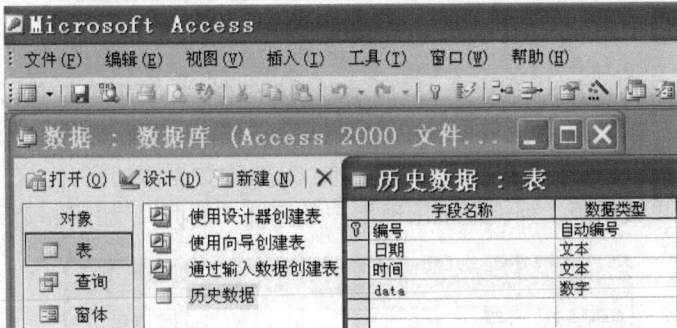

图 6-40　建立数据表

5. 建立 ODBC 数据源

在 Windows 操作系统"控制面板"→"管理工具"中单击"数据源（ODBC）"，弹出"ODBC 数据源管理器"，如图 6-41 所示。

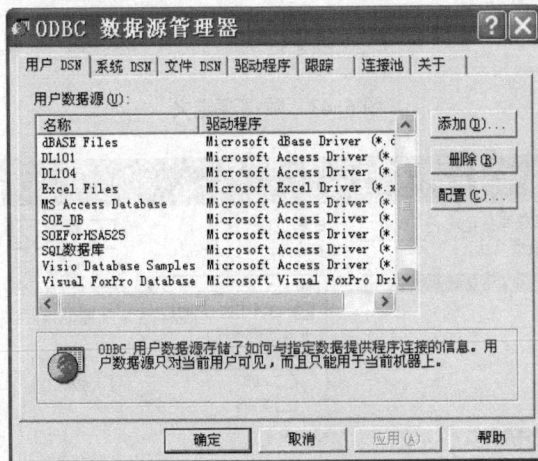

图 6-41　ODBC 数据源管理器

在"用户 DSN"选项卡中单击"添加…"按钮，弹出"创建新数据源"对话框，选择"Microsoft Access Driver (*.mdb)"驱动程序，如图 6-42 所示。

图 6-42　选择数据源的驱动程序

单击"完成"按钮，弹出如图 6-43 所示对话框，填写 ODBC 数据源的名称，如"数据"；单击"选择"按钮，选择前面建立的数据库文件"\实训 12 数据库存储与查询\数据.mdb"，如图 6-44 所示；单击"确定"，完成 ODBC 数据源的定义，在"ODBC 数据源管理器"中的"用户数据源"列表框中出现用户数据源"数据"，如图 6-45 所示。

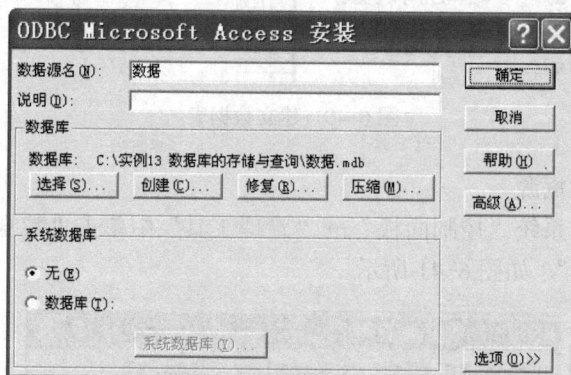

图 6-43　数据源定义

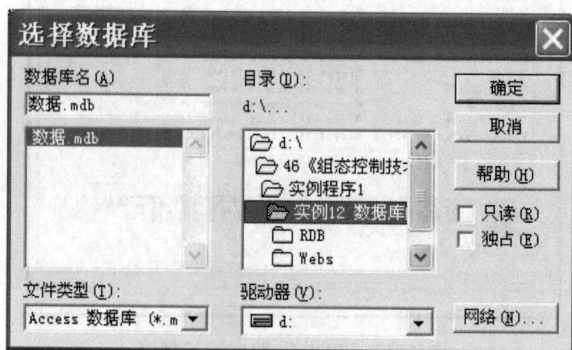

图 6-44　选择数据库文件

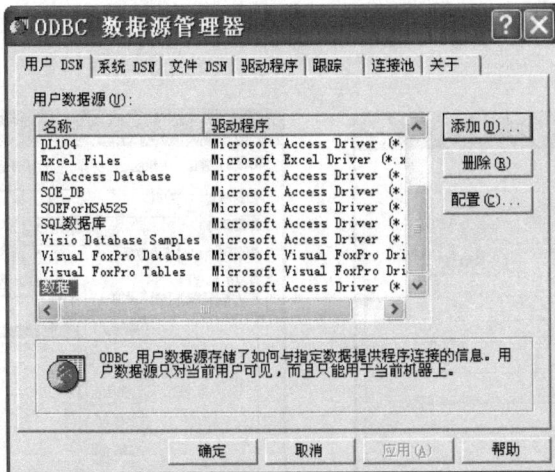

图 6-45 用户数据源"数据"

6. KVADODBGrid 控件属性设置

1）动画连接属性。

双击 KVADODBGrid 控件，弹出"动画连接属性"对话框，将控件名改为"KV"，如图 6-46 所示。

2）数据链接属性。

选择 KVADODBGrid 控件，单击鼠标右键，在弹出的快捷菜单中选择"控件属性"，弹出"KV 属性"对话框，如图 6-47 所示。

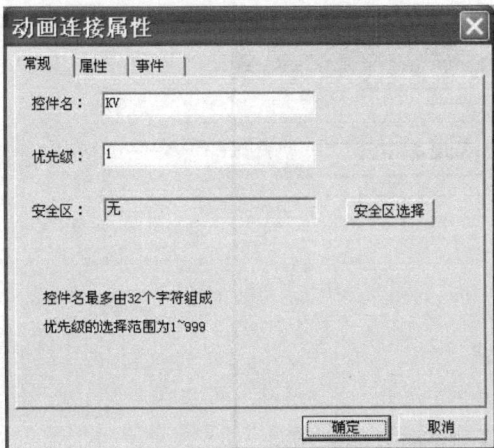

图 6-46 KV 控件动画连接属性

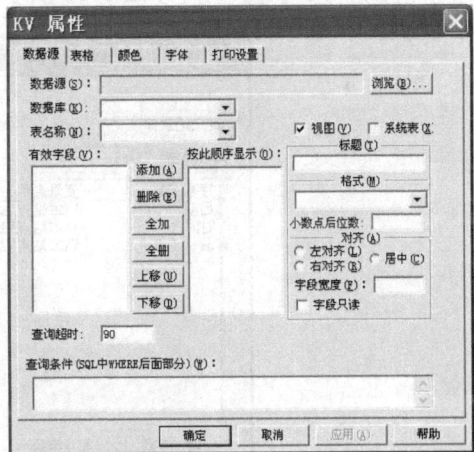

图 6-47 "KV 属性"对话框

单击"浏览"按钮，弹出"数据链接属性"对话框，如图 6-48 所示，选择"连接"选项卡，在"指定数据源"处选择"使用数据源名称"单选按钮，通过下拉列表选择前面所定义的 ODBC 数据源"数据"，单击"确定"按钮返回到"KV 属性"对话框。

在"KV 属性"对话框"表名称"下拉列表框中选择需要查询的数据库数据表"历史数据"，完成后，数据表的字段会显示在"有效字段"栏，可以将需要的字段添加到右边，在添加过程中可以对标题以及格式等进行相应的修改，如图 6-49 所示，单击"确定"按钮完成对 KV 控件的设置。

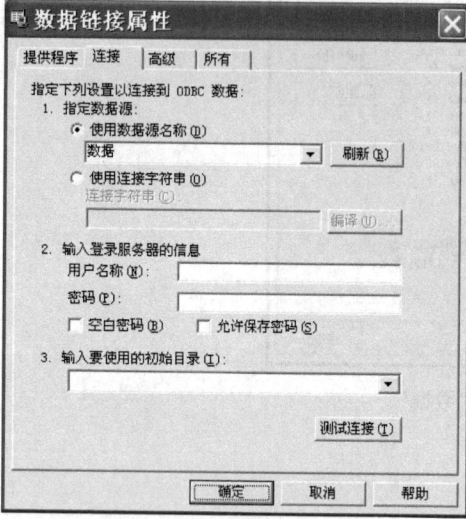

图 6-48 "数据链接属性"对话框

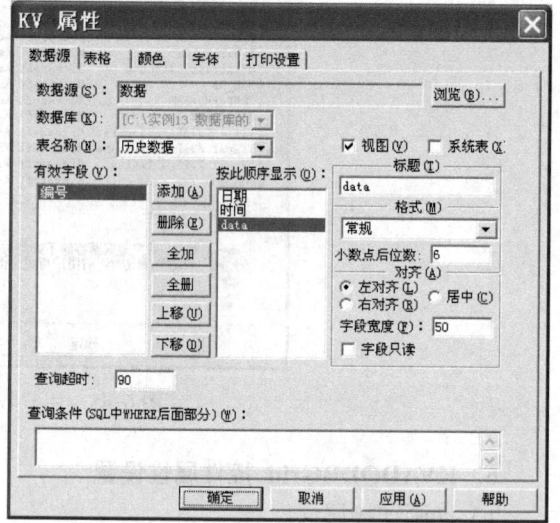

图 6-49 KV 控件设置

7. 创建记录体

记录体用来连接数据库表格的字段和组态王数据词典中的变量。

在组态王工程浏览器左侧树形菜单"SQL 访问管理器"中选择"记录体"，新建一记录体，记录体名为"bind1"，如图 6-50 所示。

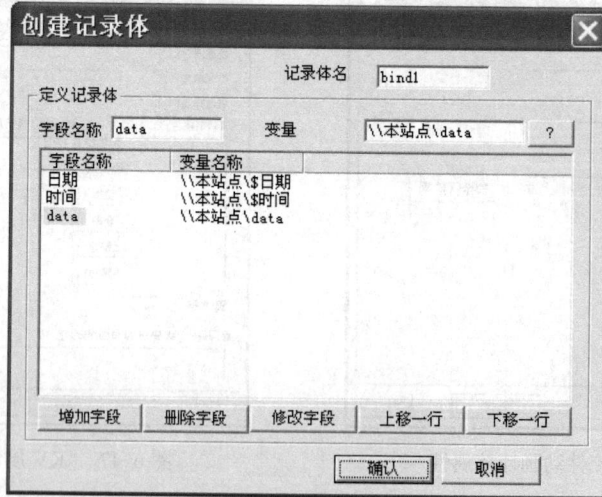

图 6-50 创建记录体 bind1

字段名称为数据库中表的字段名称，变量名称为组态王数据词典中的变量。字段名称要与数据库中表的字段名称一致，变量名称与字段名称可以不同。

在字段名称中输入"日期"，变量选择数据词典中的"\\本站点\$日期"，单击"增加字段"按钮；在字段名称中输入"时间"，变量选择数据词典中的"\\本站点\$时间"，单击"增加字段"按钮；在字段名称中输入"data"，变量选择数据词典中的"\\本站点\data"，单击"增加字段"按钮。

单击"确认"按钮，完成记录体的创建。

记录体的中变量的数据类型和数据库表中的字段类型必须一一对应和匹配。比如数据库的表的字段的单精度类型与组态王变量的实数类型相匹配，字段的整数类型与组态王变量整数类型相匹配，字段的文本类型与组态王变量的字符串类型相匹配。

同样再创建一个记录体，记录体名为"bind2"，数据库字段名称为"日期""时间""data"分别对应变量"查询日期""查询时间"和"查询数据"，如图6-51所示。

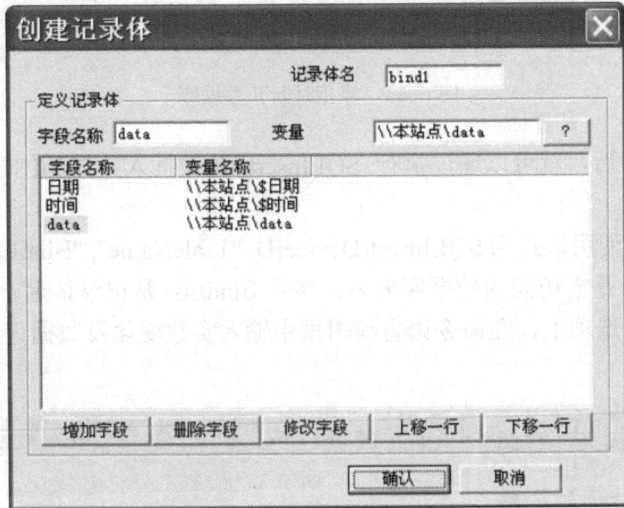

图 6-51 创建记录体 bind2

8. 建立组态王与数据库的关联

组态王与数据库建立与断开关联主要是通过 SQL 函数来实现。通过 SQLConnect()函数建立组态王与数据库的连接。通过 SQLDisconnect()函数断开组态王与数据库的连接。

具体用法如下：SQLConnect(DeviceID, "dsn=数据;uid=;pwd=")；其中 DeviceID 是用户在数据词典中创建的内存整型变量，用来保存 SQLConnect() 为每个数据库连接分配的一个数值。建议将建立数据库连接的命令函数放在组态王的应用程序命令语言启动时执行，这样当组态王进入运行系统后自动连接数据库；建议将断开数据库连接的命令函数放在组态王的应用程序命令语言停止时执行，这样当组态王退出运行系统时自动断开数据库的连接。注意：此函数在组态王运行中只须进行一次连接，不要把此语句写入"运行时"，多次执行此命令而造成错误。

在工程浏览器左侧树形菜单中双击"应用程序命令语言"项，出现"应用程序命令语言"对话框，将循环执行时间设定为 1000ms，单击"启动时"选项卡，在命令语言编辑框中输入组态王与数据库连接程序，如图6-52所示。

单击"停止时"选项卡，在命令语言编辑框中输入组态王与数据库断开程序，如图 6-53 所示。

图 6-52 启动时连接数据库

图 6-53 停止时断开数据库

数据库连接成功后，就可以通过执行 SQLInsert()函数插入数据到创建好的 Access 数据库的表格中。

SQLInsert()函数使用格式为 SQLInsert(DeviceID, "TableName", "BindList");

参数 TableName 是需访问的数据库表名；参数 BindList 是记录体名。

单击"运行时"选项卡，在命令语言编辑框中输入实数变化及数据记录程序，如图 6-54 所示。

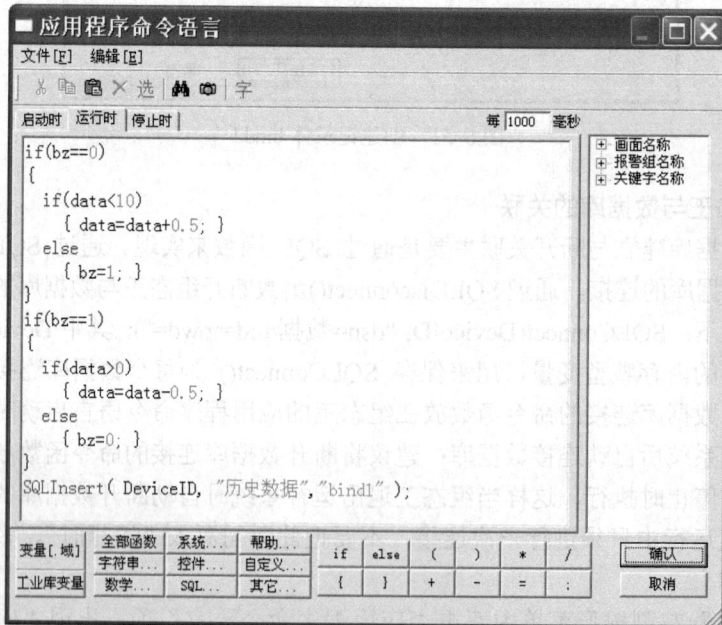

图 6-54 运行时数据变化及记录

9. 建立动画连接

1）建立实时趋势曲线对象的动画连接。在"曲线定义"选项卡中，单击曲线 1 表达式文本框右边的"？"号，选择已定义好的变量"data"；在"标识定义"选项卡中，数值轴最大值设为"20"，数值格式选"实际值"，时间长度单位选"分"，数值设为"10"分。

2）建立日期显示文本对象"####"的动画连接。将"字符串输出"对话框中的表达式设置为"\\本站点\查询日期"。

3）建立时间显示文本对象"####"的动画连接。将"字符串输出"对话框中的表达式设置为"\\本站点\查询时间"。

4）建立数据显示文本对象"####"的动画连接。将"模拟值输出"对话框中的表达式设置为"\\本站点\查询数据"，小数位数设为"1"位。

5）建立"数据查询"按钮对象的动画连接。单击命令语言连接中的"弹起时"按钮，在"命令语言"对话框中输入如下命令。

```
SQLSelect(DeviceID,"历史数据","bind2","","");
KV.Where="";         //表格控件无条件查询数据
KV.FetchData();      //执行数据查询，并将查询到的数据集填充到表格控件中
KV.FetchEnd();       //结束表格控件数据查询
```

6）建立"首记录"按钮对象的动画连接。单击命令语言连接中的"弹起时"按钮，在"命令语言"对话框中输入命令"SQLFirst(DeviceID);"。

7）建立"上一条"按钮对象的动画连接。单击命令语言连接中的"弹起时"按钮，在"命令语言"对话框中输入命令"SQLPrev(DeviceID);"。

8）建立"下一条"按钮对象的动画连接。单击命令语言连接中的"弹起时"按钮，在"命令语言"对话框中输入命令"SQLNext(DeviceID);"。

9）建立"末记录"按钮对象的动画连接。单击命令语言连接中的"弹起时"按钮，在"命令语言"对话框中输入命令"SQLLast(DeviceID);"。

10）建立"系统退出"按钮对象的动画连接。单击命令语言连接中的"弹起时"按钮，在"命令语言"对话框中输入命令"exit(0);"。

10．程序测试与运行

将设计好的画面全部存储并配置成主画面，启动画面运行程序。

随着实数递增、递减往复循环变化，画面上显示实数实时变化曲线（类似三角波），同时实数变化数据以及变化时的日期、时间存入到 Access 数据库"数据.mdb"的数据表中。

可以打开数据库查看数据是否写入数据表中，如图 6-55 所示。

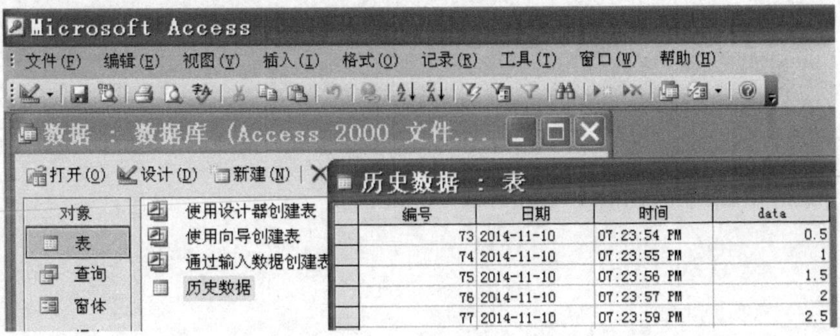

图 6-55　查看数据库记录

查询数据时，首先要单击"数据查询"按钮，数据表中出现数据库中的记录数据，可通过单击"首记录""上一条""下一条"和"末记录"按钮实现相应的查询功能。

程序运行画面如图 6-56 所示。

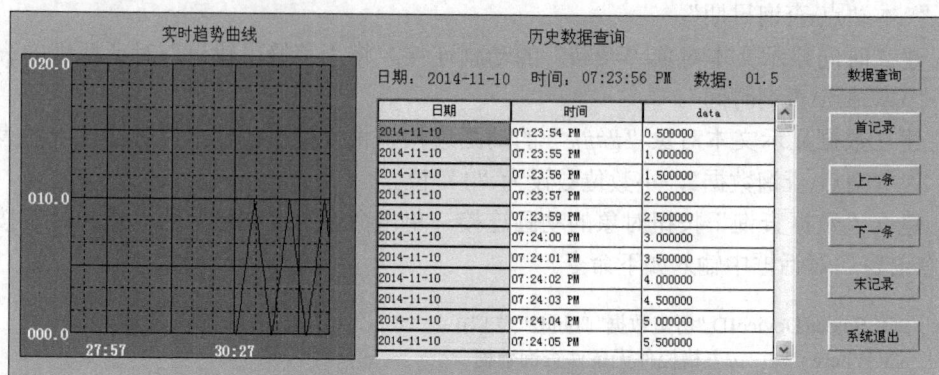

图 6-56　程序运行画面

监控应用篇

第7章　PC与I/O设备通信控制实训

以 PC 作为上位机，以各种外部 I/O 设备如监控模块、PLC、单片机及智能仪表等作为下位机的通信方式广泛应用于监控领域，其中 PC 与 I/O 设备的数据通信尤为重要。

本章采用组态软件 KingView 实现 PC 与 PC、PC 与智能仪表、PC 与 PLC、PC 与远程 I/O 模块、PC 与数据采集卡、PC 与 USB 数据采集模块等 I/O 设备通信控制。

实训 13　PC 与 PC 串口通信

一、学习目标

1. 掌握 PC 与 PC 串口通信的线路连接方法。
2. 采用 KingView 编写 PC 与 PC 串口通信程序，实现字符互传和显示。

二、设计任务

两台计算机互发字符并自动接收，如一台计算机输入字符串"我是第一组，收到请回话!"，单击"发送字符"按钮，另一台计算机若收到，就输入字符串"收到，我是第 2 组!"，单击"发送字符"按钮，信息返回到第一组的计算机。

实际上就是编写一个简单的双机聊天程序。

三、硬件线路

1. 线路连接

首先观察所用计算机主机箱后 RS-232C 串口的数量、位置和几何特征。

当两台串口设备通信距离较近时，可以直接连接。最简单的情况，在通信中只需三根线（发送线、接收线和信号地线）便可实现全双工异步串行通信。

在实际使用中常使用串口通信线将 2 个串口设备连接起来。串口线的制作方法非常简单，准备 2 个 9 针的串口接线端子（因为计算机上的串口为公头，因此连接线为母头），准备 3 根导线（最好采用 3 芯屏蔽线），按图 7-1 所示将导线焊接到接线端子上。

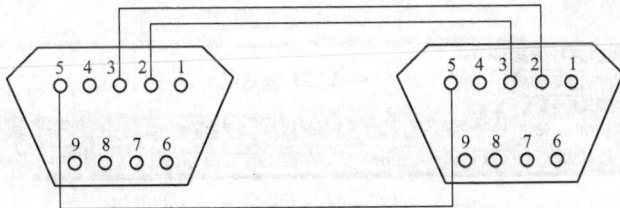

图 7-1　串口通信线的制作

图 7-1 中的 2 号接收脚与 3 号发送脚交叉连接是因为在直连方式时,把通信双方都当作数据终端设备看待,双方都可发也可收。

在计算机通电前,按图 7-2 所示将两台 PC 的 COM1 口用串口线连接起来。

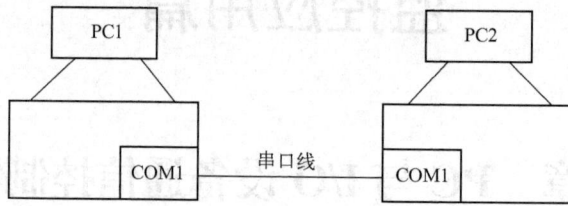

图 7-2 PC 与 PC 串口通信

特别注意:连接串口线时,计算机严禁通电,否则极易烧毁串口。

有关 PC 串口的详细介绍参见配套光盘中的"软硬件资源"文件夹相关内容。

2. 串口调试

在进行串口开发之前,一般要进行串口调试,经常使用的工具是"串口调试助手"程序。它是一个适用于 Windows 平台的串口监视、串口调试程序。它可以在线设置各种通信速率、通信端口等参数,既可以发送字符串命令,也可以发送文件,可以设置自动发送/手动发送方式,可以十六进制显示接收到的数据等,从而提高串口开发效率。

在两台计算机中同时运行"串口调试助手"程序,首先串口号选"COM1",波特率选"4800",校验位选"NONE",数据位选"8",停止位选"1"(注意两台计算机设置的参数必须一致),单击"打开串口"按钮,如图 7-3 所示。

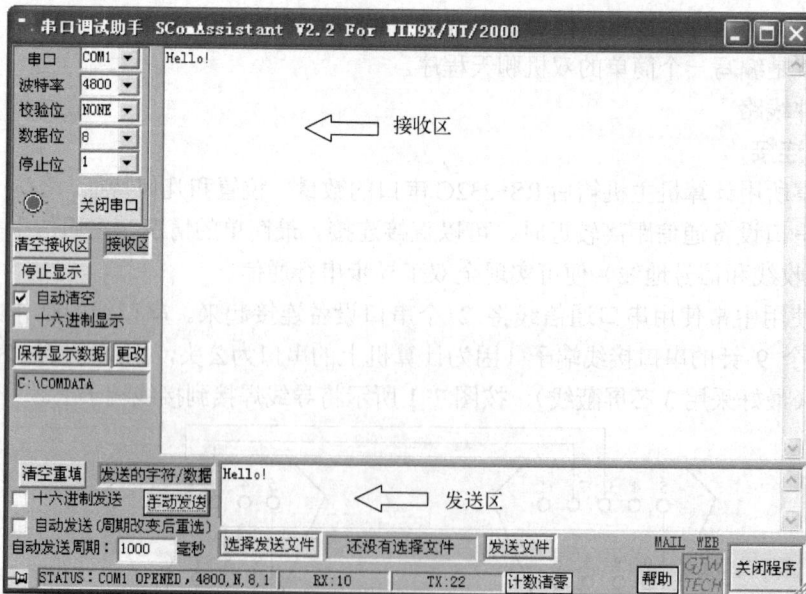

图 7-3 "串口调试助手"程序界面

在发送数据区输入字符，比如"Hello！"，单击"手动发送"按钮，发送区的字符串通过 COM1 口发送出去；如果联网通信的另一台计算机收到字符，则返回字符串，如"Hello！"，如果通信正常该字符串将显示在接收区中。

若选择了"手动发送"，每按一次按钮可以发送一次；若选中了"自动发送"，则每隔设定的发送周期发送一次，直到去掉"自动发送"为止。还有一些特殊的字符，如回车换行，则直接按〈Enter〉键即可。

四、任务实现

1. 建立新工程项目

工程名称：PC1&PC2。

工程描述：PC 与 PC 串口通信。

2. 制作图形画面

画面名称：PC 通信。

1）通过工具箱为图形画面添加 4 个文本对象，分别是"接收字符区："""########""发送字符区："和"点击这里输入字符…"。

2）通过工具箱为图形画面添加 1 个按钮对象：将文本改为"发送字符"。

设计的图形画面如图 7-4 所示。

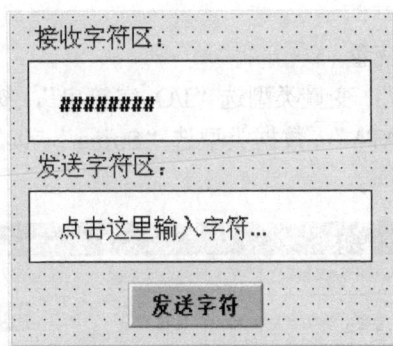

图 7-4　图形画面

3. 定义串口设备

在组态王工程浏览器的左侧树形菜单中选择"设备"→"COM1"，在右侧双击"新建"，运行"设备配置向导"。

1）依次选择"设备驱动"→"智能模块"→"北京亚控"→"串口数据发送"→"串口"，如图 7-5 所示。

2）单击"下一步"，给要安装的设备指定唯一的逻辑名称，如"PC1COM"。

3）单击"下一步"，选择串口号，如"COM1"（须与计算机上使用的串口号一致）。

4）单击"下一步"，为要安装的设备指定地址，如"0"。

5）单击"下一步"，不改变通信参数。

6）单击"下一步"，显示所要安装的设备信息总结，检查各项设置是否正确，确认无误后，单击"完成"。

设备定义完成后，可以在工程浏览器的右侧看到逻辑名称为"PC1COM"的串口设备。

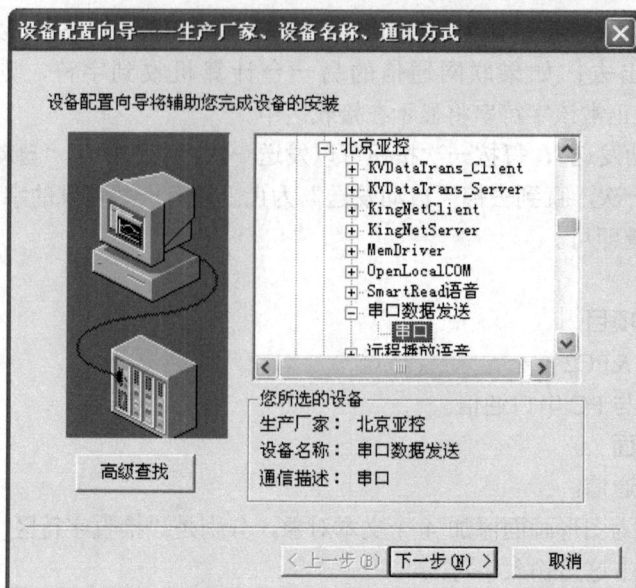

图 7-5 选择串口设备

4. 定义变量

（1）定义 2 个 I/O 字符串变量

1）变量名为 "COMOUT"，变量类型选 "I/O 字符串"，初始值设为 "0"，连接设备选 "PC1COM"，寄存器选 "WDATA"，数据类型选 "String"，读写属性选 "只写"，采集频率设为 "500"，如图 7-6 所示。

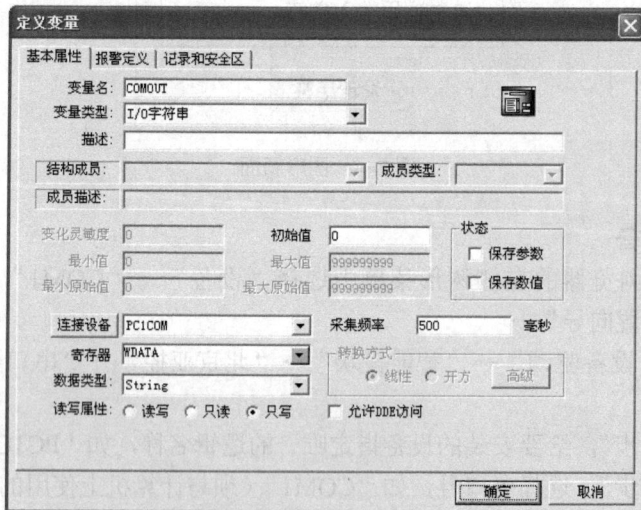

图 7-6 定义变量 "COMOUT"

2）变量名为 "COMIN"，变量类型选 "I/O 字符串"，初始值设为 "0"，连接设备选 "PC1COM"，寄存器选 "RDATA"，数据类型选 "String"，读写属性选 "只读"，采集频率设为 "500"，如图 7-7 所示。

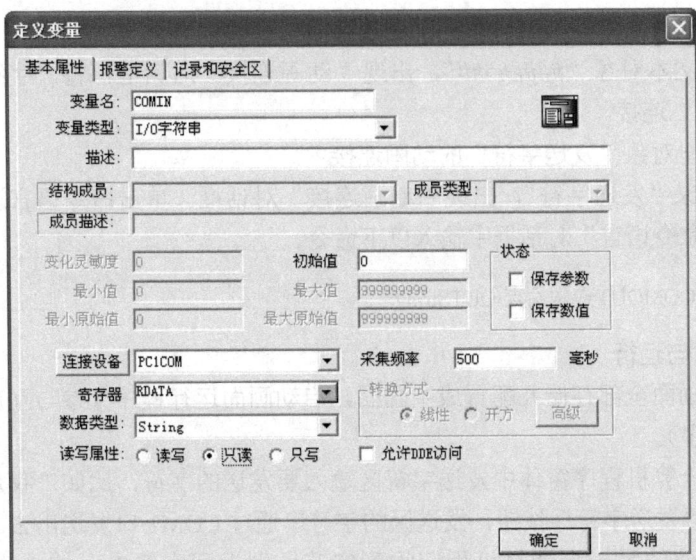

图 7-7　定义变量 "COMIN"

（2）定义 1 个内存字符串变量

变量名为 "OUTString"，变量类型选 "内存字符串"，初始值设为 "点击这里输入字符..."。

5. 建立动画连接

（1）建立文本对象 "点击这里输入字符..." 的动画连接

双击画面中文本对象 "点击这里输入字符..."，出现 "动画连接" 对话框，将 "字符串输出" 属性和 "字符串输入" 属性分别与变量 "OUTString" 连接，如图 7-8 所示。

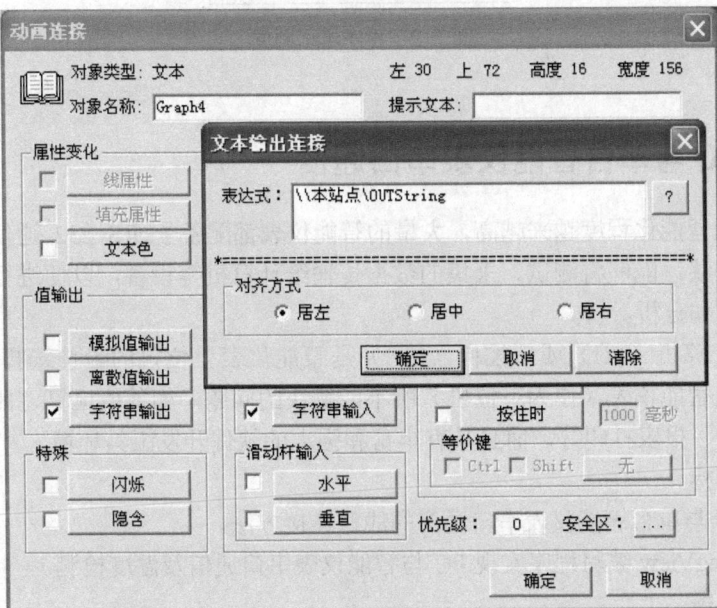

图 7-8　文本对象 "点击这里输入字符..." 动画连接

（2）建立文本对象"########"的动画连接

双击画面中文本对象"########"，出现"动画连接"对话框，将"字符串输出"属性与变量"COMIN"连接。

（3）建立按钮对象"发送字符"的动画连接

双击按钮对象"发送字符"，出现"动画连接"对话框。单击命令语言连接下的"弹起时"按钮，在"命令语言"对话框中输入以下命令。

    \\本站点\COMOUT=\\本站点\OUTString;

6. 程序测试与运行

将设计好的画面全部存储并配置成主画面，启动画面运行程序（参与互通信的两台计算机同时运行本程序）。

首先在一台计算机程序窗体中发送字符区输入要发送的字符，比如"我是第一组，收到请回话！"，单击"发送字符"按钮，发送区的字符串通过 COM1 口发送出去。

如果联网通信的另一台计算机程序收到字符，则返回字符串，如"收到，我是第 2组！"，如果通信正常该字符串将显示在接收字符区中。

程序运行画面如图 7-9 所示。

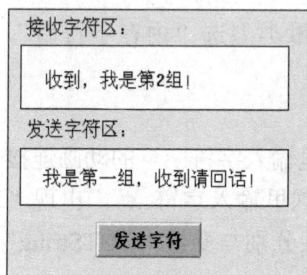

图 7-9　程序运行画面

实训 14　PC 与单台智能仪表串口通信

目前仪表的智能化程度越来越高，大量的智能仪表都配备了 RS-232 通信接口，并提供了相应的通信协议，能够将测试、采集的数据传输给计算机等设备，以便进行大量数据的存储、处理、查询和分析。

通常个人计算机（PC）或工控机（IPC）是智能仪表上位机的最佳选择，因为 PC 或IPC 不仅能解决智能仪表（作为下位机）所不能解决的问题，如数值运算、曲线显示、数据查询、数据存储、报表打印等，而且具有丰富和强大的软件开发工具环境。

一、学习目标

1. 掌握 PC 与单台智能仪表串口通信的线路连接方法。

2. 采用 KingView 编写程序实现 PC 与智能仪表串口通信及温度检测。

二、设计任务

1. 自动连续读取并显示智能仪表的温度测量值。

2．显示智能仪表温度测量实时变化曲线。

三、硬件线路

1．线路连接

查看智能仪表的串口及其连接线。

一般 PC 采用 RS-232 通信接口，若仪表具有 RS-232 接口，当通信距离较近且是一对一通信时，二者可直接用电缆连接。

可通过三线制串口线将计算机与智能仪表连接起来，智能仪表的 14 端子（RXD）与计算机串口 COM1 的 3 脚（TXD）相连；智能仪表的 15 端子（TXD）与计算机串口 COM1 的 2 脚（RXD）相连；智能仪表的 16 端子（GND）与计算机串口 COM1 的 5 脚（GND）相连，如图 7-10 所示。再将热电阻传感器 Cu50 与 XMT-3000A 智能仪表连接。

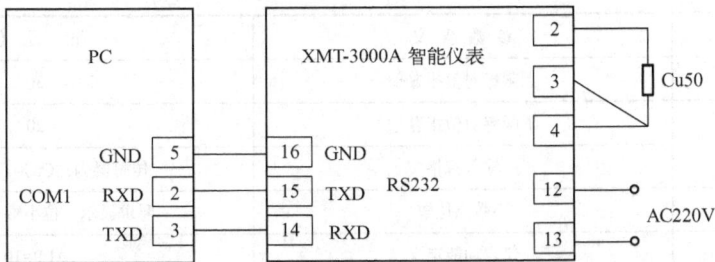

图 7-10 PC 与智能仪表串口通信

本实训所用 XMT-3000A 型智能仪表需配置 RS-232 通信模块。

特别注意：连接传感器、串口线时，仪表与计算机严禁通电，否则极易烧毁串口。

2．仪表简介

XMT 系列仪表是具有调节、报警功能的数字式指示调节型智能仪表，是专为热工、电力、化工等工业系统测量、显示、变送温度的一种标准仪器，适用于旧式动圈指针式仪表的更新、改造。它采用工控单片机为主控部件，智能化程度高，使用方便。它不仅具有显示温度的功能，还能实现被测温度超限报警或双位继电器调节。其面板上设置有温度设定按键。当被测温度高于设定温度时，仪表内部的继电器动作，可以切断加热回路。

图 7-11 所示是 XMT-3000A 型智能仪表示意图（详细信息请查询南京朝阳仪表有限责任公司网站 http://www.njcy.com/）。

图 7-11 智能仪表示意图

XMT-3000A 智能仪表有多种输入功能，一台仪表可以接热电偶（K、S、E 等）、热电阻（Pt100、Cu50）、电压（0～5V、1～5V 等）、电流（0～10mA、4～20mA 等）等不同的输入信号。

XMT-3000A 智能仪表接热电阻输入时，采用三线制接线，消除了引线带来的误差；接热电偶输入时，仪表内部带有冷端补偿部件；接电压/电流输入时，对应显示的物理量程可任意设定。

3. 参数设置

XMT-3000A 智能仪表在使用前应对其输入/输出参数进行正确设置，设置好的仪表才能投入正常使用。按表 7-1 设置仪表的主要参数。

表 7-1　仪表的主要参数设置

参　数	参　数　含　义	设　置　值
HiAL	上限绝对值报警值	30
LoAL	下限绝对值报警值	20
Sn	输入规格	传感器为：Cu50，则 Sn=20
diP	小数点位置	要求显示一位小数，则 diP=1
ALP	仪表功能定义	ALP=10
Addr	通信地址	2
bAud	通信波特率	4800

有关 XMT-3000A 型智能仪表操作及参数设置等详细介绍参见配套光盘中的"软硬件资源"文件夹相关内容。

4. 温度测量与控制

1）正确设置仪器参数后，仪器 PV 窗显示当前温度测量值。

2）给传感器升温，当温度测量值大于上限报警值 30℃时，上限指示灯亮，仪器 SV 窗显示上限报警信息。

3）给传感器降温，当温度测量值小于上限报警值 30℃，大于下限报警值 20℃时，上限指示灯和下限指示灯均灭。

4）给传感器继续降温，当温度测量值小于下限报警值 20℃时，下限指示灯亮，仪器 SV 窗显示下限报警信息。

5. 串口通信测试

PC 与智能仪表系统连接并设置参数后，可进行串口通信调试。

运行"串口调试助手"程序，首先设置串口号"COM1"，波特率"4800"，校验位"NONE"，数据位"8"，停止位"2"等参数（注意：设置的参数必须与智能仪表设置的一致），选择十六进制显示和十六进制发送方式，打开串口，如图 7-12 所示。

在"发送的字符/数据"文本框中输入读指令："82 82 52 0C"，单击"手动发送"按钮，则 PC 向智能仪表发送一条指令，仪表返回一串数据，如"4C 01 21 01 00 01 03 00"，该串数据在返回信息框内显示（瞬时温度不同，返回数据不同）。

根据仪器返回数据，可知仪器的当前温度测量值为"4C 01"（十六进制，低位字节在前，高位字节在后），十进制为_____℃（请尝试转换）。

图 7-12　串口调试助手

6. 数制转换

使用"计算器"程序进行数制转换。打开 Windows 附件中的"计算器"程序，在"查看"菜单下选择"科学型"。

选择"十六进制"，输入仪器当前温度测量值"01 4C"（十六进制，0 在最前面不显示），如图 7-13 所示。

图 7-13　在"计算器"中输入十六进制数

单击"十进制"选项，则十六进制数"01 4C"转换为十进制数"332"，如图 7-14 所示。仪器的当前温度测量值为 33.2℃。该值应该与智能仪表显示的温度值一致。

图 7-14　十六进制数转十进制数

四、任务实现

1. 建立新工程项目

工程名称：XMT3000A。

工程描述：组态王与智能仪表串口通信。

2. 制作图形画面

画面名称：智能仪表。

1）通过图库管理器为图形画面添加 1 个仪表对象。

2）通过工具箱为图形画面添加 1 个实时趋势曲线对象。

3）通过工具箱为图形画面添加 2 个文本对象：文本分别为"当前温度值："和"000"。

4）通过工具箱为图形画面添加 1 个按钮对象：将文本改为"关闭"。

设计的图形画面如图 7-15 所示。

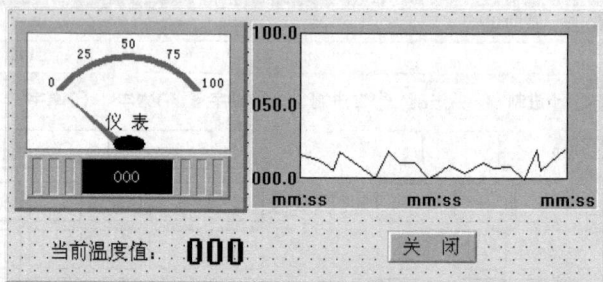

图 7-15　图形画面

3. 定义串口设备

（1）添加智能仪表

在组态王工程浏览器的左侧树形菜单选择"设备"→"COM1"，在右侧双击"新建"，运行"设备配置向导"。

1）依次选择"设备驱动"→"智能仪表"→"南京朝阳"→"XMT3000"→"串行"，如图 7-16 所示。

128

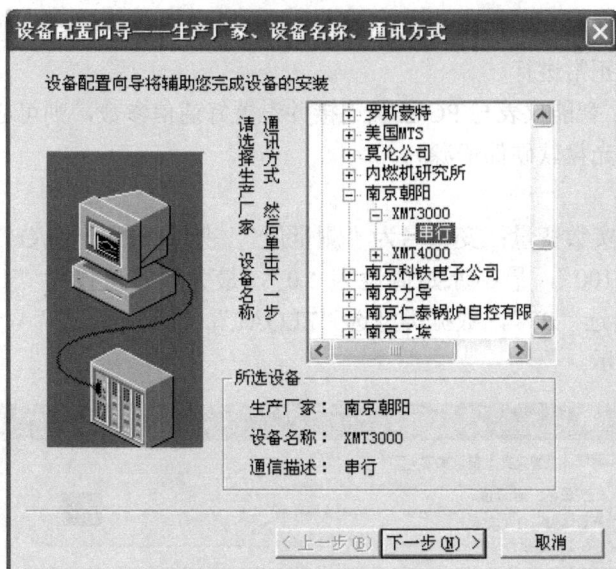

图 7-16　选择串口设备

2）单击"下一步"，给要安装的设备指定唯一的逻辑名称，如"XMT3000"。

3）单击"下一步"，选择串口号，如"COM1"（须与智能仪表在计算机上使用的串口号一致）。

4）单击"下一步"，为要安装的智能仪表指定地址，如"2"（须与智能仪表内部设定的Addr 参数一致）。

5）连续单击"下一步"，不改变通信参数和设置。

设备定义完成后，可以在工程浏览器的右侧看到新建的串口设备"XMT3000"。

（2）设置串口通信参数

双击"设备"下的"COM1"，弹出"设置串口"对话框，设置串口 COM1 的通信参数，波特率选"4800"，奇偶校验选"无校验"，数据位选"8"，停止位选"2"，通信方式选"RS232"，如图 7-17 所示。

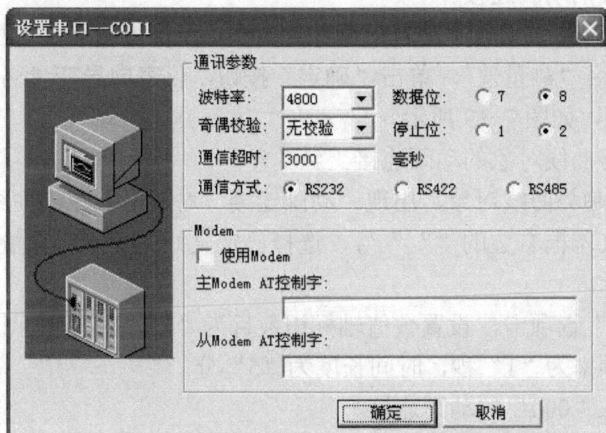

图 7-17　设置串口参数

设置完毕，单击"确定"按钮，这就完成了对 COM1 的通信参数配置，保证 COM1 同智能仪表的通信能够正常进行。

如果 XMT3000A 智能仪表与 PC 正确连接并设置好通信参数，则可应用组态王对其进行通信测试（详见配套光盘软硬件资源）。

4．定义变量

定义 1 个 I/O 实数变量：变量名为"测量值"，变量类型选"I/O 实数"，最小值设为"0"，最大值设为"100"，最小原始值设为"0"，最大原始值设为"1000"，连接设备选"XMT3000"，寄存器选"PV"，数据类型选"FLOAT"，读写属性选"只读"，采集频率设为"500"，如图 7-18 所示。

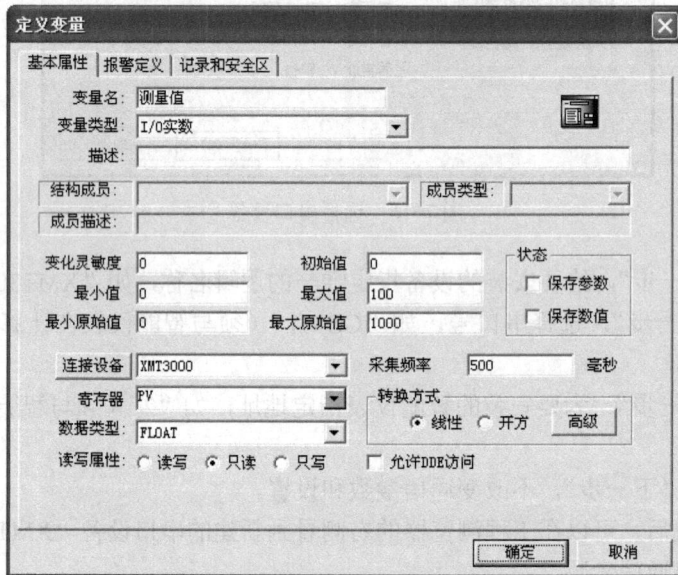

图 7-18　定义变量"测量值"

5．建立动画连接

1）建立仪表对象的动画连接。

双击画面中仪表对象，弹出"仪表向导"对话框，单击变量名文本框右边的"？"号，选择已定义好的变量名"测量值"，单击"确定"按钮，仪表向导变量名文本框中出现"\\本站点\测量值"表达式，如图 7-19 所示。

2）建立实时趋势曲线对象的动画连接。

双击画面中实时趋势曲线对象，出现"动画连接"对话框。在"曲线定义"选项卡中，单击曲线 1 表达式文本框右边的"？"号，选择已定义好的变量"测量值"，并设置其他参数值，如图 7-20 所示。

进入"标识定义"选项卡，设置数值轴标识数目为"5"，时间轴标识数目为"5"，格式为"分、秒"，更新频率为"1"秒，时间长度为"5"分。

3）建立文本对象"000"的动画连接。

双击画面中文本对象"000"，出现"动画连接"对话框，将"模拟值输出"属性与变量

"测量值"连接；输出格式设为：整数位数为"2"，小数位数为"1"。

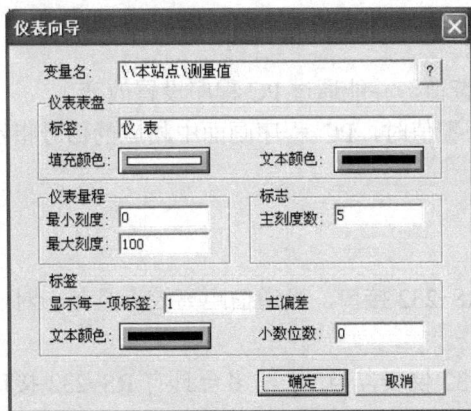
图 7-19　仪表对象动画连接

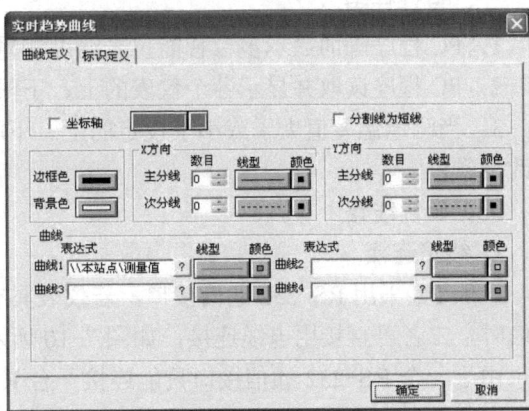
图 7-20　实时趋势曲线对象动画连接

4）建立按钮对象的动画连接。

双击按钮对象"关闭"，出现"动画连接"对话框。选择命令语言连接下的"弹起时"按钮，在"命令语言"对话框中输入以下命令"exit(0);"。

6. 程序测试与运行

将设计的画面全部存储并配置成主画面，启动画面运行程序。

给传感器升温或降温，画面中显示测量温度值及实时变化曲线，如图 7-21 所示。

观察画面显示的温度值与智能仪表显示的温度值是否一致。

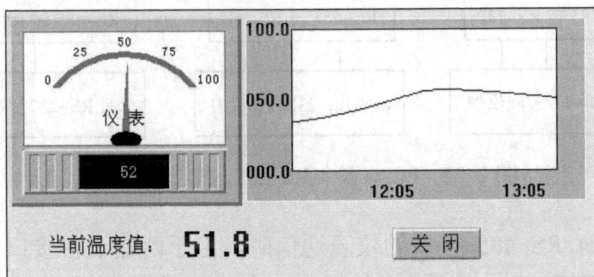
图 7-21　程序运行画面

实训 15　PC 与多台智能仪表串口通信

智能仪表在我国的工业控制领域得到了广泛的应用。只要具有 RS-485（或 RS-232）通信接口、支持站号设置和通信协议访问的智能仪表都可以与 PC 构成一个主从式网络系统，这也是中小型 DCS（集散控制系统）的一般结构。智能仪表具有较强的过程控制功能和较高的可靠性，因此这类中小型 DCS 在目前仍然占有较大的应用市场。

一、学习目标

1. 掌握 PC 与多台具有 RS-232 或 RS-485 通信接口的智能仪表连接方法。

2. 采用 KingView 编写程序实现 PC 与多台智能仪表串口通信。

二、设计任务

1. PC 程序画面显示多台智能仪表温度测量值。

2. PC 程序读取并显示各个仪表的上、下限报警值，并能通过 PC 程序设置改变。

3. 当测量温度值大于或小于设定的上、下限报警值时，PC 程序画面中相应的信号指示灯改变颜色。

三、硬件线路

1. 线路连接

一般 PC 采用 RS-232 通信接口，若仪表具有 RS-232 接口，当通信距离较近且是一对一通信时，二者可直接用电缆连接，如图 7-10 所示。

由于一个 RS-232 通信接口只能连接一台 RS-232 仪表，当 PC 与多台具有 RS-232 接口的仪表通信时，可使用 RS-232/RS-485 型通信接口转换器，将计算机上的 RS-232 通信口转为 RS-485 通信口，在信号进入仪表前再使用 RS-485/RS-232 转换器将 RS-485 通信口转为 RS-232 通信口，再与仪表相连，如图 7-22 所示。

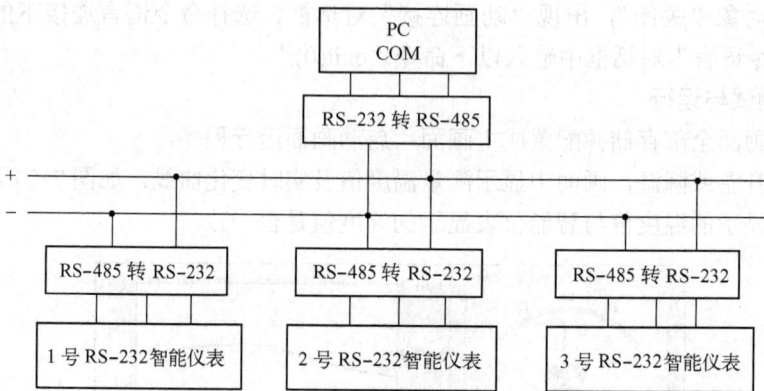

图 7-22　PC 与多个 RS-232 仪表串口通信

当 PC 与多台具有 RS-485 接口的仪表通信时，由于两端设备接口电气特性不一，不能直接相连，因此，也采用 RS-232 接口到 RS-485 接口转换器将 RS-232 接口转换为 RS-485 信号电平，再与仪表相连，如图 7-23 所示。

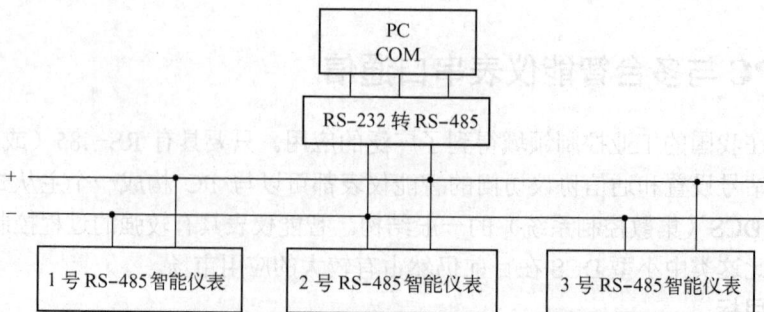

图 7-23　PC 与多个 RS-485 仪表串口通信

如果 IPC 直接提供 RS-485 接口，则与多台具有 RS-485 接口的仪表通信时不用转换器可直接相连。RS-485 接口只有两根线要连接，有+、-端（或称为 A、B 端）区分，用双绞线将所有仪表的接口并联在一起即可。

2. 参数设置

XMT-3000A 智能仪表在使用前应对其输入/输出参数进行正确设置，设置好的仪表才能投入正常使用。可按表 7-2 设置仪器的主要参数。

表 7-2　XMT-3000A 智能仪表的参数设置

参　数	参　数　含　义	1 号仪表设置值	2 号仪表设置值	3 号仪表设置值
HiAL	上限绝对值报警值	30	30	30
LoAL	下限绝对值报警值	20	20	20
Sn	输入规格	20	20	20
diP	小数点位置	1	1	1
ALP	仪表功能定义	10	10	10
Addr	通信地址	1	2	3
bAud	通信波特率	4800	4800	4800

尤其注意 DCS 系统中每台仪表有一个仪表号，PC 通过仪表号来识别网上的多台仪表，要求网上的任意两台仪表的编号（即地址代号 Addr 参数）不能相同；所有仪表的通信参数如波特率必须一样，否则该地址的所有仪表通信都会失败。

正确设置仪表参数后，仪表 PV 窗显示当前温度测量值；给某仪表传感器升温，当温度测量值大于该仪表上限报警值 30℃时，上限指示灯亮，仪表 SV 窗显示上限报警信息；给仪表传感器降温，当温度测量值小于上限报警值 30℃，大于下限报警值 20℃时，该仪表上限指示灯和下限指示灯均灭；给仪表传感器继续降温，当温度测量值小于下限报警值 20℃时，该仪表下限指示灯亮，仪表 SV 窗下限报警信息。

3. 串口通信调试

运行"串口调试助手"程序，首先设置串口号"COM1"，波特率"4800"，校验位"NONE"，数据位"8"，停止位"2"等参数（注意：设置的参数必须与所有仪器设置值一致），选择十六进制显示和十六进制发送方式，打开串口，如图 7-24 所示。

在发送指令文本框先输入读指令：81 81 52 0C，单击"手动发送"按钮，1 号表返回数据串；再输入读指令：82 82 52 0C，单击"手动发送"按钮，2 号表返回数据串；最后输入读指令：83 83 52 0C，单击"手动发送"按钮，3 号表返回数据串。

可用"计算器"程序分别计算各个表的测量温度值。

四、任务实现

1. 建立新工程项目

工程名称：XMT3000A。

工程描述：PC 和多台智能仪表串口通信。

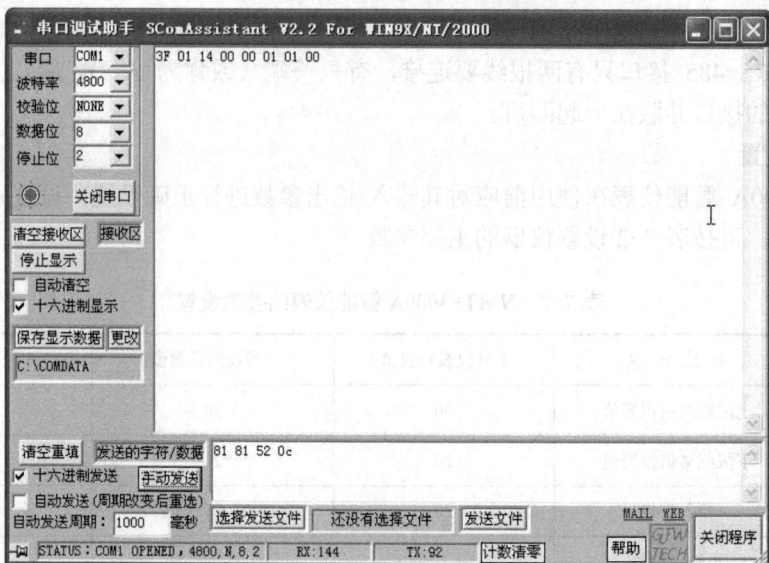

图 7-24　串口调试助手

2. 制作图形画面

画面名称：DCS。

1）通过图库管理器为图形画面添加 3 个仪表对象。

2）通过图库管理器为图形画面添加 6 个指示灯对象。

3）通过工具箱为图形画面添加 18 个文本对象，即 9 个标签文本和 9 个数值显示文本"000"。

4）通过工具箱为图形画面添加 1 个按钮对象，将文本改为"关闭"。

设计的图形画面如图 7-25 所示。

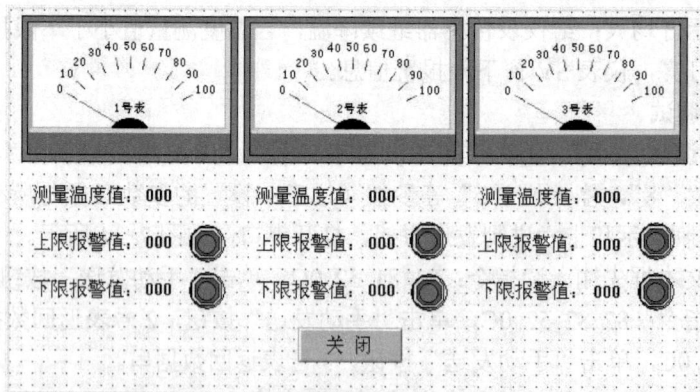

图 7-25　图形画面

3. 定义串口设备

（1）添加 3 个智能仪表

在组态王工程浏览器的左侧树形菜单选择"设备"→"COM1"，在右侧双击"新建"，运行"设备配置向导"。

1）依次选择"设备驱动"→"智能仪表"→"南京朝阳"→"XMT3000"→"串行"，如图7-26所示。

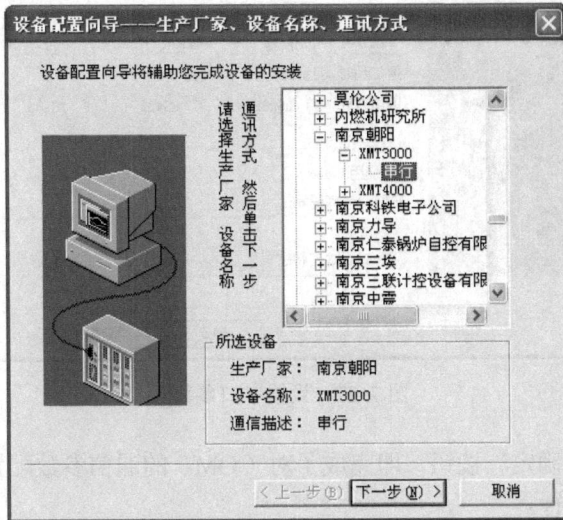

图7-26　选择串口设备

2）单击"下一步"，给要安装的设备指定唯一的逻辑名称，如"智能仪表1"（同一个项目定义多个串口设备，该名称不能重复）。

3）单击"下一步"，选择串口号，如"COM1"（须与智能仪表在计算机上使用的串口号一致）。

4）单击"下一步"，为要安装的智能仪表指定地址，如"1"（同一个项目定义多个串口设备，该值不能重复）。

5）单击"下一步"，不改变通信参数。

6）单击"下一步"，显示所要安装的设备信息总结，可检查各项设置是否正确，确认无误后，单击"完成"。

7）按1）～6）的步骤，定义其他2个串口设备。

逻辑名称："智能仪表2"，串口号："COM1"，仪表地址："2"。

逻辑名称："智能仪表3"，串口号："COM1"，仪表地址："3"。

注意：选择的串口号必须与智能仪表在PC上使用的串口号一致；仪表地址必须与联网的3个智能仪表内部设定的Addr参数一致。

设备定义完成后，可以在工程浏览器的右侧看到新建的串口设备"智能仪表1""智能仪表2"和"智能仪表3"。

（2）设置串口通信参数

双击"设备"下的"COM1"，弹出"设置串口"对话框，设置串口COM1的通信参数：

波特率选"4800"，奇偶校验选"无校验"，数据位选"8"，停止位选"2"，通信方式选

"RS232"，如图 7-27 所示。

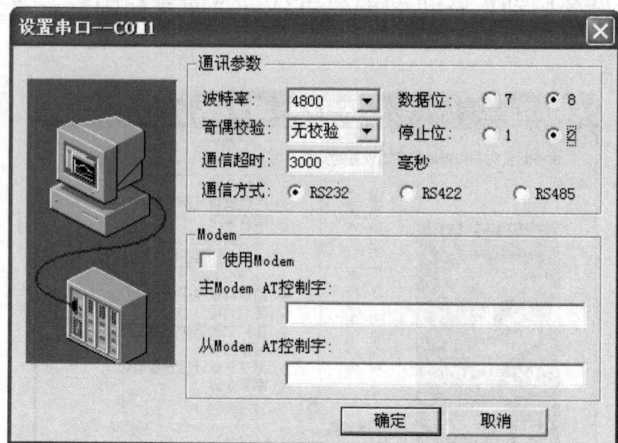

图 7-27　设置串口参数

设置完毕，单击"确定"按钮，即完成了对 COM1 的通信参数配置，使 COM1 同智能仪表的通信能够正常进行。

如果 XMT3000A 智能仪表与 PC 正确连接并设置好通信参数，可应用组态王对其进行通信测试（详见配套光盘软硬件资源）。

4. 定义变量

（1）定义 9 个 I/O 实数变量

1）测量值变量定义。

变量名为"测量值 1"，变量类型选"I/O 实数"，最小值为"0"，最大值为"100"，最小原始值为"0"，最大原始值为"1000"，连接设备选"智能仪表 1"，寄存器选"PV"，数据类型选"FLOAT"，读写属性选"只读"，采集频率设为"500"，如图 7-28 所示。

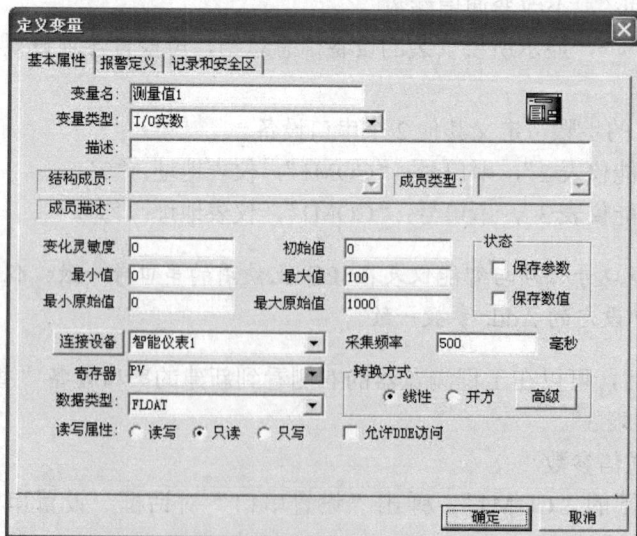

图 7-28　定义变量"测量值 1"

变量"测量值2""测量值3"的定义与"测量值1"基本相同,不同的是连接设备分别选"智能仪表2"和"智能仪表3"。

2)上限报警值变量定义。

变量名为"上限报警值1",变量类型选"I/O实数",初始值为"50",最小值为"0",最大值为"1000",最小原始值为"0",最大原始值为"1000",连接设备选"智能仪表1",寄存器选"HIAL",数据类型选"FLOAT",读写属性选"读写",如图7-29所示。

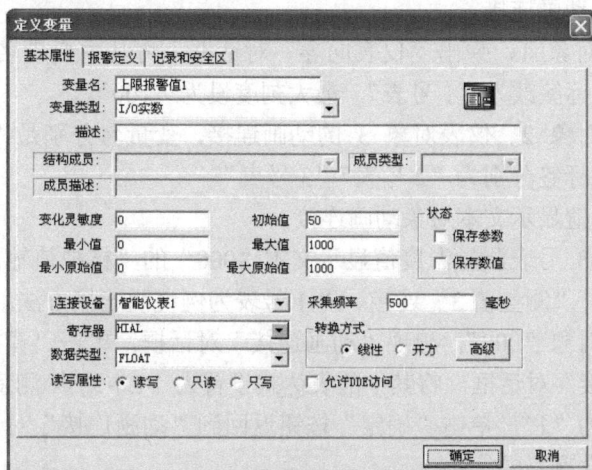

图7-29 定义变量"上限报警值1"

变量"上限报警值2""上限报警值3"的定义与"上限报警值1"基本相同,不同的是连接设备分别为"智能仪表2"和"智能仪表3",初始值分别为"60""70"。

3)下限报警值变量定义。

变量名为"下限报警值1",变量类型选"I/O实数",初始值为"20",最小值为"0",最大值为"1000",最小原始值为"0",最大原始值为"1000",连接设备选"智能仪表1",寄存器选"LOAL",数据类型选"FLOAT",读写属性选"读写",如图7-30所示。

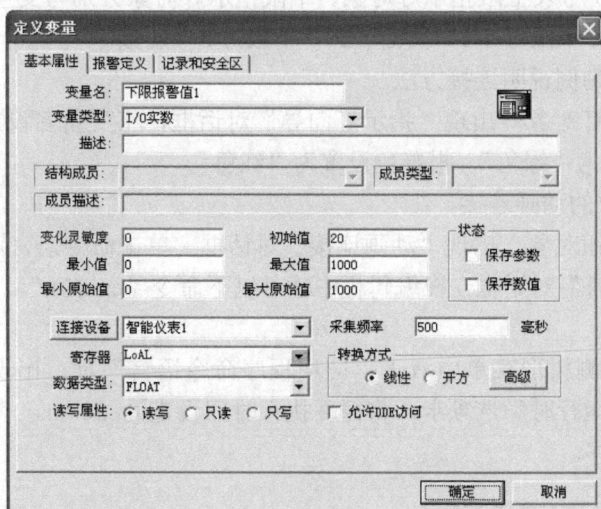

图7-30 定义变量"下限报警值1"

变量"下限报警值 2""下限报警值 3"的定义与"下限报警值 1"基本相同,不同的是连接设备分别为"智能仪表 2"和"智能仪表 3",初始值分别为"30""40"。

（2）定义 6 个内存离散变量

变量名分别为"上限灯 1""上限灯 2""上限灯 3""下限灯 1""下限灯 2"和"下限灯 3",变量类型均选"内存离散",初始值均选"关"。

5. 建立动画连接

1）建立仪表对象动画连接。

双击画面中仪表对象 1,弹出"仪表向导"对话框,将其中变量名的表达式设置为"\\本站点\测量值 1",将标签改为"1 号表",最大刻度设为"100"。

同样,建立仪表对象 2、仪表对象 3 的动画连接,变量名分别是"\\本站点\测量值 2""\\本站点\测量值 3",标签分别为"2 号表""3 号表"。

2）建立测量温度值显示文本对象动画连接。

将 1 号、2 号、3 号表测量温度值显示文本"000"的"模拟值输出"属性分别与变量"测量值 1""测量值 2""测量值 3"连接。以 1 号表为例说明连接方法。

双击画面中文本对象"000",出现"动画连接"对话框,单击"模拟值输出"按钮,则弹出"模拟值输出连接"对话框,将其中的表达式设置为"\\本站点\测量值 1",整数位数设为"2",小数位数设为"1",单击"确定"按钮返回到"动画连接"对话框,再次单击"确定"按钮,动画连接设置完成。

3）建立上限报警值显示文本对象动画连接。

将 1 号、2 号、3 号表上限报警值显示文本"000"的"模拟值输出"属性、"模拟值输入"属性分别与变量"上限报警值 1""上限报警值 2""上限报警值 3"连接。

4）建立下限报警值显示文本对象动画连接。

将 1 号、2 号、3 号表下限报警值显示文本"000"的"模拟值输出"属性、"模拟值输入"属性分别与变量"下限报警值 1""下限报警值 2""下限报警值 3"连接。

5）建立上下限指示灯对象动画连接。

将 1 号、2 号、3 号表上限指示灯对象、下限指示灯对象分别与变量"上限灯 1""上限灯 2""上限灯 3"和"下限灯 1""下限灯 2""下限灯 3"连接。

以 1 号表上限灯为例说明连接方法。

双击画面中指示灯对象,出现"指示灯向导"对话框,将变量名设定为"\\本站点\上限灯 1"。将正常色设置为"绿色",报警色设置为"红色"。

6）建立按钮对象的动画连接。

双击"关闭"按钮对象,出现"动画连接"对话框。单击命令语言连接中的"弹起时"按钮,出现"命令语言"对话框,在编辑栏中输入以下命令"exit(0);"。

6. 程序设计

在工程浏览器左侧树形菜单中双击"应用程序命令语言"项,出现"应用程序命令语言"对话框,单击"运行时"选项卡,将循环执行时间设定为 500ms,然后在命令语言编辑框中输入下面控制程序。

    if(测量值 1>=上限报警值 1)

```
    { 上限灯 1=1; }
if(测量值 1<上限报警值 1 && 测量值 1>下限报警值 1)
    { 上限灯 1=0;
      下限灯 1=0; }
if(测量值 1<=下限报警值 1)
    { 下限灯 1=1; }
if(测量值 2>=上限报警值 2)
    { 上限灯 2=1; }
if(测量值 2<上限报警值 2 && 测量值 2>下限报警值 2)
    { 上限灯 2=0;
      下限灯 2=0; }
if(测量值 2<=下限报警值 2)
    { 下限灯 2=1; }
if(测量值 3>=上限报警值 3)
    {上限灯 3=1; }
if(测量值 3<上限报警值 3 && 测量值 3>下限报警值 3)
    { 上限灯 3=0;
      下限灯 3=0; }
if(测量值 3<=下限报警值 3)
    { 下限灯 3=1; }
```

7. 程序测试与运行

将设计的画面全部存储并配置成主画面，启动画面运行程序。

程序画面中显示三个仪表的测量温度值、上限值和下限值。

给传感器升温或降温，当测量温度值大于或小于上、下限报警值时，画面中相应的信号指示灯变换颜色。程序运行画面如图 7-31 所示。

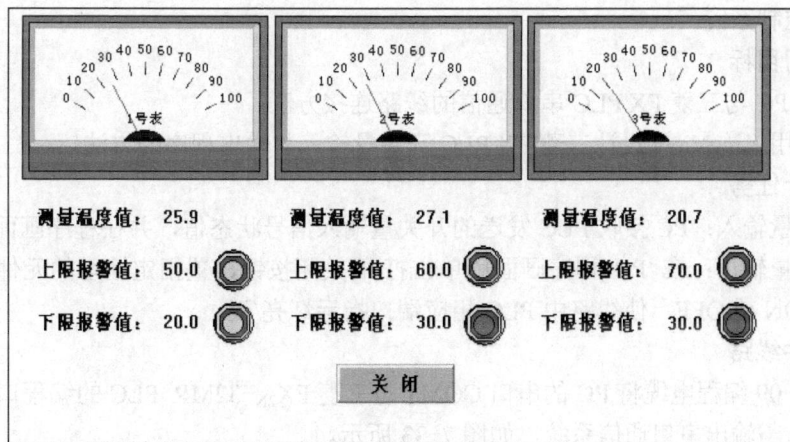

图 7-31　程序运行画面

将鼠标移到各个仪表的上限报警值、下限报警值显示文本，单击鼠标左键，出现输入对话框，如图 7-32 所示，输入新的上限值、下限值，单击"确定"按钮，智能仪表内部的上限、下限报警值随即被改变。

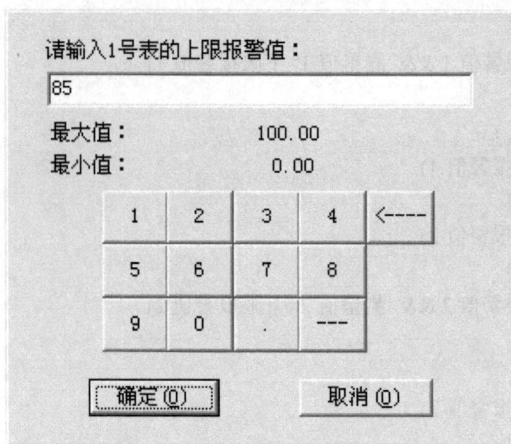

图 7-32　输入对话框

实训 16　PC 与三菱 PLC 串口通信

三菱公司的 PLC 分为 F 系列、FX 系列、A 系列和 Q 系列，FX 系列是三菱公司近年推出的小型 PLC，功能较强，性价比较高，应用比较广泛。

三菱公司的 FX 系列 PLC 吸收了整体式和模块式 PLC 的优点，其基本单元、扩展单元和扩展模块的高度和宽度相等，相互之间的连接不需要使用基板，仅通过扁平电缆连接，紧密拼装后组成一个整体的长方体。

FX 系列 PLC 具有丰富的软硬件资源、强大的功能和很高的运行速度，可用于要求很高的机电一体化控制系统。而其具有的各种扩展单元和扩展模块可以根据现场系统功能的需要组成不同的控制系统。

一、学习目标

1. 掌握 PC 与三菱 FX PLC 串口通信的线路连接方法。

2. 掌握用 KingView 设计三菱 FX PLC 开关量输入与输出程序的方法。

二、设计任务

1. 开关量输入：PC 接收 PLC 发送的开关量输入信号状态值，并在程序画面中显示。

2. 开关量输出：在 PC 程序画面中单击打开/关闭按钮，置指定地址的元件端口（继电器）状态为 ON 或 OFF，使线路中 PLC 相应端口指示灯亮/灭。

三、硬件线路

通过 SC-09 编程电缆将 PC 的串口 COM1 与三菱 FX_{2N}-32MR PLC 的编程口连接起来组成开关量输入与输出串口通信系统，如图 7-33 所示。

1. 开关量输入线路

将按钮、行程开关、继电器开关等的常开触点接 PLC 开关量输入端点，改变 PLC 某个输入端口的状态（打开/关闭）。

实际测试中，可用导线将 X0、X1、…、X7 与 COM 端点之间短接或断开产生开关量输入信号。

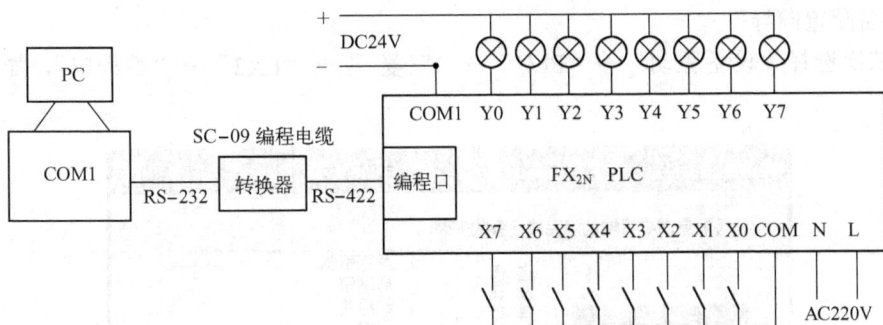

图 7-33　PC 与 FX₂ₙPLC 串口通信

2．开关量输出线路

可外接指示灯或继电器等装置来显示 PLC 开关量输出端点状态（打开/关闭）。

实际测试中，不需外接指示灯，直接使用 PLC 面板上提供的输出信号指示灯。

四、任务实现

1．建立新工程项目

工程名称：三菱 PLC 通信。

工程描述：开关量输入与输出。

2．制作图形画面

画面名称：三菱 PLC。

1）通过图库管理器为图形画面添加 8 个指示灯对象。

2）通过图库管理器为图形画面添加 8 个开关对象。

3）通过工具箱为图形画面添加 18 个文本对象。

4）通过工具箱为图形画面添加 1 个按钮对象，将文本改为"关闭"。

设计的图形画面如图 7-34 所示。

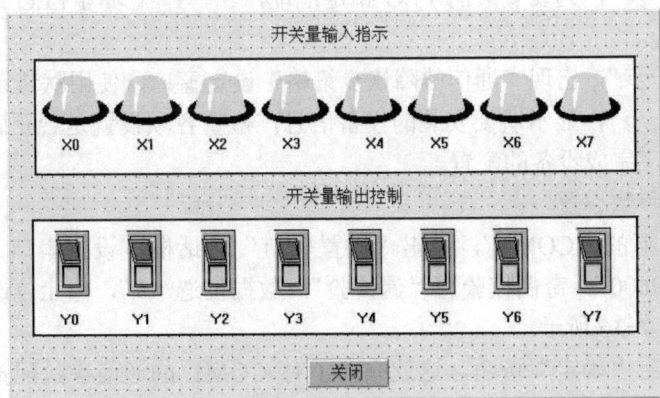

图 7-34　图形画面

3．定义串口设备

（1）添加 PLC 设备

在组态王工程浏览器的左侧树形菜单选择"设备"→"COM1"，在右侧双击"新建"，运行"设备配置向导"。

1）依次选择"设备驱动"→"PLC"→"三菱"→"FX2"→"编程口"，如图 7-35 所示。

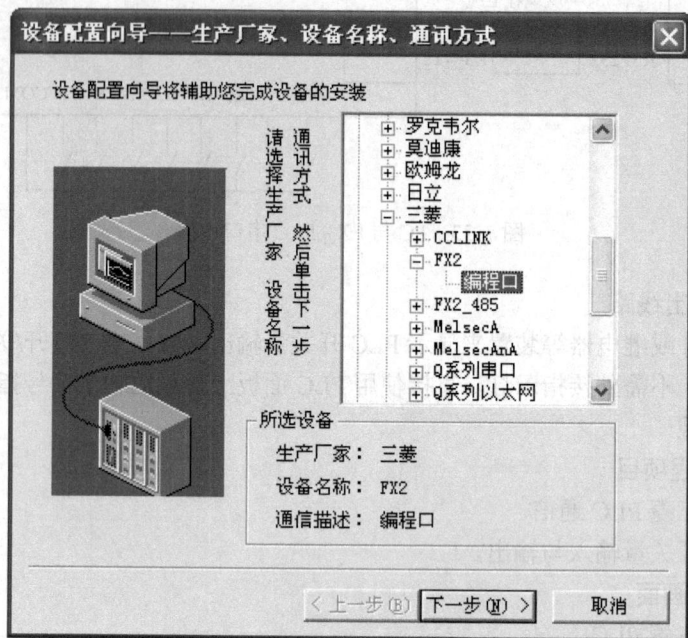

图 7-35　选择串口设备

2）单击"下一步"，给要安装的设备指定唯一的逻辑名称，如"FX2PLC"。

3）单击"下一步"，选择串口号，如"COM1"（须与 PLC 在 PC 上使用的串口号一致）。

4）单击"下一步"，为要安装的 PLC 指定地址，如"1"（须与 PLC 通信参数设置程序中设定的地址相同）。

5）单击"下一步"，出现"通信故障恢复策略"设定窗口，使用默认设置即可。

6）单击"下一步"，显示所要安装的设备信息，检查各项设置是否正确，确认无误后，单击"完成"按钮，完成设备的配置。

（2）串口通信参数设置

双击"设备"下的"COM1"，弹出"设置串口"对话框，设置串口 COM1 的通信参数，即波特率选"9600"，奇偶校验选"偶校验"，数据位选"7"，停止位选"1"，通信方式选"RS232"，如图 7-36 所示。

设置完毕，单击"确定"按钮，这就完成了对 COM1 的通信参数配置，保证组态王与 PLC 的通信能够正常进行。

注意： 设置的参数必须与 PLC 设置的一致，否则不能正常通信。

如果三菱 PLC 与 PC 正确连接并设置好通信参数，可应用组态王对其进行开关量输入与输出通信测试（详见配套光盘中的"软硬件资源"文件夹相关内容）。

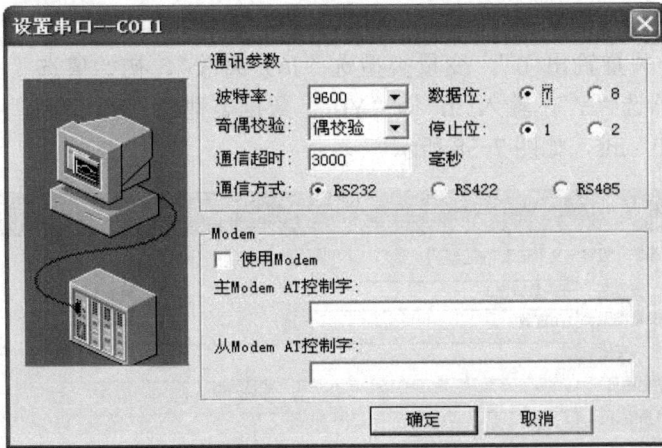

图 7-36　设置串口 COM1

4. 定义变量

（1）定义 16 个 I/O 离散变量

1）定义开关量输入变量。

变量名为"开关量输入 0"，变量类型选"I/O 离散"，初始值选"关"，连接设备选"FX2PLC"，寄存器选"X"，输入 0，即"X0"，数据类型选"Bit"，读写属性选"只读"，采集频率设为"100"ms，如图 7-37 所示。

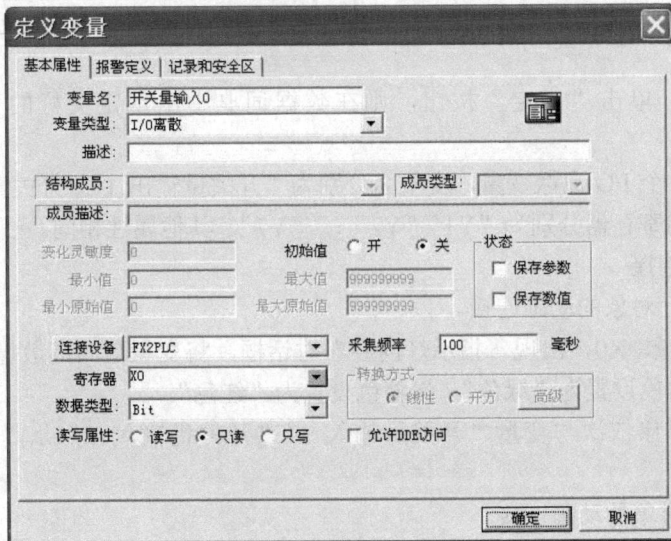

图 7-37　定义变量"开关量输入 0"

定义完成后，单击"确定"按钮，则在数据词典中出现定义好的变量"开关量输入 0"。

同样再定义 7 个 I/O 离散变量，变量名分别为"开关量输入 1""开关量输入 2"…"开关量输入 7"，对应的寄存器分别为"X1""X2"…"X7"，其他属性相同。

2）定义开关量输出变量。

变量名为"开关量输出 0"，变量类型选"I/O 离散"，初始值选"关"，连接设备选"FX2PLC"，寄存器选"Y"，输入 0，即"Y0"，数据类型选"Bit"，读写属性选"只写"，采集频率设为"100"ms，如图 7-38 所示。

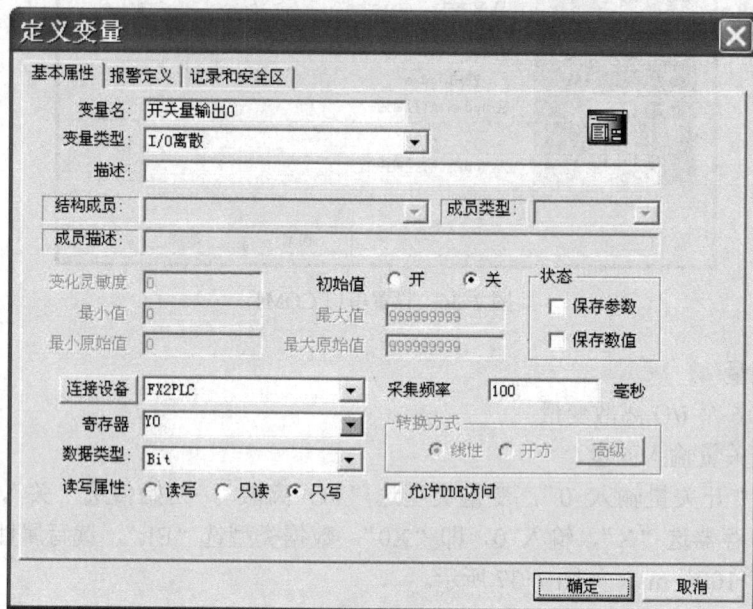

图 7-38　定义变量"开关量输出 0"

定义完成后，单击"确定"按钮，则在数据词典中出现定义好的变量"开关量输出 0"。

同样再定义 7 个 I/O 离散变量，变量名分别为"开关量输出 1""开关量输出 2"…开关量输出 7"，对应的寄存器分别为"Y1""Y2"…"Y7"，其他属性相同。

5. 建立动画连接

1）建立指示灯对象的动画连接。

双击指示灯对象 X0，出现"指示灯向导"对话框，将变量名（离散量）设定为"开关量输入 0"，将正常色设置为"绿色"，报警色设置为"红色"。

其他指示灯对象依次与变量"开关量输入 1""开关量输入 2"…"开关量输入 7"等连接。

2）建立开关对象的动画连接。

双击开关对象 Y0，出现"开关向导"对话框，将变量名（离散量）设定为"开关量输出 0"。

其他开关对象依次与变量"开关量输出 1""开关量输出 2"…"开关量输出 7"等连接。

3）建立"按钮"对象的动画连接。

双击画面中"关闭"按钮对象，出现"动画连接"对话框。单击命令语言连接中的"弹起时"按钮，出现"命令语言"对话框，在编辑栏中输入命令"exit(0);"。

6. 程序测试与运行

将设计的画面全部存储并配置成主画面，启动画面运行程序。

1）开关量输入。

将 PLC 线路中某输入端口如 X3 与 COM 端口短接，则 PLC 上输入信号指示灯 X3 亮，程序画面中开关量输入指示灯 X3 变为红色；将 X3 端口与 COM 端口断开，则 PLC 上输入信号指示灯 X3 灭，程序画面中开关量输入指示 X3 变为绿色。

同样可以测试其他输入端口的状态。

2）开关量输出。

启/闭程序画面中开关按钮，PLC 线路中对应输出端口的信号指示灯亮/灭。

程序运行画面如图 7-39 所示。

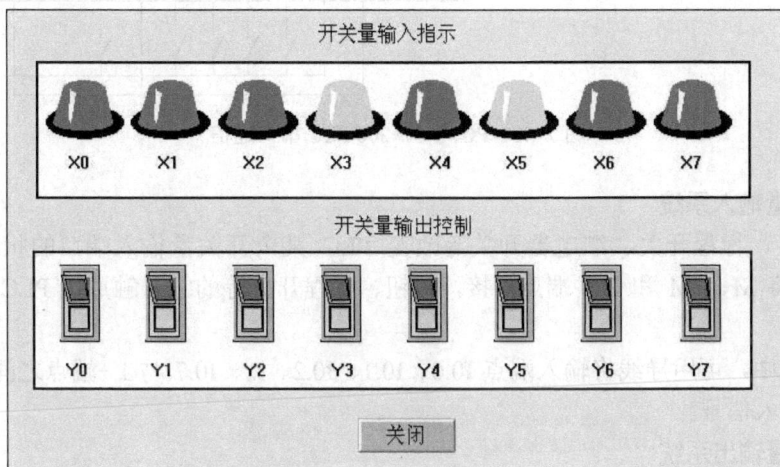

图 7-39　运行画面

实训 17　PC 与西门子 PLC 串口通信

西门子 S7-200 PLC 具有极高的可靠性、丰富的指令集和内置的集成功能、强大的通信能力和品种丰富的扩展模块。S7-200 PLC 可以单机运行，用于代替继电器控制系统，也可以用于复杂的自动化控制系统。由于它有极强的通信功能，在网络控制系统中也能充分发挥其作用。

一、学习目标

1. 掌握 PC 与西门子 S7-200 PLC 串口通信的线路连接方法。

2. 掌握用 KingView 设计西门子 S7-200 PLC 开关量输入与输出程序的方法。

二、设计任务

1. PC 接收 PLC 发送的开关量输入信号状态值，并在程序中显示。

2. 在 PC 程序画面中单击打开/关闭按钮，置指定地址的元件端口（继电器）状态为 ON 或 OFF，使线路中 PLC 相应端口指示灯亮/灭。

三、硬件线路

通过 PC/PPI 编程电缆将 PC 的串口 COM1 与西门子 S7-200 PLC 的编程口连接起来组成开关量输入与输出串口通信系统，如图 7-40 所示。

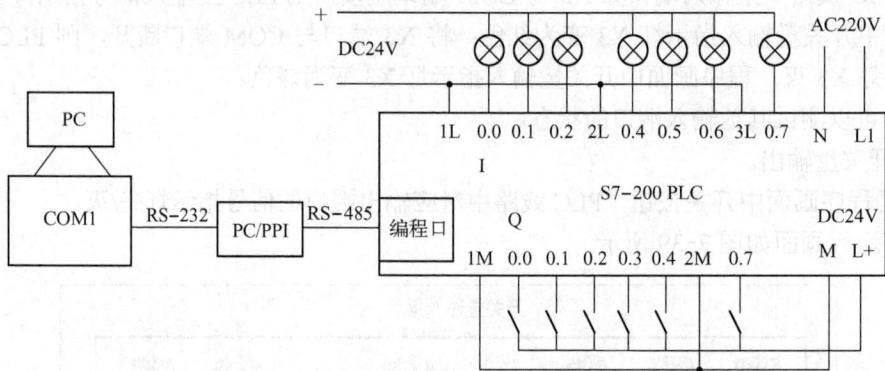

图 7-40　PC 与 S7-200 PLC 串口通信

1．开关量输入系统

采用按钮、行程开关、继电器开关等改变 PLC 某个开关量输入端口的状态（打开/关闭）。用导线将 M、1M 和 2M 端点短接，按钮、行程开关等的常开触点接 PLC 开关量输入端点。

实际测试中，可用导线将输入端点 I0.0、I0.1、I0.2、...、I0.7 与 L+端点之间短接或断开产生开关量输入信号。

2．开关量输出系统

可外接指示灯或继电器等装置来显示 PLC 某个开关量输出端口输出状态（打开/关闭）。

实际测试中，不需要外接指示灯，直接使用 PLC 提供的输出信号指示灯。

四、任务实现

1．建立新工程项目

工程名称：西门子 PLC 通信。

工程描述：开关量输入与输出。

2．制作图形画面

画面名称：西门子 PLC。

1）通过图库管理器为图形画面添加 8 个指示灯对象。

2）通过图库管理器为图形画面添加 8 个开关对象。

3）通过工具箱为图形画面添加 18 个文本对象。

4）通过工具箱为图形画面添加 1 个按钮对象，将文本改为"关闭"。

设计的图形画面如图 7-41 所示。

3．定义串口设备

（1）添加 PLC 设备

在组态王工程浏览器的左侧树形菜单选择"设备"→"COM1"，在右侧双击"新建"，运行"设备配置向导"。

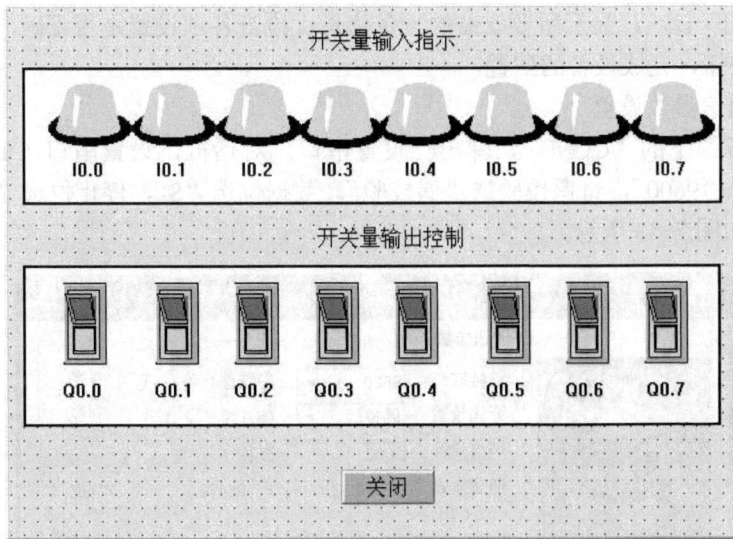

图 7-41　图形画面

1）依次选择"设备驱动"→"PLC"→"西门子"→"S7-200 系列"→"PPI"，如图 7-42 所示。

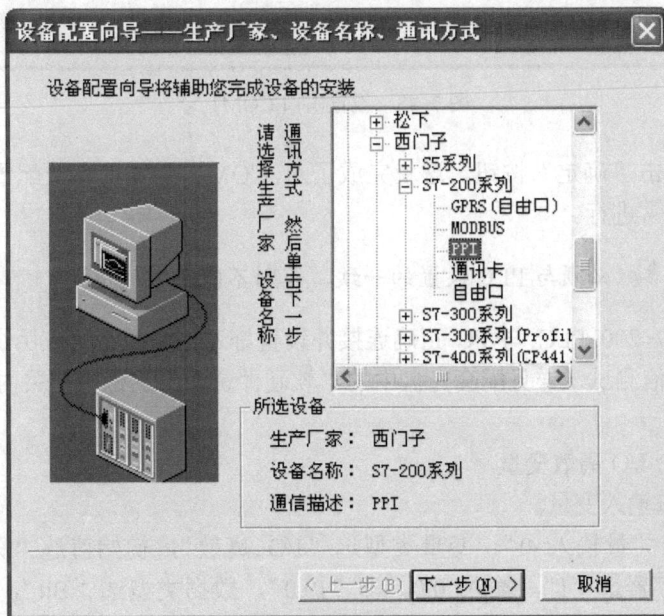

图 7-42　选择串口设备

2）单击"下一步"，给要安装的设备指定唯一的逻辑名称，如"S7200PLC"。

3）单击"下一步"，选择串口号，如"COM1"（须与 PLC 在 PC 上使用的串口号一致）。

4）单击"下一步"，为要安装的 PLC 指定地址，如"2"（不能为0）。

5）单击"下一步"，显示所要安装的设备信息，检查各项设置是否正确，确认无误后，单击"完成"按钮，完成设备的配置。

（2）串口通信参数设置

双击"设备"下的"COM1"，弹出"设置串口"对话框，设置串口 COM1 的通信参数，即波特率选"9600"，奇偶校验选"偶校验"，数据位选"8"，停止位选"1"，通信方式选"RS232"，如图 7-43 所示。

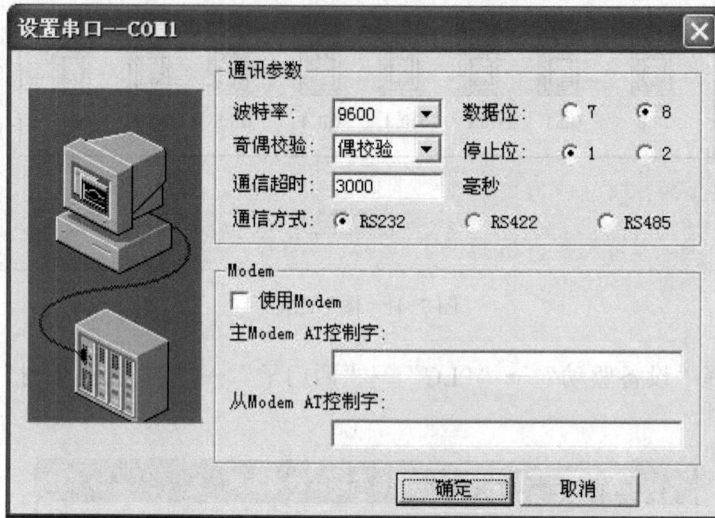

图 7-43　设置串口 COM1

设置完毕，单击"确定"按钮，这就完成了对 COM1 的通信参数配置，保证组态王与 PLC 的通信能够正常进行。

注意：设置的参数必须与 PLC 设置的一致，否则不能正常通信。

如果西门子 S7-200 PLC 与 PC 正确连接并设置好通信参数，可应用组态王对其进行开关量输入与输出通信测试（详见配套光盘中的"软硬件资源"文件夹相关内容）。

4. 定义变量

（1）定义 16 个 I/O 离散变量

1）定义开关量输入变量。

变量名为"开关量输入 0"，变量类型选"I/O 离散"，初始值选"关"，连接设备选"S7200PLC"，寄存器选"I"，输入 0.0，即"I0.0"，数据类型选"Bit"，读写属性选"只读，"采集频率设为"100"ms，如图 7-44 所示。

同样，再定义 7 个 I/O 离散变量，变量名分别为"开关量输入 1""开关量输入 2"..."开关量输入 7"，对应的寄存器分别为"I0.1""I0.2"..."I0.7"，其他属性相同。

2）定义开关量输出变量。

变量名为"开关量输出 0"，变量类型选"I/O 离散"，初始值选"关"，连接设备选"S7200PLC"，寄存器选"Q"，输入 0.0，即"Q0.0"，数据类型选"Bit"，读写属性选"只写"，采集频率设为"100"ms，如图 7-45 所示。

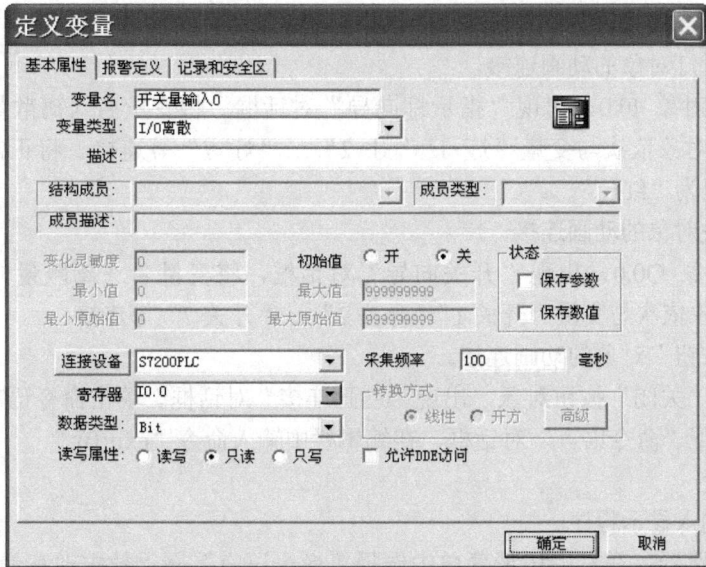

图 7-44　定义变量"开关量输入 0"

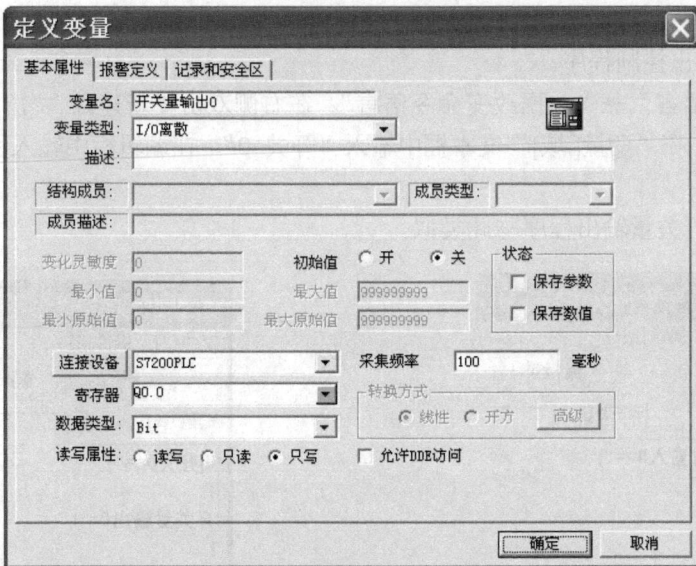

图 7-45　定义变量"开关量输出 0"

同样，再定义 7 个 I/O 离散变量，变量名分别为"开关量输出 1""开关量输出 2"…"开关量输出 7"，对应的寄存器分别为"Q0.1""Q0.2"…"Q0.7"，其他属性相同。

（2）定义 16 个内存离散变量

1）定义指示灯变量。变量名分别为"灯 0""灯 1"…"灯 7"；变量类型均选"内存离散"，初始值均选"关"。

2）定义开关变量。变量名分别为"开关 0""开关 1"…"开关 7"；变量类型均选"内存离散"，初始值选均"关"。

5. 建立动画连接

1）建立指示灯对象的动画连接。

双击指示灯对象 I0.0，出现"指示灯向导"对话框，将变量名（离散量）设定为"灯0"。其他指示灯对象依次与变量"灯 1""灯 2"…"灯 7"等连接。将正常色设置为"绿色"，报警色设置为"红色"。

2）建立开关对象的动画连接。

双击开关对象 Q0.0，出现"开关向导"对话框，将变量名（离散量）设定为"开关0"。其他开关对象依次与变量"开关 1""开关 2"…"开关 7"等连接。

3）建立"按钮"对象的动画连接。

双击画面中"关闭"按钮对象，出现"动画连接"对话框。单击命令语言连接中的"弹起时"按钮，出现"命令语言"对话框，在编辑栏中输入命令"exit(0);"。

6. 程序设计

1）开关量输入显示程序。

进入工程浏览器，在左侧树形菜单中选择"命令语言"→"数据改变命令语言"，在右侧双击"新建…"，出现"数据改变命令语言"对话框，在"变量[.域]"文本框中输入"开关量输入 0"，在编辑栏中输入程序，如图 7-46 所示。

其他端口的开关量输入程序与此类似。

2）开关量输出控制程序。

选择"命令语言"→"数据改变命令语言"，在右侧双击"新建…"，出现"数据改变命令语言"对话框，在"变量[.域]"文本框中输入"开关 0"，在编辑栏中输入程序，如图 7-47 所示。

其他端口的开关量输出程序与此类似。

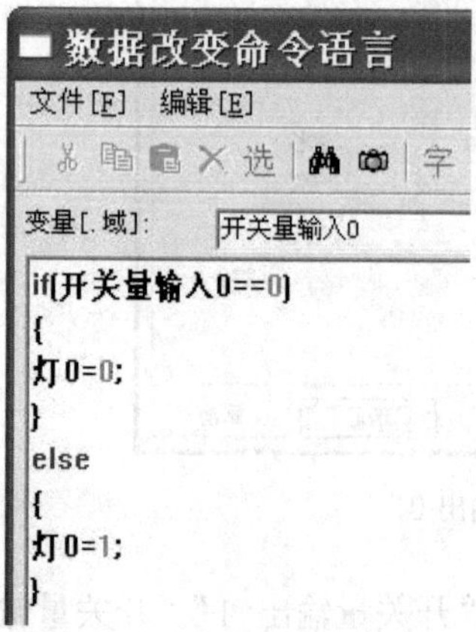

图 7-46　开关量输入显示程序 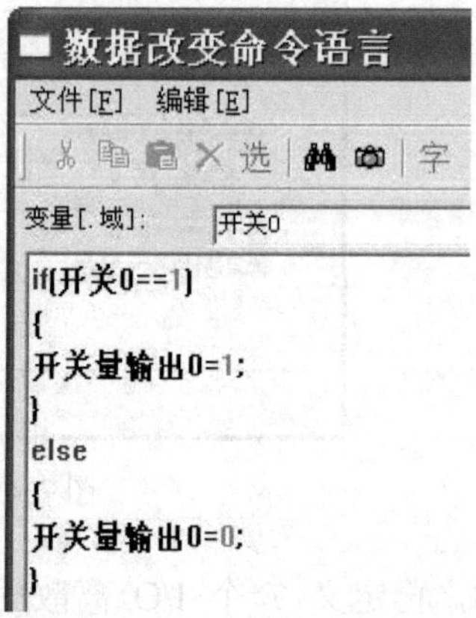　　　　　图 7-47　开关量输出控制程序

7. 程序测试与运行

将设计的画面全部存储并配置成主画面，启动画面运行程序。

1）开关量输入测试。

将 PLC 线路中 I0.0 端口与 L+端口短接，则 PLC 上输入信号指示灯 I0.0 亮，程序画面

中状态指示灯 I0.0 变为红色；将 I0.0 端口与 L+端口断开，则 PLC 上输入信号指示灯 I0.0
灭，程序画面中状态指示灯 I0.0 变为绿色。

同样可以测试其他输入端口的状态。

2）开关量输出测试。

启/闭程序画面中的开关按钮，线路中 PLC 上对应输出端口的信号指示灯亮/灭。

程序运行画面如图 7-48 所示。

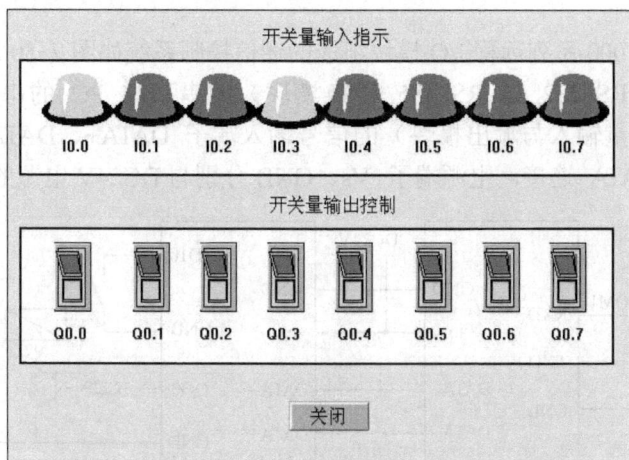

图 7-48　运行画面

实训 18　PC 与远程 I/O 模块串口通信

远程 I/O 模块又称为牛顿模块，为近年来比较流行的一种 I/O 方式，它安装在工业现场，就地完成 A-D、D-A 转换、I/O 操作及脉冲量的计数、累计等操作。

远程 I/O 模块的通信接口一般采用 RS-485 总线，通信协议与模块的生产厂家有关，但都是采用面向字符的通信协议。

市场上使用比较广泛的远程 I/O 模块有研华公司的 ADAM-4000 系列，如图 7-49 所示。这些远程 I/O 模块是传感器到计算机的多功能远程 I/O 单元，专为恶劣环境下的可靠操作而设计，具有内置的微处理器，严格的

图 7-49　ADAM-4000 系列远程 I/O 模块

工业级塑料外壳，使其可以独立提供智能信号调理、模拟量 I/O、数字量 I/O、数据显示和 RS-485 通信。

远程 I/O 模块价格比较低，安装也比较简单，只需通过双绞线将其连接在 RS-485 总线上即可。PC 一般为 RS-232 接口，因此要安装一个 RS-232 转 RS-485 模块。

一、学习目标

1. 掌握 PC 与远程 I/O 模块串口通信的线路连接方法。

2. 掌握用 KingView 设计远程 I/O 模块数字量输入与输出程序的方法。

二、设计任务

1. 利用电气开关产生开关（数字）信号（0 或 1），使程序画面中开关输入指示灯颜色改变，同时开关计数器数字从 0 开始累加。

2. 当累加值大于或等于 5 时，模块数字量输出端口置高电平，线路中指示灯亮，程序画面中开关输出指示灯颜色改变。

三、硬件线路

PC 与 ADAM-4000 系列远程 I/O 模块组成的通信控制系统如图 7-50 所示。

ADAM-4520（RS-232 与 RS-485 转换模块）的串口与 PC 的串口 COM1 连接；ADAM-4050（数字量输入与输出模块）的信号输入端子 DATA+、DATA-分别与 ADAM-4520 的 DATA+、DATA-连接，电源端子+Vs、GND 分别与 DC24V 电源的+、-连接。

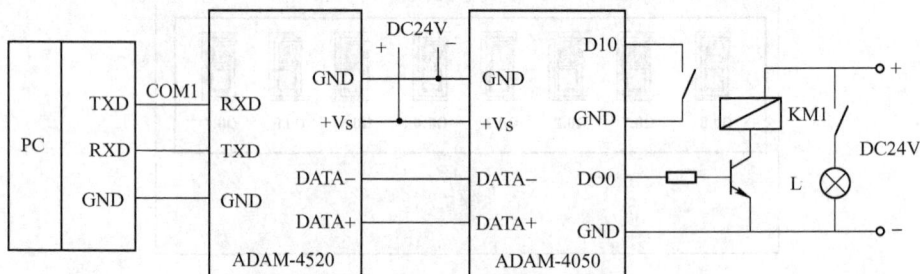

图 7-50　PC 与远程 I/O 模块串口通信系统

1. 开关量输入线路

将按钮、行程开关、继电器开关等的常开触点接模块数字量输入通道 0（管脚 DI0 和 GND）来改变模块数字量输入通道 0 的状态（0 或 1）。

实际测试中，可用导线将 DI0 和 GND 之间短接或断开产生开关（数字）量输入信号。

2. 开关量输出线路

可外接指示灯或继电器等装置来显示开关输出状态（打开/关闭）。

图 7-50 中，ADAM-4050 模块数字量输出通道 0（管脚 DO0 和 GND）接晶体管基极，当计算机输出控制信号置 DO0 为高电平时，晶体管导通，继电器常开开关 KM1 闭合，指示灯 L 亮；当置 DO0 为低电平时，晶体管截止，继电器常开开关 KM1 打开，指示灯 L 灭。

实际测试时可使用万用表直接测量数字量输出通道 0（DO0 和 GND）的输出电压（高电平或低电平）。

测试前需安装模块的驱动程序，将 ADAM-4050 的地址设为 02。

有关模块 ADAM-4050 的软硬件安装、配置及地址设定方法详见配套光盘中的"软硬件资源"文件夹相关内容。

四、任务实现

1. 建立新工程项目

工程名称：远程 IO 模块。

工程描述：PC 与远程 I/O 模块串口通信。

2. 制作图形画面

画面名称：ADAM4050。

1）通过图库管理器为图形画面添加 2 个指示灯对象。

2）通过工具箱为图形画面添加 4 个文本对象，分别是"000""开关输入指示""开关计数器"和"开关输出指示"。

3）通过工具箱为图形画面添加 1 个按钮对象，将文本改为"关闭"。

设计的图形画面如图 7-51 所示。

图 7-51 图形画面

3. 定义串口设备

（1）添加远程 I/O 设备

在组态王工程浏览器的左侧树形菜单选择"设备"→"COM1"，在右侧双击"新建"，运行"设备配置向导"。

1）依次选择"设备驱动"→"智能模块"→"亚当 4000 系列"→"Adam4050"→"COM"，如图 7-52 所示。

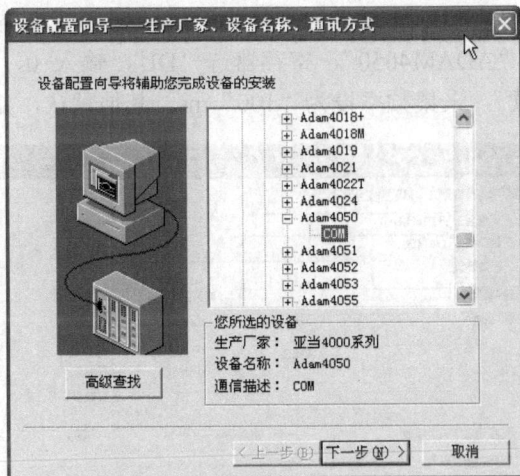

图 7-52 配置串口设备

2）单击"下一步"，给要安装的设备指定唯一的逻辑名称，如"ADAM4050"。

3）单击"下一步"，选择串口号，如"COM1"（须与 PC 上使用的串口号一致）。

4）单击"下一步"，为要安装的模块指定地址，如"2.0"（须与模块内部设定的 Addr 一致，2.0 表示模块地址为 2，模块无校验和）。

设备定义完成后，可以在工程浏览器的右侧看到新建的串口设备 "ADAM4050"。

（2）设置串口通信参数

双击"设备"下的"COM1"，弹出"设置串口"对话框，设置串口 COM1 的通信参数，即波特率选"9600"，奇偶校验选"无校验"，数据位选"8"，停止位选"1"，通信方式选"RS232"，如图 7-53 所示。

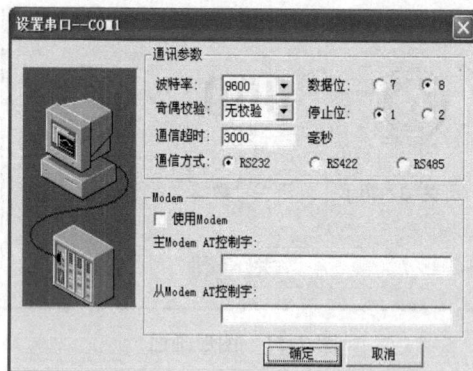

图 7-53　设置串口参数

设置完毕，单击"确定"按钮，这就完成了对 COM1 的通信参数配置，保证 COM1 同 I/O 模块通信能够正常进行。

如果 ADAM4050 模块与 PC 正确连接并设置好通信参数，可应用组态王对其进行通信测试（详见配套光盘中的"软硬件资源"文件夹相关内容）。

4. 定义变量

1）定义 1 个 I/O 离散变量。变量名为"开关量输入 0"，变量类型选"I/O 离散"，初始值选"关"，连接设备选"ADAM4050"，寄存器选"DI"，输入 0，即"DI0"，数据类型选"Bit"，读写属性选"只读"，采集频率设为"100"ms，其他默认，如图 7-54 所示。

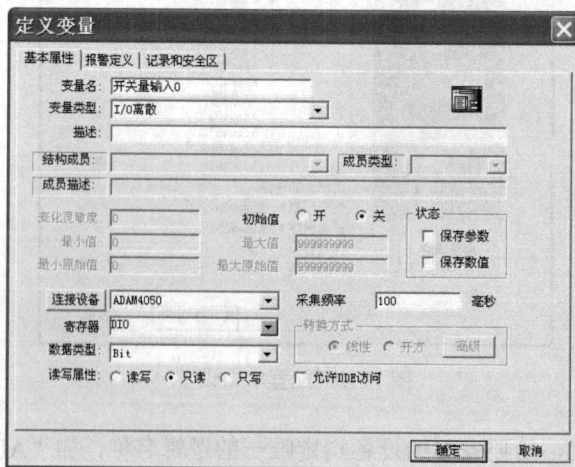

图 7-54　定义变量"开关量输入 0"

2）定义 1 个 I/O 整数变量。变量名为"开关量输出 0"，变量类型选"I/O 整数"，初始值选"关"，连接设备选"ADAM4050"，寄存器选"DO"，输入 0，即"DO0"，数据类型选"Bit"，读写属性选"读写"，采集频率设为"100"ms，其他默认，如图 7-55 所示。

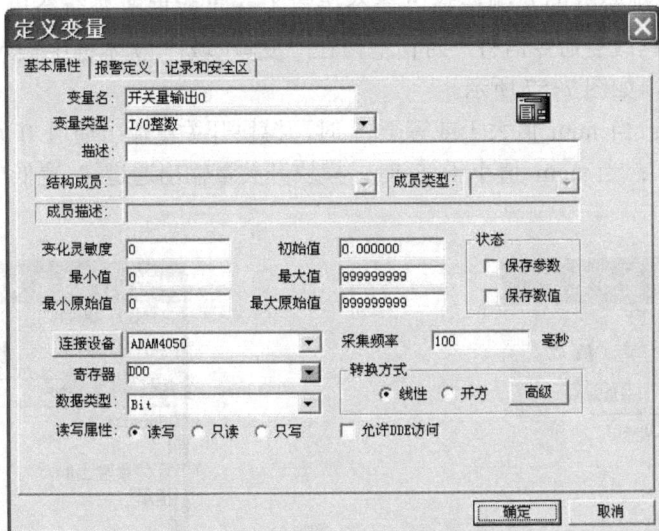

图 7-55　定义变量"开关量输出 0"

3）定义 2 个内存离散变量。变量名分别为"指示灯 1"和"指示灯 2"，变量类型选"内存离散"，初始值选"关"。

4）定义 1 个内存整数变量。变量名为"num"，变量类型选"内存整数"，最大值设为"100"。

5. 建立动画连接

1）建立显示文本对象"000"的动画连接。

双击画面中文本对象"000"，出现"动画连接"对话框，单击"模拟值输出"按钮，弹出"模拟值输出连接"对话框，将其中的表达式设置为"num"。

2）建立指示灯对象动画连接。

将开关输入指示灯对象与变量"指示灯 1"连接起来；将开关输出指示灯对象与变量"指示灯 2"连接起来。将指示灯正常色设置为"绿色"，报警色设置为"红色"。

3）建立按钮对象"关闭"动画连接。

按钮"弹起时"执行命令如下。

```
开关量输出 0=0;　//模块开关量输出通道 0 置低电平
exit(0);
```

6. 程序设计

1）开关量输入程序。

在组态王工程浏览器的左侧选择"命令语言"→"数据改变命令语言"，在右侧双击"新建"，弹出"数据改变命令语言"对话框，在"变量[.域]"文本框中输入"开关量输入 0"，在编辑栏中输入相应语句，如图 7-56 所示。

程序的含义是：当模块开关量输入通道 0 变为低电平时，程序画面中"指示灯 1=0"，同时整数 num 加 1；当模块开关量输入通道 0 变为高电平时，程序画面中"指示灯 1=1"。

2）开关量输出程序

在组态王工程浏览器的左侧选择"命令语言"→"数据改变命令语言"，在右侧双击"新建"，弹出"数据改变命令语言"对话框，在"变量[.域]"文本框中输入"num"，在编辑栏中输入相应语句，如图 7-57 所示。

程序的含义是：当 num 值大于或等于 5 时，模块开关量输出通道 0 置高电平，程序画面中"指示灯 2=1"；当 num 值小于 5 时，模块开关量输出通道 0 置低电平，程序画面中"指示灯 2=0"。

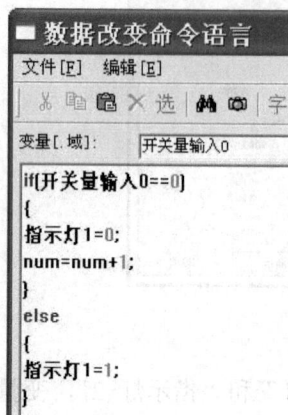

图 7-56　开关量输入程序

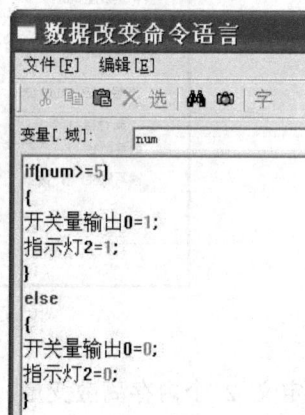

图 7-57　开关量输出程序

7. 程序测试与运行

将设计的画面全部存储并配置成主画面，启动画面运行程序。

用导线将模块数字量输入通道 0 和 GND 短接或断开，产生数字（开关）信号，使程序画面中开关输入指示灯改变颜色，开关计数器数字从 0 不断累加；当累加值大于或等于 5 时，模块数字量输出通道 0 置高电平，线路中指示灯 L 亮，程序画面中开关输出指示灯改变颜色。

程序运行画面如图 7-58 所示。

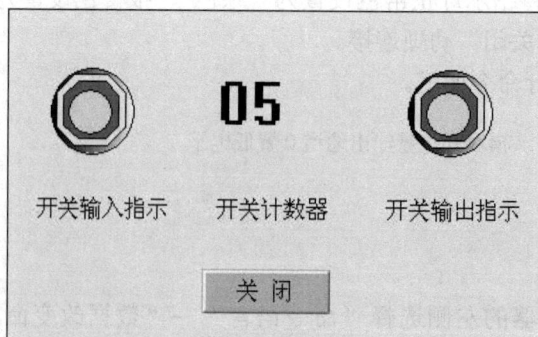

图 7-58　程序运行画面

实训 19 PC 与 PCI 数据采集卡通信控制

为了满足 PC 及其兼容机用于数据采集与控制的需要，国内外许多厂商生产了各种各样的数据采集板卡（或 I/O 板卡）。用户只要把这类板卡插入 PC 主板上相应的 I/O 扩展槽中，就可以迅速方便地构成一个数据采集与处理系统，从而大大节省了硬件的研制时间和投资，又可以充分利用 IBM-PC 的机箱、总线、电源及软件资源，还可以使用户集中精力对数据采集与处理中的理论和方法进行研究、进行系统设计以及程序的编制等。

PCI-1710HG 是研华公司生产的一款功能强大的低成本多功能 PCI 总线数据采集卡，如图 7-59 所示。其先进的电路设计使得它具有更高的质量和更多的功能，这其中包含五种最常用的测量和控制功能，即 16 路单端或 8 路差分模拟量输入、12 位 A-D 转换器（采样速率可达 100kHz）、2 路 12 位模拟量输出、16 路数字量输入、16 路数字量输出及计数器/定时器功能。

图 7-59 PCI-1710 HG 数据采集卡

一、学习目标

1. 掌握 PCI 数据采集卡在 PC 上的软硬件安装与设置方法。
2. 掌握用 KingView 设计 PCI 数据采集卡数字量输入与输出程序的方法。

二、设计任务

1. 利用电气开关产生开关（数字）信号（0 或 1），使程序画面中开关输入指示灯颜色改变，同时开关计数器数字从 0 开始累加。
2. 当累加值大于或等于 5 时，板卡数字量输出端口置高电平，线路中指示灯亮，程序画面中开关输出指示灯颜色改变。

三、硬件线路

PC 与 PCI-1710 数据采集卡组成的通信控制系统如图 7-60 所示。

1. 开关量输入线路

将按钮、行程开关、继电器开关等的常开触点连接板卡接线端子数字量输入通道 1（管脚 DI1 和 GND）来改变板卡数字量输入通道 1 的状态（0 或 1）。

实际测试中，可用导线将 DI1 和 GND 之间短接或断开产生开关（数字）量输入信号。

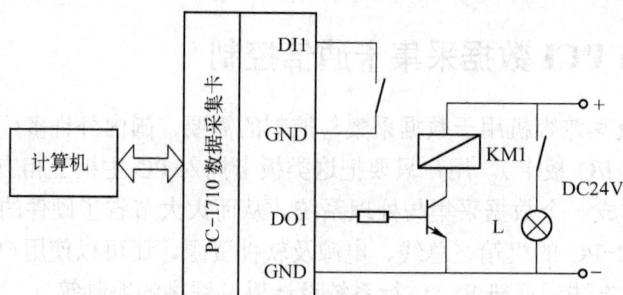

图 7-60 PC 与 PCI 数据采集卡组成的通信控制系统

2．开关量输出线路

可外接指示灯或继电器等装置来显示开关输出状态（打开/关闭）。图 7-60 中，PCI-1710HG 数据采集卡数字量输出通道 1（管脚 DO1 和 GND）接晶体管基极，当计算机输出控制信号置 DO1 为高电平时，晶体管导通，继电器常开开关 KM1 闭合，指示灯 L 亮；当置 DO1 为低电平时，晶体管截止，继电器常开开关 KM1 打开，指示灯 L 灭。

实际测试时可使用万用表直接测量数字量输出通道 1（DO1 和 GND）的输出电压（高电平或低电平）。

测试前需安装数据采集卡的驱动程序和设备管理程序。

有关 PCI-1710 数据采集卡的软硬件安装及配置详见配套光盘中的"软硬件资源"文件夹相关内容。

四、任务实现

1．建立新工程项目

工程名称：数据采集卡。

工程描述：PC 与 PCI 数据采集卡通信控制。

2．制作图形画面

画面名称：PCI1710。

1）通过图库管理器为图形画面添加 2 个指示灯对象。

2）通过工具箱为图形画面添加 4 个文本对象，分别是"000""开关输入指示""开关计数器"和"开关输出指示"。

3）通过工具箱为图形画面添加 1 个按钮对象，将文本改为"关闭"。

设计的图形画面如图 7-61 所示。

图 7-61 图形画面

158

3. 定义板卡设备

在组态王工程浏览器的左侧树形菜单中选择"设备"→"板卡"，在右侧双击"新建…"，运行"设备配置向导"。

1）依次选择"设备驱动"→"智能模块"→"研华 PCI 板卡"→"YHPCI1710"→"YHPCI1710"，如图 7-62 所示。

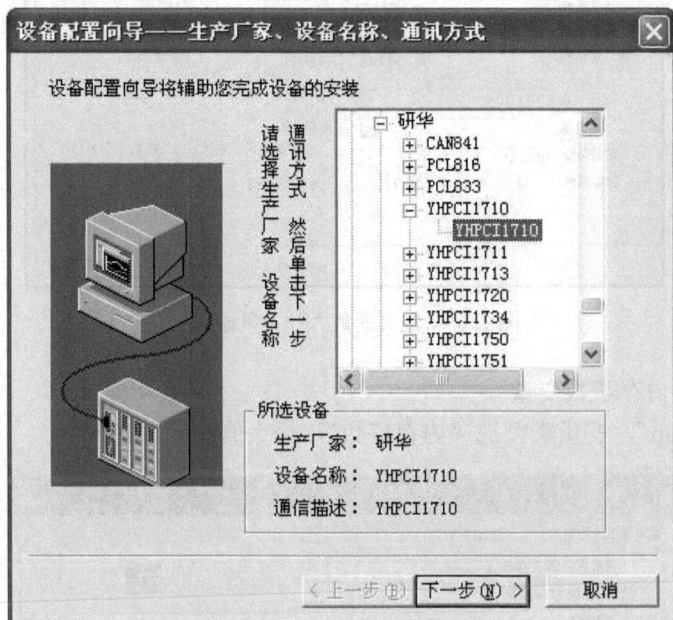

图 7-62　选择板卡设备

2）单击"下一步"，给要安装的设备指定唯一的逻辑名称，如"PCI1710HG"。

3）单击"下一步"，给要安装的设备指定地址"C000"。

组态王的设备地址即 PCI 卡的端口地址，可查看 Windows 设备管理器为板卡分配的端口地址，如为 C400，则组态王设备地址一栏中填入 C400。该地址与板卡所在插槽的位置有关。

4）单击"下一步"，不改变通信参数。再单击"下一步"，显示所安装设备的所有信息。检查各项设置是否正确，确认无误后，单击"完成"。

设备定义完成后，可以在工程浏览器的右侧看到新建的外部设备"PCI1710"。在左侧看到设备逻辑名称"PCI1710HG"。

4. 定义变量

（1）定义 2 个 I/O 整数变量

1）变量名为"开关量输入"，变量类型选"I/O 整数"，连接设备选"PCI1710HG"，寄存器为"DI"，数据类型选"USHORT"，读写属性选"只读"，如图 7-63 所示。

2）变量名为"开关量输出"，变量类型选"I/O 整数"，连接设备选"PCI1710HG"，寄存器为"DO"，数据类型选"USHORT"，读写属性选"只写"，如图 7-64 所示。

（2）定义 2 个内存离散变量

变量名分别为"指示灯 1"和"指示灯 2"，变量类型选"内存离散"，初始值选"关"。

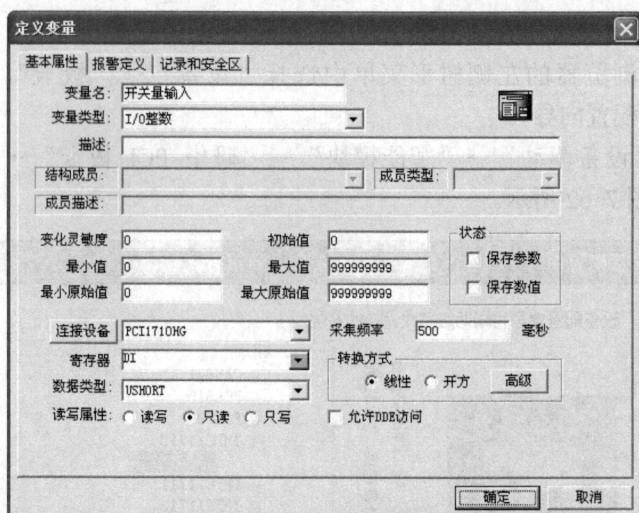

图 7-63　定义变量"开关量输入"

（3）定义 1 个内存整数变量

变量名为"num"，变量类型选"内存整数"，最大值设为"100"。

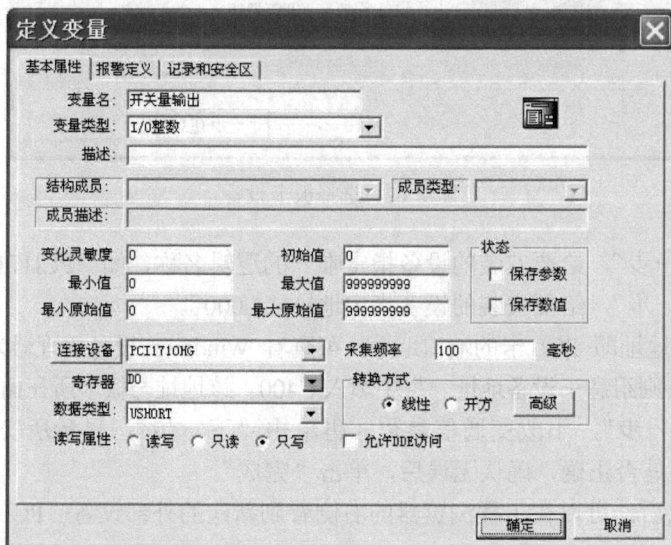

图 7-64　定义变量"开关量输出"

5. 建立动画连接

1）建立显示文本对象"000"的动画连接。

双击画面中文本对象"000"，出现"动画连接"对话框，单击"模拟值输出"按钮，弹出"模拟值输出连接"对话框，将其中的表达式设置为"num"。

2）建立指示灯对象动画连接。

将开关输入指示灯对象与变量"指示灯 1"连接起来；将开关输出指示灯对象与变量"指示灯 2"连接起来。将指示灯正常色设置为"绿色"，报警色设置为"红色"。

3）建立按钮对象"关闭"动画连接。

按钮"弹起时"执行命令如下。

```
BitSet(开关量输出,1,0);    //板卡开关量输出通道 1 置低电平
exit(0);
```

6. 程序设计

（1）开关量输入程序

在组态王工程浏览器的左侧选择"命令语言"→"数据改变命令语言"，在右侧双击"新建"，弹出"数据改变命令语言"对话框，在"变量[.域]"文本框中输入"开关量输入"，在编辑栏中输入相应语句，如图 7-65 所示。

程序中函数 Bit()用以取得一个整型或实型变量某一位的值(0 或 1)。其语法格式如下。

```
OnOff=Bit(Var, bitNo);    //OnOff：离散变量
```

参数：Var 表示整型或实型变量；

bitNo 表示位的序号，取值 1~16，返回值是离散型。

若变量 Var 的第 bitNo 位为 0，则返回值 OnOff 为 0；若变量 Var 的第 bitNo 位为 1，则返回值 OnOff 为 1。

程序的含义是：当板卡开关量输入通道 1 变为低电平时，程序画面中"指示灯 1=0"，同时整数 num 加 1；当板卡开关量输入通道 1 变为高电平时，程序画面中"指示灯 1=1"。

（2）开关量输出程序

在组态王工程浏览器的左侧选择"命令语言"→"数据改变命令语言"，在右侧双击"新建"，弹出"数据改变命令语言"对话框，在"变量[.域]"文本框中输入"num"，在编辑栏中输入相应语句，如图 7-66 所示。

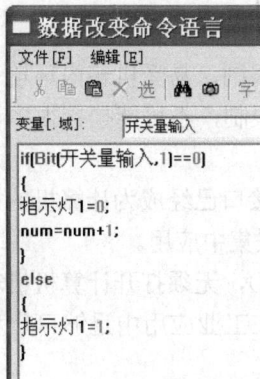

图 7-65 开关量输入程序

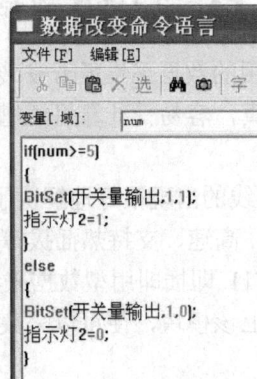

图 7-66 开关量输出程序

程序中 BitSet()函数将一个整型或实型变量的任一位置为指定值(0 或 1)。其语法格式如下。

```
BitSet( Var, bitNo, OnOff);
```

参数：Var 表示整型或实型变量；

bitNo 表示位的序号，取值 1～16；

OnOff 表示位的设定值。

程序的含义是：当 num 值大于或等于 5 时，板卡开关量输出通道 1 置高电平，程序画面中"指示灯 2=1"；当 num 值小于 5 时，板卡开关量输出通道 1 置低电平，程序画面中"指示灯 2=0"。

7. 程序测试与运行

将设计的画面全部存储并配置成主画面，启动画面运行程序。

用导线将板卡数字量输入通道 DI1 和 GND 短接或断开，产生数字（开关）信号，使程序画面中开关输入指示灯改变颜色，开关计数器数字从 0 不断累加；当累加值大于或等于 5 时，板卡数字量输出通道 1 置高电平，线路中指示灯 L 亮，程序画面中开关输出指示灯改变颜色。

程序运行画面如图 7-67 所示。

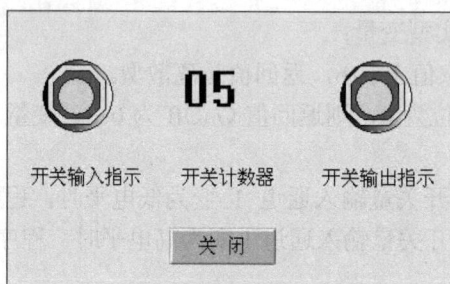

图 7-67　程序运行画面

实训 20　PC 与 USB 数据采集模块通信控制

目前常用的数据采集板卡安装不太方便，灵活性受到限制，易受机箱内环境干扰而导致数据采集失真，容易受计算机插槽数量和地址、中断资源限制，不可能挂接很多设备，可扩展性差。

USB 总线的出现很好地解决了以上问题。目前 USB 接口已经成为计算机的标准设备，它具有通用、高速、支持热插拔等优点，非常适合在数据采集中应用。

USB-4711 即插即用型数据采集模块（如图 7-68 所示），无须打开计算机机箱来安装板卡，仅需插上该模块，便可以采集到数据，简单高效。它在工业应用中足够可靠和稳定，却并不昂贵。

图 7-68　USB-4711 模块

一、学习目标

1. 掌握 USB 数据采集模块与 PC 数据通信的线路连接方法。

2. 掌握用 KingView 设计 USB 数据采集模块数字量输入与输出程序的方法。

二、设计任务

1. 利用电气开关产生开关（数字）信号（0 或 1），使程序画面中开关输入指示灯颜色改变，同时开关计数器数字从 0 开始累加。

2. 当累加值大于或等于 5 时，模块数字量输出端口置高电平，线路中指示灯亮，程序画面中开关输出指示灯颜色改变。

三、硬件线路

PC 与 USB-4711 数据采集模块组成的通信控制系统如图 7-69 所示。

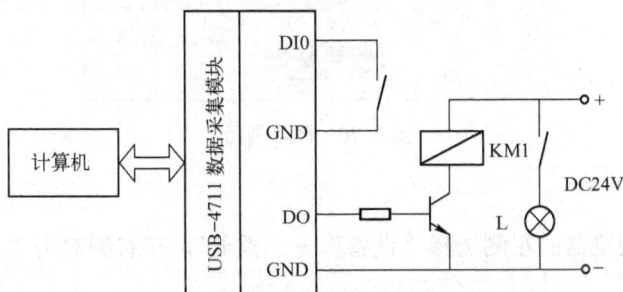

图 7-69　PC 与 USB 数据采集模块组成的通信控制系统

1. 开关量输入线路

将按钮、行程开关、继电器开关等的常开触点接模块数字量输入通道 0（管脚 DI0 和 GND）来改变模块数字量输入通道 0 的状态（0 或 1）。

实际测试中，可用导线将 DI0 和 GND 之间短接或断开产生开关（数字）量输入信号。

2. 开关量输出线路

可外接指示灯或继电器等装置来显示模块开关输出状态（打开/关闭）。图 7-69 中，USB-4711 数据采集模块数字量输出通道 0（管脚 DO0 和 GND）接晶体管基极，当计算机输出控制信号置 DO0 为高电平时，晶体管导通，继电器常开开关 KM1 闭合，指示灯 L 亮；当置 DO0 为低电平时，晶体管截止，继电器常开开关 KM1 打开，指示灯 L 灭。

实际测试时可使用万用表直接测量数字量输出通道 0（DO0 和 GND）的输出电压（高电平或低电平）。

测试前需安装模块的驱动程序和设备管理程序。

有关 USB-4711 数据采集模块的软硬件安装及配置详见配套中的"软硬件资源"文件夹相关内容。

四、任务实现

1. 建立新工程项目

工程名称：USB 数据采集模块。

工程描述：PC 与 USB 数据采集模块通信控制。

2. 制作图形画面

画面名称：USB4711。

1）通过图库管理器为图形画面添加 2 个指示灯对象。

2）通过工具箱为图形画面添加 4 个文本对象，分别是"000""开关输入指示""开关计数器"和"开关输出指示"。

3）通过工具箱为图形画面添加 1 个按钮对象，将文本改为"关闭"。

设计的图形画面如图 7-70 所示。

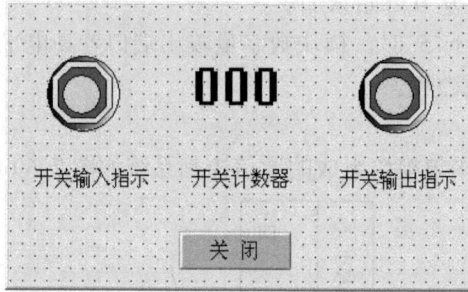

图 7-70　图形画面

3. 定义设备

在组态王工程浏览器的左侧选择"设备"→"板卡"，在右侧双击"新建…"，运行"设备配置向导"。

1）依次选择"设备驱动"→"智能模块"→"研华 PCI 板卡"→"USB4711"→"USB"，如图 7-71 所示。

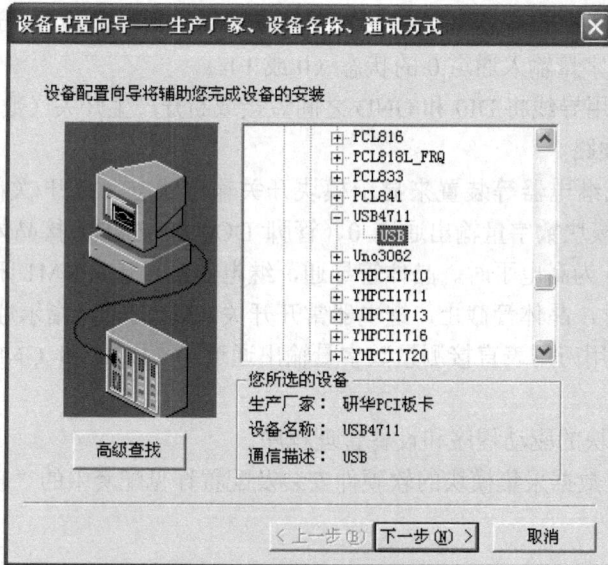

图 7-71　选择 USB 设备

2）单击"下一步"，给要安装的设备指定唯一的逻辑名称，如"USB4711"。

3）单击"下一步"，选择串口号，如"COM1"。

4）单击"下一步"，给要安装的设备指定地址"1"。

5）单击"下一步"，不改变通信参数。

6）单击"下一步"，显示所安装设备的所有信息。

7）检查各项设置是否正确，确认无误后，单击"完成"。

设备定义完成后，用户可以在工程浏览器的右侧看到新建的外部设备"USB4711"。

4. 定义变量

（1）定义 2 个 I/O 整数变量

1）变量名为"开关量输入 0"，变量类型选"I/O 整数"，连接设备选"USB4711"，寄存器选"DI"，输入 0，即"DI0"，数据类型选"Bit"，读写属性选"只读"，如图 7-72 所示。

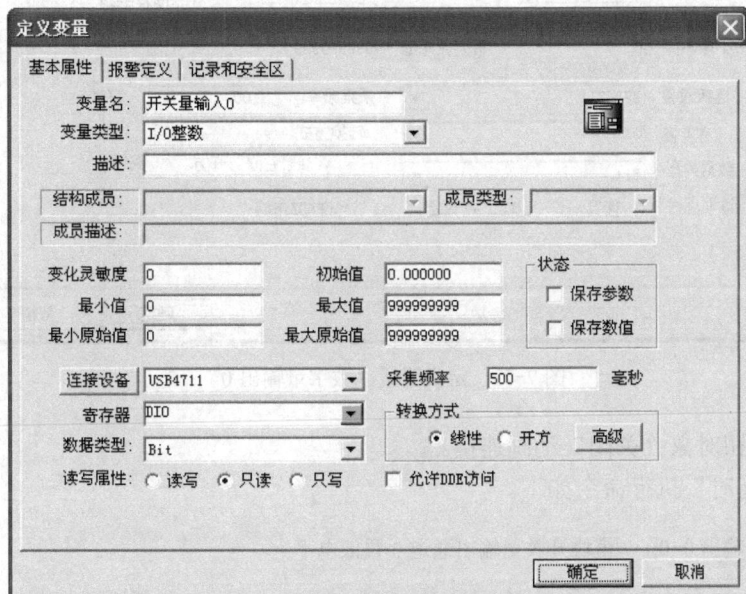

图 7-72　定义变量"开关量输入 0"

2）变量名为"开关量输出 0"，变量类型选"I/O 整数"，连接设备选"USB4711"，寄存器选"DO"，输入 0，即"DO0"，数据类型选"Bit"，读写属性选"只写"，如图 7-73 所示。

（2）定义 2 个内存离散变量

变量名分别为"指示灯 1"和"指示灯 2"，变量类型选"内存离散"，初始值选"关"。

（3）定义 1 个内存整数变量

变量名为"num"，变量类型选"内存整数"，最大值设为"100"。

5. 建立动画连接

1）建立显示文本对象"000"的动画连接。

双击画面中文本对象"000"，出现"动画连接"对话框，单击"模拟值输出"按钮，弹出"模拟值输出连接"对话框，将其中的表达式设置为"num"。

2）建立指示灯对象动画连接。

将开关输入指示灯对象与变量"指示灯 1"连接起来；将开关输出指示灯对象与变量

"指示灯 2"连接起来。将指示灯正常色设置为"绿色",报警色设置为"红色"。

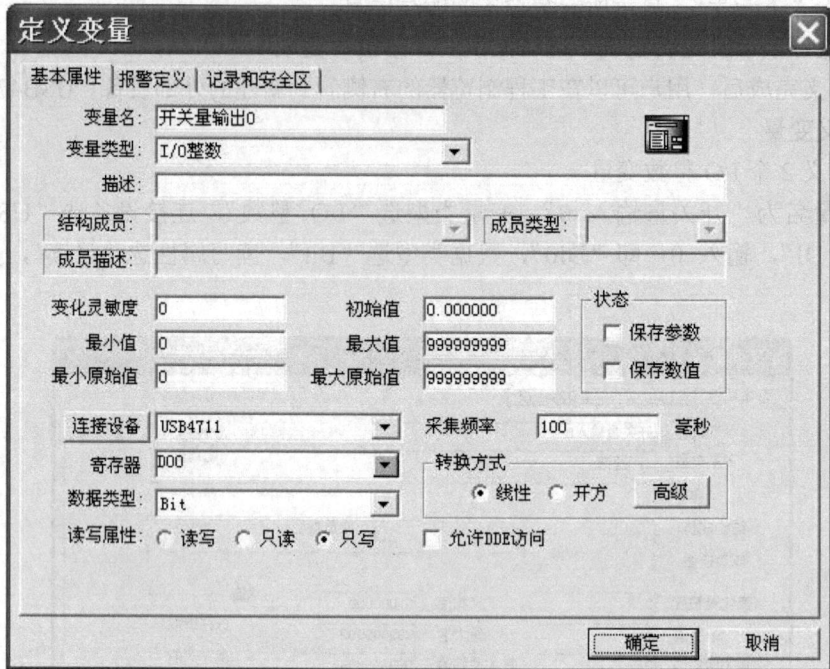

图 7-73 定义变量"数字量输出 0"

3）建立按钮对象"关闭"动画连接。

按钮"弹起时"执行命令如下。

```
开关量输出 0=0;  //模块开关量输出通道 0 置低电平
exit(0);
```

6. 程序设计

1）开关量输入程序。

在组态王工程浏览器的左侧选择"命令语言"→"数据改变命令语言",在右侧双击"新建",弹出"数据改变命令语言"对话框,在"变量[.域]"文本框中输入"开关量输入 0",在编辑栏中输入相应语句,如图 7-74 所示。

程序的含义是:当模块开关量输入通道 0 变为低电平时,程序画面中"指示灯 1=0",同时整数 num 加 1;当模块开关量输入通道 0 变为高电平时,程序画面中"指示灯 1=1"。

2）开关量输出程序。

在组态王工程浏览器的左侧选择"命令语言"→"数据改变命令语言",在右侧双击"新建",弹出"数据改变命令语言"对话框,在"变量[.域]"文本框中输入"num",在编辑栏中输入相应语句,如图 7-75 所示。

程序的含义是:当 num 值大于或等于 5 时,模块开关量输出通道 0 置高电平,程序画面中"指示灯 2=1";当 num 值小于 5 时,模块开关量输出通道 0 置低电平,程序画面中"指示灯 2=0"。

图 7-74 开关量输入程序

图 7-75 开关量输出程序

7. 程序测试与运行

将设计的画面全部存储并配置成主画面，启动画面运行程序。

用导线将模块数字量输入通道 DI0 和 GND 短接或断开，产生数字（开关）信号，使程序画面中开关输入指示灯改变颜色，开关计数器数字从 0 不断累加；当累加值大于或等于 5 时，模块数字量输出通道 0 置高电平，线路中指示灯 L 亮，程序画面中开关输出指示灯改变颜色。

程序运行画面如图 7-76 所示。

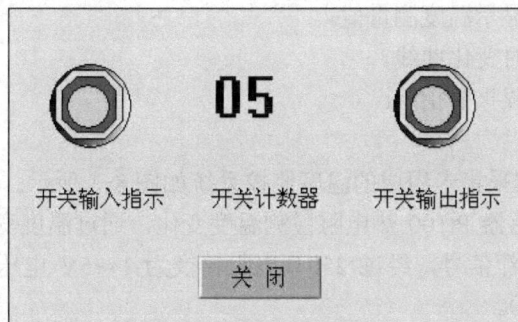

图 7-76 程序运行画面

第8章 典型 I/O 设备温度监控实训

生产中的各种参数都有单位和数值，但在计算机控制系统的采集、A-D 转换过程中已变为无单位的数据。在实际应用中，被测模拟信号被检测出来经 A-D 转换成数字量后送入计算机，常需要转换成操作人员所熟悉的有单位的工程量。因为转换后的数字量并不能直接代表原来带有单位的物理量的数值，必须经过转换变成对应单位的物理量才能运算、显示或打印输出。例如：温度的单位为℃，压力单位为 Pa 等。

将数字量转换成相应单位的物理量称为标度变换。本章通过典型 I/O 设备温度检测与控制实训，设计完整的监控系统，并从中学习标度变换的实现方法。

实训 21 PCI 数据采集卡温度监控

一、学习目标

1. 掌握用 PCI 数据采集卡进行温度采集与控制的硬件线路连接方法。
2. 掌握用 KingView 设计 PCI 数据采集卡进行温度采集与控制的方法。

二、设计任务

1. 自动连续读取并显示温度测量值。
2. 显示测量温度实时变化曲线。
3. 实现温度上、下限报警指示。

三、硬件线路

PC 与 PCI-1710 数据采集卡组成的温度监控系统如图 8-1 所示。

图 8-1 中，温度传感器 Pt100 热电阻检测温度变化，通过温度变送器（测量范围 0~200℃）转换为 4~20mA 电流信号，经过 250Ω 电阻转换为 1~5V 电压信号送入板卡模拟量输入 1 通道（管脚 34 和 60）。

当检测温度小于计算机程序设定的下限值时，计算机输出控制信号，使板卡数字量输出 1 通道 13 管脚置高电平，晶体管 V1 导通，继电器 KM1 常开开关 KM11 闭合，指示灯 L1 亮；当检测温度大于计算机设定的上限值时，计算机输出控制信号，使板卡数字量输出 2 通道 46 管脚置高电平，晶体管 V2 导通，继电器 KM2 常开开关 KM21 闭合，指示灯 L2 亮；当检测温度大于计算机程序设定的下限值并且小于计算机设定的上限值时，计算机输出控制信号，一方面使板卡数字量输出 1 通道 DO1 管脚置低电平，晶体管 V1 截止，继电器 KM1 常开开关 KM11 断开，指示灯 L1 灭，另一方面使板卡数字量输出 2 通道 DO2 管脚置低电平，晶体管 V2 截止，继电器 KM2 常开开关 KM21 断开，指示灯 L2 灭。

测试前需安装 PCI1710 数据采集卡的驱动程序和设备管理程序。

有关 PCI-1710 数据采集卡的软硬件安装及配置详见配套光盘中的"软硬件资源"文件夹相关内容。

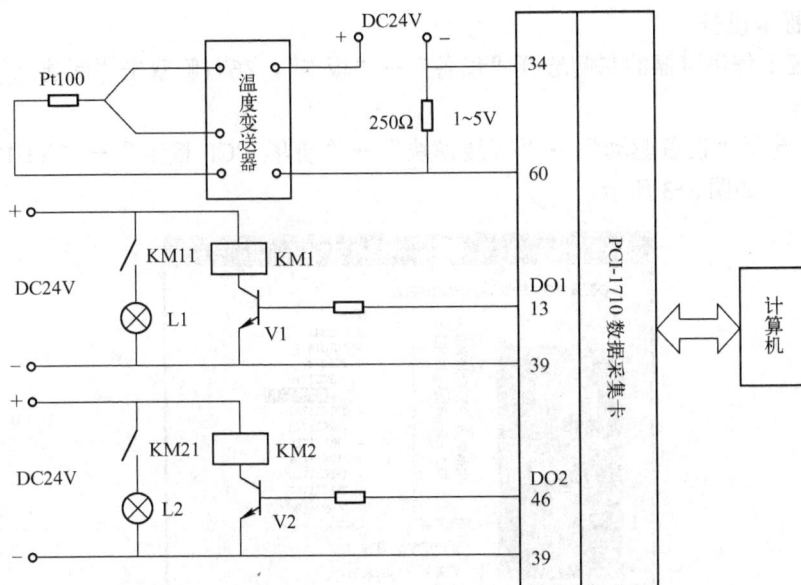

图 8-1　PC 与 PCI-1710 数据采集卡组成的温度监控系统

四、任务实现

1. 建立新工程项目

工程名称：数据采集卡。

工程描述：温度测量与控制。

2. 制作图形画面

画面名称：PCI1710。

1）通过工具箱为图形画面添加 1 个实时趋势曲线对象。

2）通过工具箱为图形画面添加 4 个文本对象，分别为"温度值:""000""下限灯"和"上限灯"。

3）通过图库为图形画面添加 2 个指示灯对象。

4）通过工具箱为图形画面添加 1 个按钮对象，将文本改为"关闭"。

设计的图形画面如图 8-2 所示。

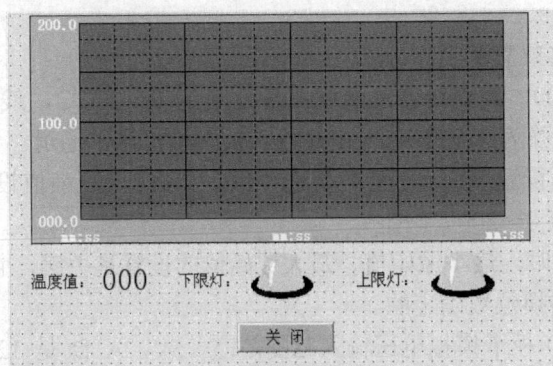

图 8-2　图形画面

3. 定义板卡设备

在组态王工程浏览器的左侧选择"设备"→"板卡",在右侧双击"新建...",运行"设备配置向导"。

1)依次选择"设备驱动"→"智能模块"→"研华 PCI 板卡"→"YHPCI1710"→"YHPCI1710",如图 8-3 所示。

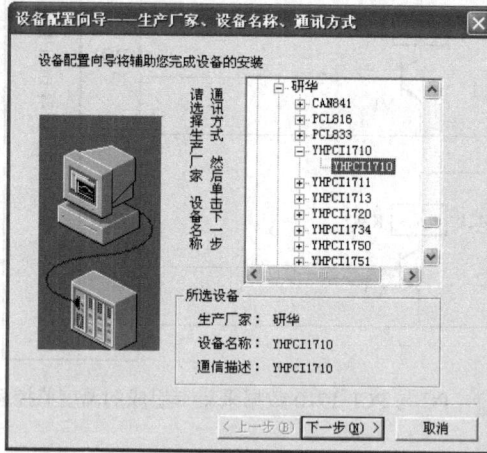

图 8-3 配置板卡设备

2)单击"下一步",给要安装的设备指定唯一的逻辑名称,如"PCI1710HG"。

3)单击"下一步",给要安装的设备指定地址"C000"。

组态王的设备地址即 PCI 板卡的端口地址,可查看 Windows 设备管理器为板卡分配的端口地址,如为 C400,则组态王设备地址一栏中填入 C400。该地址与板卡所在插槽的位置有关。

4)单击"下一步",不改变通信参数。

5)再单击"下一步",显示所安装设备的所有信息。检查各项设置是否正确,确认无误后,单击"完成"。

设备定义完成后,可以在工程浏览器的右侧看到新建的外部设备"PCI1710"。在左侧看到设备逻辑名称"PCI1710HG"。

4. 定义变量

1)定义 1 个 I/O 实数变量。

已知传感器为 Pt100,其变送器的温度测量范围是 0~200℃,线性输出 4~20mA,经 250Ω电阻将电流信号转换为1~5V 电压信号输入板卡模拟量 1 通道。定义变量如下。

因此变量名为"测量温度",变量类型选"I/O 实数",最小值设为"0",最大值设为"200"(按温度测量范围 0~200℃确定)。

定义 I/O 实数变量时,最小原始值、最大原始值的设置是关键,它们是根据采集板卡的电压输入范围和 A-D 转换位数确定的。

因采用的 PCI-1710 板卡模拟电压输入范围是-5~5V,A-D 是 12 位,因此计算机采样值为 $2^{12}-1=4095$,即-5V 对应 0,5V 对应 4095,电压与采样值成线性关系,因为变送器的输出电压范围是 1～5V，那么变量属性中的最小原始值应为"2458"（对应 1V，即 0℃），最大原始值为"4095"（对应 5V，即 200℃）。

连接设备选"PCI1710HG"，变送器的输出电压接板卡 AI1 通道，故寄存器设为"AD1"（选 AD 并输入 1，表示模拟量输入 1 通道），数据类型选"USHORT"，读写属性选"只读"，变量"测量温度"的定义如图 8-4 所示。

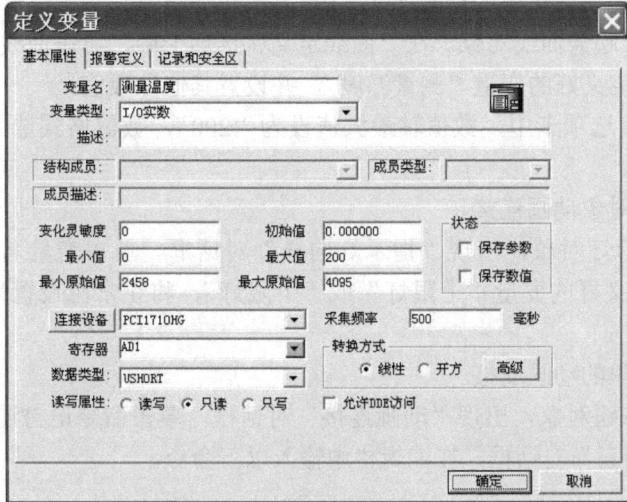

图 8-4　定义"测量温度"

2）定义 1 个 I/O 整数变量

变量名为"开关量输出"，变量类型选"I/O 整数"，连接设备选"PCI1710HG"，寄存器设为"DO"，数据类型选"USHORT"，读写属性选"只写"，如图 8-5 所示。

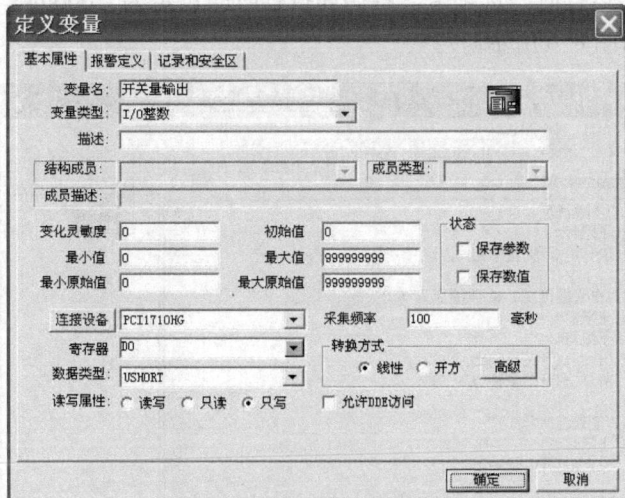

图 8-5　定义"开关量输出"

3）定义 2 个内存离散变量。

变量名分别为"上限灯"和"下限灯"，变量类型选"内存离散"，初始值均为"关"。

5. 建立动画连接

1）建立当前温度值显示文本对象动画连接。

双击画面中当前温度值显示文本对象"000"，出现"动画连接"对话框；单击"模拟值输出"按钮，弹出"模拟值输出连接"对话框，将其中的表达式设置为"测量温度"，整数位数设为"2"，小数位数设为"1"。

2）建立实时趋势曲线对象的动画连接。

双击画面中实时趋势曲线对象。在"曲线定义"选项卡中，单击曲线 1 表达式文本框右边的 ? 号，选择已定义好的变量"测量温度"，并设置其他参数值。

在"标识定义"选项卡中，数值轴最大值设为"200"，数值格式选"实际值"，时间轴长度设为"2"分钟。

3）建立指示灯对象动画连接。

双击画面中指示灯对象，出现"指示灯向导"对话框。单击变量名（离散量）右边的"？"号，选择已定义好的变量"上限灯"或"下限灯"，将正常色设置为"绿色"，报警色设置为"红色"。

4）建立按钮对象的动画连接。

双击"关闭"按钮对象，出现"动画连接"对话框。单击命令语言连接中的"弹起时"按钮，出现"命令语言"对话框，在编辑栏中输入以下命令。

```
BitSet(开关量输出,1,0);   //板卡数字量输出通道 1 置低电平
BitSet(开关量输出,2,0);   //板卡数字量输出通道 2 置低电平
exit(0);
```

6. 程序设计

在工程浏览器左侧的树形菜单中双击"应用程序命令语言"项，出现"应用程序命令语言"对话框，单击"运行时"选项卡，将循环执行时间设定为 1000ms，然后在命令语言编辑框中输入程序，如图 8-6 所示。

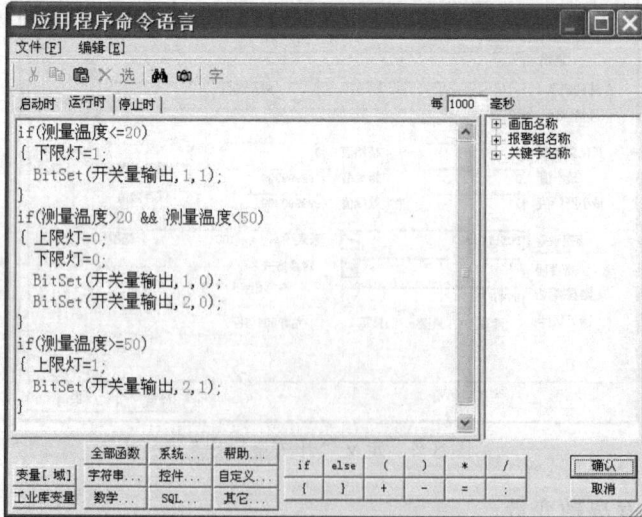

图 8-6 温度控制程序设计

7. 程序测试与运行

将设计的画面全部存储并配置成主画面，启动画面运行程序。

PC 读取并显示板卡检测的温度值，绘制温度变化曲线。当测量温度小于或等于 20℃时，板卡数字量输出通道 1 置高电平，线路中指示灯 L1 亮，程序画面下限灯变为红色；当测量温度大于 20℃且小于 50℃时，板卡数字量输出通道 1 和 2 均置低电平，线路中指示灯 L1 和指示灯 L2 均灭，程序画面上、下限灯均变为绿色；当测量温度大于或等于 50℃时，板卡数字量输出通道 2 置高电平，线路中指示灯 L2 亮，程序画面上限灯变为红色。

程序运行画面如图 8-7 所示。

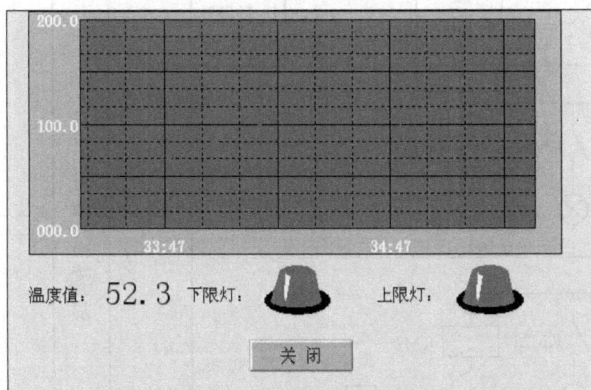

图 8-7　程序运行画面

实训 22　USB 数据采集模块温度监控

一、学习目标

1. 掌握用 USB 数据采集模块进行温度采集与控制的硬件线路连接方法。
2. 掌握用 KingView 设计 USB 数据采集模块温度采集与控制程序的方法。

二、设计任务

1. 自动连续读取并显示温度测量值。
2. 显示测量温度实时变化曲线。
3. 实现温度上、下限报警指示。

三、硬件线路

PC 与 USB-4711 数据采集模块组成的温度监控系统如图 8-8 所示。

图 8-8 中，温度传感器 Pt100 热电阻检测温度变化，通过温度变送器（测量范围为 0～200℃）转换为 4～20mA 电流信号，经过 250Ω电阻转换为 1～5V 电压信号送入 USB-4711 数据采集模块，模拟量输入 1 通道。

当检测温度小于计算机程序设定的下限值时，计算机输出控制信号，使模块数字量输出 1 通道 DO1 管脚置高电平，晶体管 V1 导通，继电器 KM1 常开开关 KM11 闭合，指示灯 L1 亮；当检测温度大于计算机设定的上限值时，计算机输出控制信号，使模块数字量输出 2 通道 DO2 管脚置高电平，晶体管 V2 导通，继电器 KM2 常开开关 KM21 闭合，指示灯 L2

亮; 当检测温度大于计算机程序设定的下限值并且小于计算机设定的上限值时, 计算机输出控制信号。一方面使模块数字量输出 1 通道 DO1 管脚置低电平, 晶体管 V1 截止, 继电器 KM1 常开开关 KM11 断开, 指示灯 L1 灭; 另一方面使模块数字量输出 2 通道 DO2 管脚置低电平, 晶体管 V2 截止, 继电器 KM2 常开开关 KM21 断开, 指示灯 L2 灭。

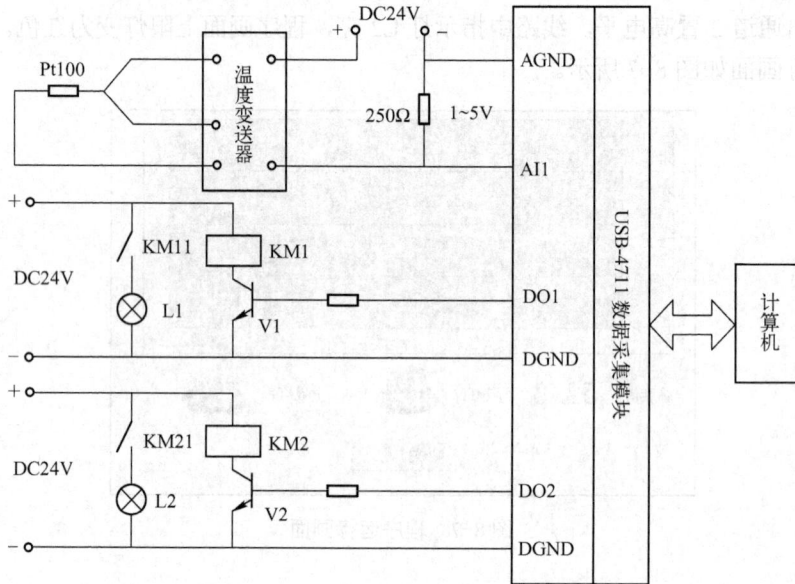

图 8-8　PC 与 USB-4711 数据采集模块组成的温度监控系统

测试前需安装模块的驱动程序和设备管理程序。有关 USB-4711 数据采集模块的软硬件安装及配置详见配套光盘中的"软硬件资源"文件夹相关内容。

四、任务实现

1. 建立新工程项目

工程名称: USB 数据采集模块。

工程描述: 温度测量与控制。

2. 制作图形画面

制作 2 个图形画面。

(1) 温度显示画面

新建画面, 画面名称为"温度显示", 设置画面位置、大小、画面风格等。

1) 通过图库管理器为图形画面添加 1 个仪表对象。

2) 通过图库管理器为图形画面添加 2 个指示灯对象。

3) 通过工具箱为图形画面添加 4 个文本对象, 分别为"温度值:""000""下限灯"和"上限灯"。

4) 通过工具箱为图形画面添加 2 个按钮对象, 文本分别为"实时曲线"和"关闭"。

设计的图形画面如图 8-9 所示。

（2）实时曲线画面

新建画面，画面名称为"实时曲线"，设置画面位置、大小、画面风格等。

1）通过工具箱为图形画面添加1个实时趋势曲线对象。

2）通过工具箱为图形画面添加1个按钮对象，文本为"返回"。

设计的图形画面如图8-10所示。

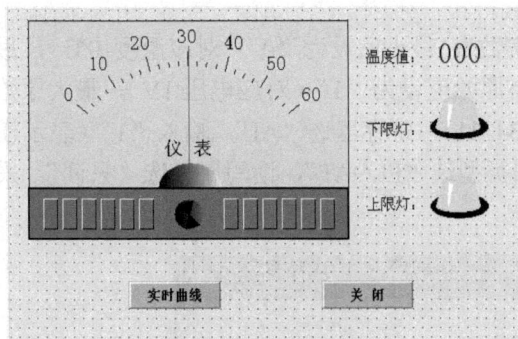

图8-9 温度显示画面

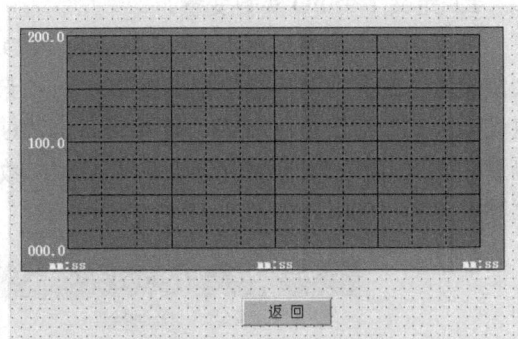

图8-10 实时曲线画面

3. 定义设备

在组态王工程浏览器的左侧选择"设备"→"板卡"，在右侧双击"新建…"，运行"设备配置向导"。

1）依次选择"设备驱动"→"智能模块"→"研华 PCI 板卡"→"USB4711"→"USB"，如图8-11所示。

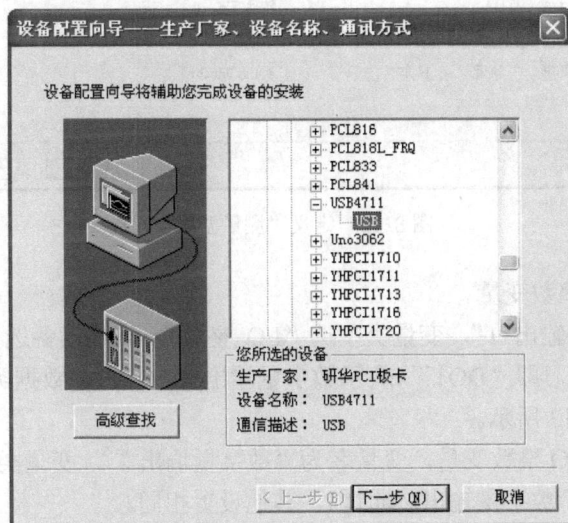

图8-11 配置 USB 设备

2）单击"下一步"，给要安装的设备指定唯一的逻辑名称，如"USB4711"。

3）单击"下一步"，选择串口号，如"COM1"。

4）单击"下一步"，给要安装的设备指定地址"1"。

5）单击"下一步"，不改变通信参数。

6）单击"下一步"，显示所安装设备的所有信息。

7）检查各项设置是否正确，确认无误后，单击"完成"。

设备定义完成后，用户可以在工程浏览器的右侧看到新建的外部设备"USB4711"。

4. 定义变量

1）定义 1 个 I/O 实数变量。

变量名为"测量温度"，变量类型选"I/O 实数"，最小值设为"0"（对应温度 0℃），最大值设为"200"（对应满量程温度 200℃）；最小原始值设为"1"（对应电压 1V），最大原始值设为"5"（对应电压 5V）；连接设备选"USB4711"，寄存器选"AI"，输入"1"（表示模拟量输入 1 通道），即寄存器设为"AI1"；数据类型选"FLOAT"，读写属性选"只读"，采集频率设为"500"，如图 8-12 所示。

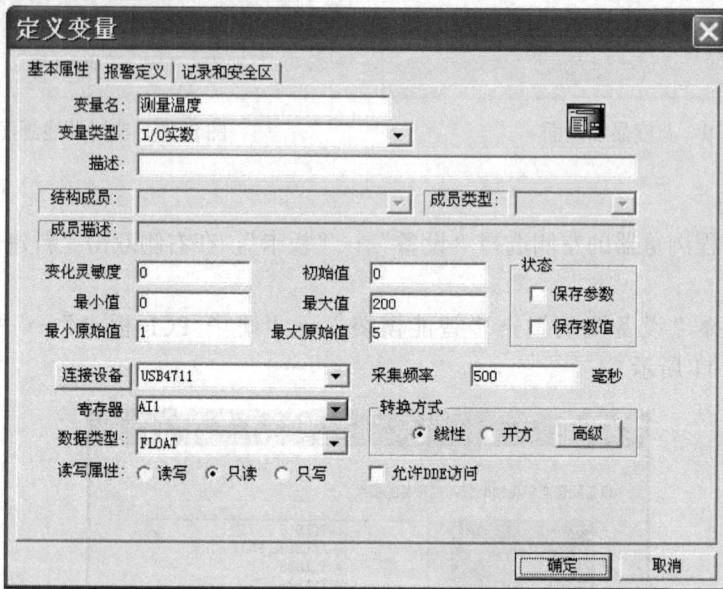

图 8-12　定义"测量温度"

2）定义 2 个 I/O 整数变量。

变量名为"数字量输出 1"，变量类型选"I/O 整数"，连接设备选"USB4711"，寄存器选"DO"，输入数值 1，即"DO1"（表示数字量输出 1 通道），数据类型选"Bit"，读写属性选"只写"，如图 8-13 所示。

同样再定义 1 个 I/O 整数变量，变量名为"数字量输出 2"，变量类型为"I/O 整数"，寄存器设为"DO2"（表示数字量输出 2 通道），其他设置相同。

3）定义 2 个内存离散变量。

变量名分别为"上限灯"和"下限灯"，变量类型选"内存离散"，初始值均为"关"。

5. 建立动画连接

（1）"温度显示"画面对象动画连接

1）建立仪表对象动画连接。

双击画面中仪表对象，弹出"仪表向导"对话框。单击变量名文本框右边的"？"号，选择已定义好的变量名"测量温度"，将最大刻度设为"200"，主刻度数设为"6"。

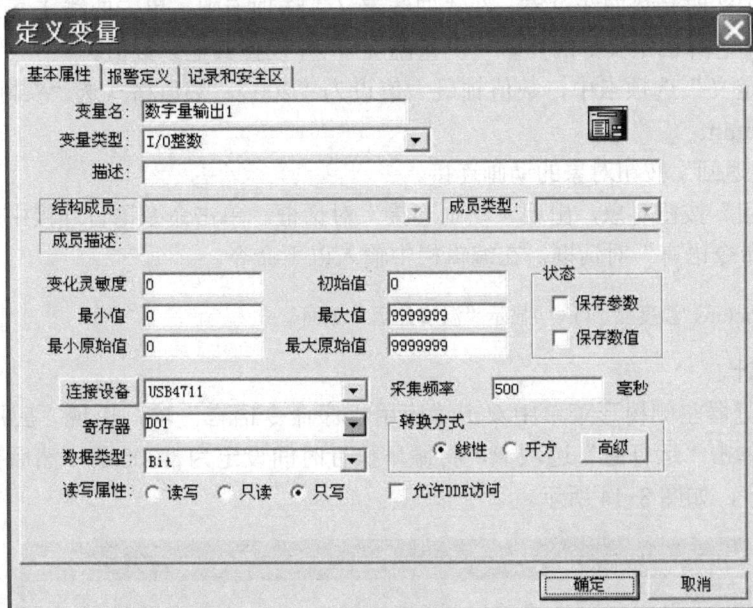

图 8-13　定义"数字量输出 1"

2）建立当前温度值显示文本对象动画连接。

双击画面中当前温度值显示文本对象"000"，出现"动画连接"对话框。单击"模拟值输出"按钮，弹出"模拟值输出连接"对话框，将其中的表达式设置为"测量温度"，整数位数设为"2"，小数位数设为"1"。

3）建立指示灯对象动画连接。

双击画面中指示灯对象，出现"指示灯向导"对话框。单击变量名（离散量）右边的"？"号，选择已定义好的变量"上限灯"或"下限灯"，将正常色设置为"绿色"，报警色设置为"红色"。

4）建立"实时曲线"按钮对象的动画连接。

双击"实时曲线"按钮对象，出现"动画连接"对话框。单击命令语言连接中的"弹起时"按钮，出现"命令语言"对话框，在编辑栏中输入以下命令：

ShowPicture("实时曲线");　//显示"实时曲线"画面

5）建立"关闭"按钮对象的动画连接。

双击"关闭"按钮对象，出现"动画连接"对话框。单击命令语言连接中的"弹起时"按钮，出现"命令语言"对话框，在编辑栏中输入以下命令：

数字量输出 1=0;　//模块数字量输出通道 1 置低电平
数字量输出 2=0;　//模块数字量输出通道 2 置低电平
exit(0);

（2）"实时曲线"画面对象动画连接

1）建立实时趋势曲线对象的动画连接。

双击画面中实时趋势曲线对象。在"曲线定义"选项卡中，单击曲线 1 表达式文本框右边的"？"号，选择已定义好的变量"测量温度"，并设置其他参数值。

在"标识定义"选项卡中，数值轴最大值设为"200"，数值格式选"实际值"，时间轴长度设为"2"min。

2）建立"返回"按钮对象的动画连接。

双击"返回"按钮对象，出现"动画连接"对话框。单击命令语言连接中的"弹起时"按钮，出现"命令语言"对话框，在编辑栏中输入以下命令。

ShowPicture("温度显示"); //显示"温度显示"画面

6. 程序设计

在工程浏览器左侧树形菜单中双击"应用程序命令语言"项，出现"应用程序命令语言"对话框，单击"运行时"选项卡，将循环执行时间设定为 1000ms，然后在命令语言编辑框中输入程序，如图 8-14 所示。

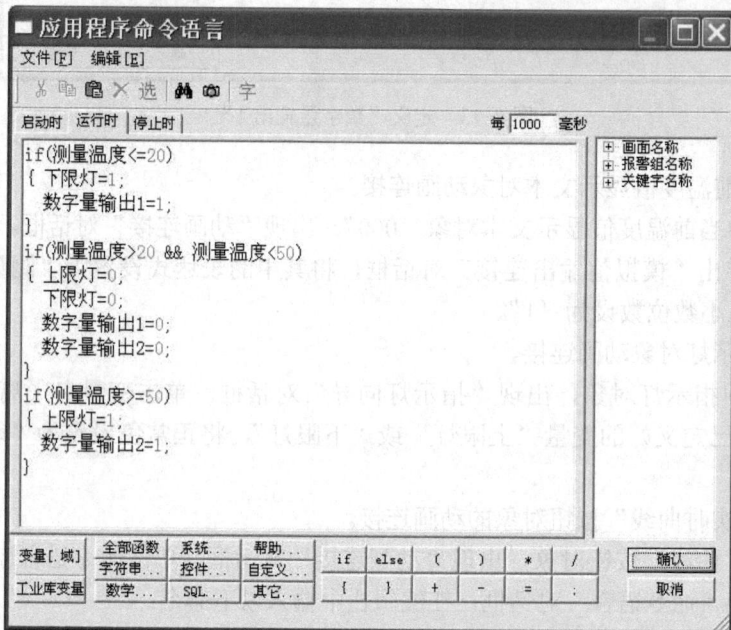

图 8-14 温度控制程序设计

7. 程序测试与运行

将设计的画面全部存储，将"温度显示"画面配置成主画面，启动画面运行程序。

PC 读取并显示模块检测的温度值，绘制温度变化曲线。当测量温度小于或等于 20℃时，模块数字量输出通道 1 置高电平，线路中指示灯 L1 亮，程序画面下限灯变为红色；当测量温度大于 20℃且小于 50℃时，模块数字量输出通道 1 和 2 均置低电平，线路中指示灯 L1 和指示灯 L2 均灭，程序画面上、下限灯均变为绿色；当测量温度大于或等于 50℃时，模块数字量输出通道 2 置高电平，线路中指示灯 L2 亮，程序画面上限灯变为红色。

温度显示运行画面如图 8-15 所示。

单击主画面"实时曲线"按钮，进入实时曲线运行画面，可以观看温度实时变化曲线，单击"返回"按钮可以返回主画面。

实时曲线运行画面如图 8-16 所示。

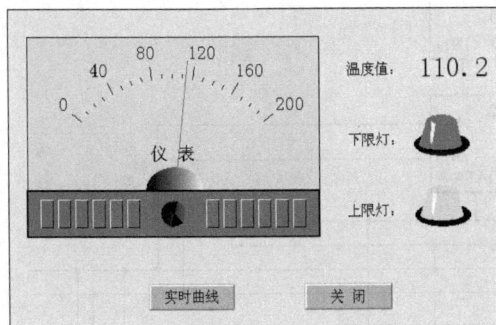

图 8-15 温度显示运行画面

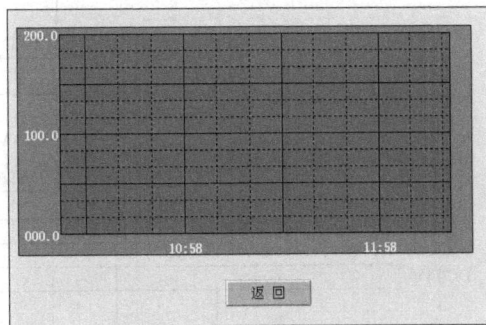

图 8-16 实时曲线运行画面

实训 23 远程 I/O 模块温度监控

一、学习目标

1. 掌握用远程 I/O 模块进行温度采集与控制的硬件线路的连接方法。
2. 掌握用 KingView 设计远程 I/O 模块温度采集与控制程序的方法。

二、设计任务

1. 自动连续读取并显示温度测量值。
2. 显示测量温度实时变化曲线。
3. 实现温度上、下限报警指示并能在程序运行中设置上、下限报警值。

三、硬件线路

PC 与 ADAM-4000 系列远程 I/O 模块组成的温度监控系统如图 8-17 所示。

ADAM-4520 串口与 PC 的串口 COM1 连接，并转换为 RS-485 总线；ADAM-4012 的 DATA+和 DATA-分别与 ADAM-4520 的 DATA+和 DATA-连接；ADAM-4050 的 DATA+和 DATA-分别与 ADAM-4520 的 DATA+和 DATA-连接。

图 8-17 中，温度传感器 Pt100 热电阻检测温度变化，通过温度变送器（测量范围 0～200℃）转换为 4～20mA 电流信号，经过 250Ω电阻转换为 1～5V 电压信号送入 ADAM-4012 模块的模拟量输入通道。

当检测温度小于等于计算机程序设定的下限值时，计算机输出控制信号，使 ADAM-4050 模块数字量输出 1 通道 DO1 管脚置高电平，晶体管 V1 导通，继电器 KM1 常开开关 KM11 闭合，指示灯 L1 亮；当检测温度大于等于计算机设定的上限值时，计算机输出控制信号，使 ADAM-4050 模块数字量输出 2 通道 DO2 管脚置高电平，晶体管 V2 导通，继电器 KM2 常开开关 KM21 闭合，指示灯 L2 亮；当检测温度大于计算机程序设定的下限值并且小于计算机设定的上限值时，计算机输出控制信号，一方面使 ADAM-4050 模块数字量输出 1 通道 DO1 管脚置低电平，晶体管 V1 截止，继电器 KM1 常开开关 KM11 断开，指示灯 L1 灭；另一方面使 ADAM-4050 模块数字量输出 2 通道 DO2 管脚置低电平，晶体管 V2 截止，继电器 KM2 常开开关 KM21 断开，指示灯 L2 灭。

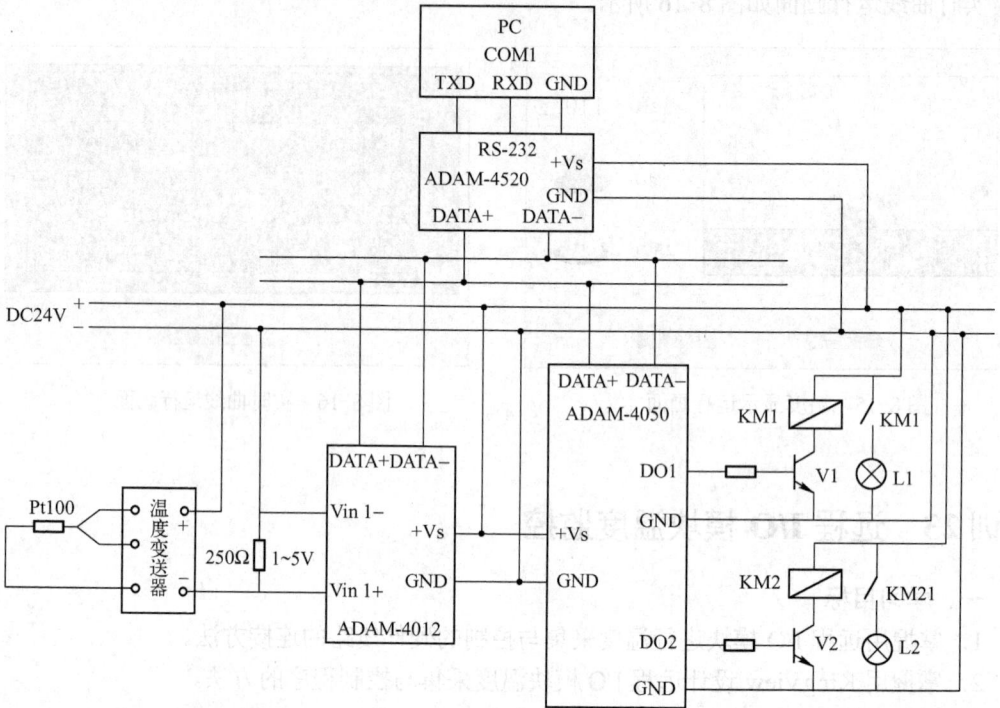

图 8-17   PC 与 ADAM 模块组成的温度监控系统

测试前需安装模块的驱动程序。将 ADAM-4012 的地址设为 01；将 ADAM-4050 的地址设为 02。有关模块 ADAM-4012 和 ADAM-4050 的软硬件安装、配置及地址设定方法详见配套光盘中的"软硬件资源"文件夹相关内容。

四、任务实现

1. 建立新工程项目

工程名称：远程 IO 模块。

工程描述：温度测量与控制。

2. 制作图形画面

制作 2 个图形画面。

（1）温度显示画面。

新建画面，画面名称为"温度显示"，设置画面位置、大小、画面风格等。

1）通过工具箱为图形画面添加 1 个实时趋势曲线对象。

2）通过工具箱为图形画面添加 4 个文本对象，分别为"温度值："、"000"、"下限灯"和"上限灯"。

3）通过图库管理器为图形画面添加 2 个指示灯对象。

4）通过工具箱为图形画面添加 2 个按钮对象，文本分别为"参数设置"和"关闭"。

设计的温度显示画面如图 8-18 所示。

（2）参数设置画面

新建画面，画面名称为"参数设置"，设置画面位置、大小、画面风格等。

1）通过工具箱为图形画面添加 4 个文本对象，分别为"上限温度值："和"下限温度值："；上、下限温度值输入与显示文本"000"。

2）通过工具箱为图形画面添加 2 个按钮对象，文本分别为"确定"和"取消"。

设计的参数设置画面如图 8-19 所示。

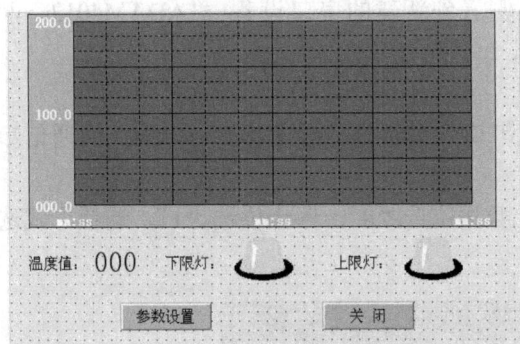

图 8-18 温度显示画面

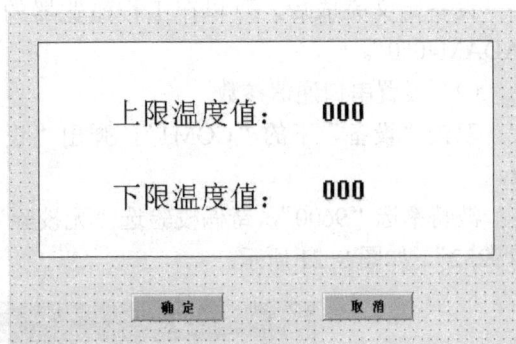

图 8-19 参数设置画面

3．定义串口设备

（1）添加远程 I/O 设备

在组态王工程浏览器的左侧选择"设备"→"COM1"，在右侧双击"新建"，运行"设备配置向导"。

1）依次选择"设备驱动"→"智能模块"→"亚当 4000 系列"→"Adam4012"→"COM"，如图 8-20 所示。

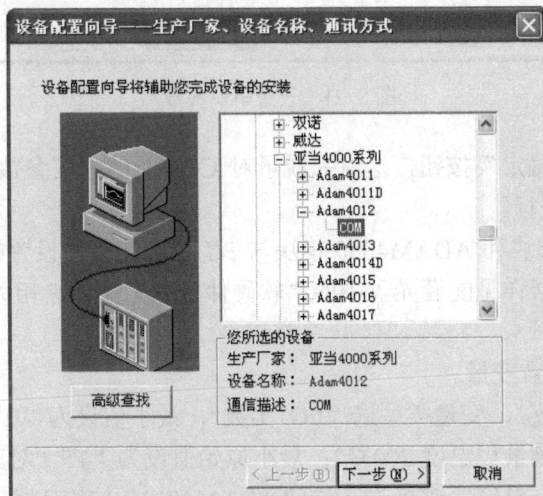

图 8-20 配置串口设备

2）单击"下一步"，给要安装的设备指定唯一的逻辑名称，如"ADAM4012"（若定义多个串口设备，该名称不能重复）。

3）单击"下一步"，选择串口号，如"COM1"（须与 I/O 模块在 PC 上使用的串口号一致）。

4）单击"下一步"，为要安装的模块指定地址，如"1.0"（须与模块内部设定的 Addr 一致，1.0 表示模块地址为 1，模块无校验和；1.1 表示模块地址为 1，模块用校验和）。

按同样的步骤再添加串口设备 Adam 4050，逻辑名称为"ADAM4050"，串口号为"COM1"，地址设为"2.0"（2.0 表示模块地址为 2 ，模块无校验和）。

设备定义完成后，可以在工程浏览器的右侧看到新建的串口设备 "ADAM4012"和"ADAM4050"。

（2）设置串口通信参数

双击"设备"下的"COM1"，弹出"设置串口"对话框，设置串口 COM1 的通信参数。

波特率选"9600"，奇偶校验选"无校验"，数据位选"8"，停止位选"1"，通信方式选"RS232"，如图 8-21 所示。

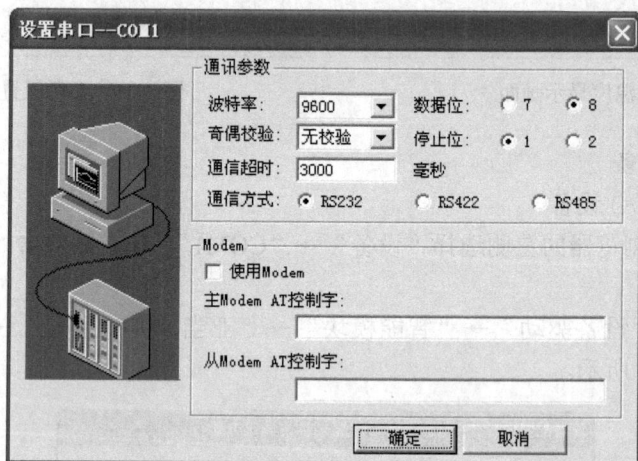

图 8-21　设置串口参数

设置完毕，单击"确定"按钮，这就完成了对 COM1 的通信参数配置，保证 COM1 同 I/O 模块通信能够正常进行。

如果 ADAM4012 模块和 ADAM4050 模块与 PC 正确连接并设置好通信参数，可应用组态王对其进行通信测试（详见配套光盘中的"软硬件资源"文件夹相关内容）。

4. 定义变量

1）定义 1 个 I/O 实数变量。

变量名为"测量温度"，变量类型选"I/O 实数"，最小值设为"0"（对应温度 0℃），最大值设为"200"（对应满量程温度 200℃）；最小原始值设为"1"（对应电压 1V），最大原始值设为"5"（对应电压 5V）；连接设备选"ADAM4012"，寄存器选"AI"，数据类型选"FLOAT"，读写属性选"只读"，采集频率设为"500"，如图 8-22 所示。

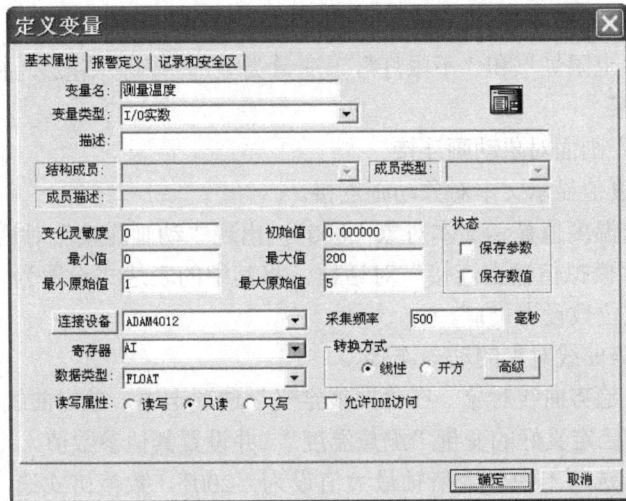

图 8-22　定义"测量温度"

2）定义 2 个 I/O 整数变量。

变量名为"数字量输出 1"，变量类型选"I/O 整数"，连接设备选"ADAM4050"，寄存器选"DO"，输入 1，即"DO1"（表示数字量输出 1 通道），数据类型选"Bit"，读写属性选"读写"，采集频率设为"500"，如图 8-23 所示。

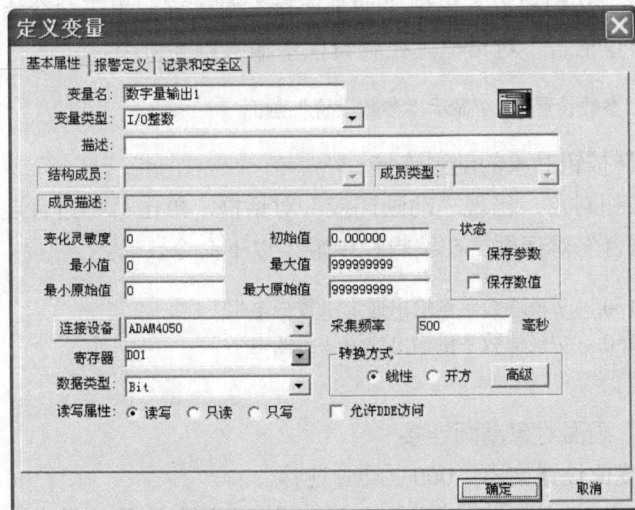

图 8-23　定义"数字量输出 1"

同样再定义 1 个 I/O 整数变量，变量名为"数字量输出 2"，变量类型选"I/O 整数"，寄存器设为"DO2"（表示数字量输出 2 通道），其他相同。

3）定义 4 个内存实数变量。

变量名为"上限温度值"和"设定上限温度值"，变量类型选"内存实数"，初始值均为"60"，最小值均为"50"，最大值均为"100"；变量名为"下限温度值"和"设定下限温度值"，变量类型选"内存实数"，初始值均为"20"，最小值均为"10"，最大值均为"50"。

4）定义 2 个内存离散变量。

变量名分别为"上限灯"和"下限灯"，变量类型选"内存离散"，初始值均为"关"。

5. 建立动画连接

（1）"温度显示"画面对象动画连接

1）建立当前温度值显示文本对象动画连接。

双击画面中当前温度值显示文本对象"000"，出现"动画连接"对话框，单击"模拟值输出"按钮，弹出"模拟值输出连接"对话框，将其中的表达式设置为"测量温度"，整数位数设为"2"，小数位数设为"1"。

2）建立实时趋势曲线对象的动画连接。

双击画面中实时趋势曲线对象。在"曲线定义"选项卡中，单击曲线 1 表达式文本框右边的"？"号，选择已定义好的变量"测量温度"，并设置其他参数值。

在"标识定义"选项卡中，数值轴最大值设为"200"，数值格式选"实际值"，时间轴长度设为"2"min。

3）建立指示灯对象动画连接。

双击画面中指示灯对象，出现"指示灯向导"对话框。单击变量名（离散量）右边的"？"号，选择已定义好的变量"上限灯"或"下限灯"，将正常色设置为"绿色"，报警色设置为"红色"。

4）建立"参数设置"按钮对象的动画连接。

双击"参数设置"按钮对象，出现"动画连接"对话框。单击命令语言连接中的"弹起时"按钮，出现"命令语言"对话框，在编辑栏中输入以下命令。

```
ShowPicture("参数设置");  //显示"参数设置"画面
```

5）建立"关闭"按钮对象的动画连接。

双击"关闭"按钮对象，出现"动画连接"对话框。单击命令语言连接中的"弹起时"按钮，出现"命令语言"对话框，在编辑栏中输入以下命令。

```
数字量输出 1=0;      //模块数字量输出通道 1 置低电平
数字量输出 2=0;      //模块数字量输出通道 2 置低电平
exit(0);
```

（2）"参数设置"画面对象动画连接

1）建立上限温度值设置文本"000"动画连接。

将其"模拟值输出"属性和"模拟值输入"属性分别与变量"设定上限温度值"连接，将提示信息改为"请输入上限温度值："，将值范围的最大值改为"100"，最小值改为"55"。

2）建立下限温度值设置文本"000"动画连接。

将其"模拟值输出"属性和"模拟值输入"属性分别与变量"设定下限温度值"连接，将提示信息改为"请输入下限温度值："，将值范围的最大值改为"50"，最小值改为"10"。

3）建立"确定"按钮对象动画连接。

该按钮弹起时执行以下命令。

上限温度值=设定上限温度值;
下限温度值=设定下限温度值;
closepicture("参数设置");　//关闭"参数设置"画面
ShowPicture("温度显示");　//显示"温度显示"画面

4）建立"取消"按钮对象动画连接。

该按钮弹起时执行以下命令。

设定上限温度值=上限温度值;
设定下限温度值=下限温度值;
closepicture("参数设置");　//关闭"参数设置"画面
ShowPicture("温度显示");　//显示"温度显示"画面

6. 程序设计

在工程浏览器左侧树形菜单中双击"应用程序命令语言"项，出现"应用程序命令语言"对话框，单击"运行时"选项卡，将循环执行时间设定为 1000ms，然后在命令语言编辑框中输入程序，如图 8-24 所示。

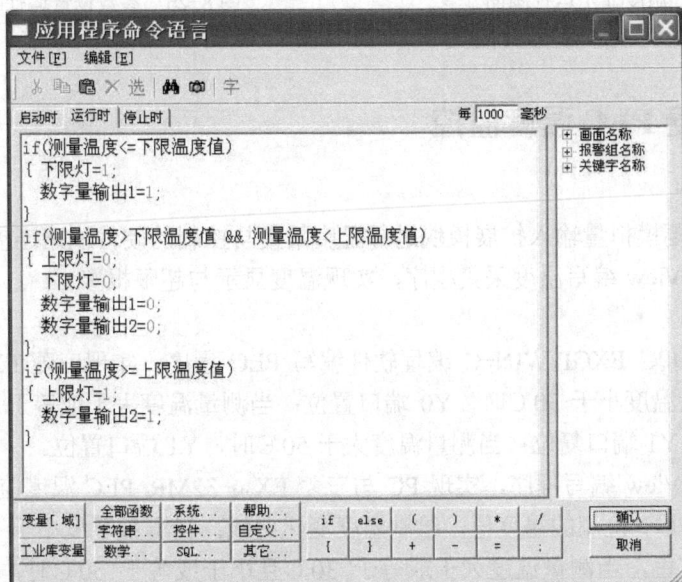

```
if(测量温度<=下限温度值)
{ 下限灯=1;
  数字量输出1=1;
}

if(测量温度>下限温度值 && 测量温度<上限温度值)
{ 上限灯=0;
  下限灯=0;
  数字量输出1=0;
  数字量输出2=0;
}

if(测量温度>=上限温度值)
{ 上限灯=1;
  数字量输出2=1;
}
```

图 8-24　温度控制程序设计

7. 程序测试与运行

将设计的画面全部存储；将"温度显示"画面配置成主画面；启动画面运行程序。

PC 读取并显示 ADAM-4012 模块检测的温度值，绘制温度变化曲线。当测量温度小于或等于下限温度值时，ADAM-4050 模块数字量输出通道 1 置高电平，线路中指示灯 L1 亮，程序画面下限灯变为红色；当测量温度大于下限温度值且小于上限温度值时，ADAM-4050 模块数字量输出通道 1 和 2 均置低电平，线路中指示灯 L1 和指示灯 L2 均灭，程序画面上、下限灯均变为绿色；当测量温度大于或等于上限温度值时，ADAM-4050 模块数字量输出通道 2 置高电平，线路中指示灯 L2 亮，程序画面上限灯变为红色。

温度显示运行画面如图 8-25 所示。

单击"参数设置"按钮，进入参数设置画面，通过单击上、下限温度值显示文本可以设置温度的报警上限、下限值；单击"确定"按钮可以确认当前设定值，单击"取消"按钮保持原先设定值不变。

参数设置运行画面如图 8-26 所示。

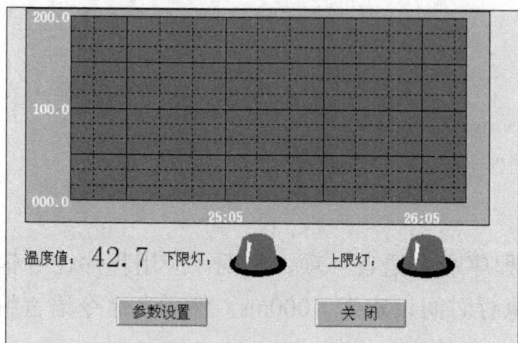

图 8-25　温度显示运行画面

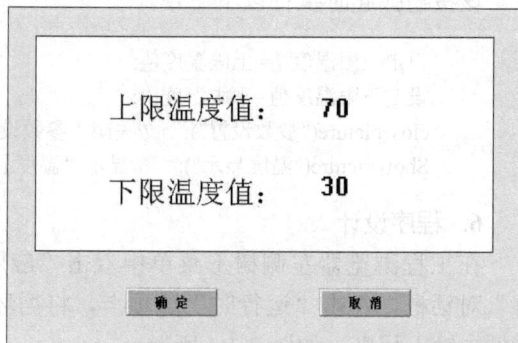

图 8-26　参数设置运行画面

实训 24　三菱 PLC 温度监控

一、学习目标

1. 掌握用三菱模拟量输入扩展模块进行温度采集与控制的硬件线路连接方法。

2. 采用 KingView 编写温度采集程序，实现温度显示与超限报警。

二、设计任务

1. 采用 SWOPC-FXGP/WIN-C 编程软件编写 PLC 程序，实现三菱 FX2N-32MR PLC 温度监控。当测量温度小于 30℃时，Y0 端口置位；当测量温度大于或等于 30℃且小于或等于 50℃时，Y0 和 Y1 端口复位；当测量温度大于 50℃时，Y1 端口置位。

2. 采用 KingView 编写程序，实现 PC 与三菱 FX_{2N}-32MR PLC 温度监测，具体要求：读取并显示三菱 PLC 检测的温度值，绘制温度变化曲线；当测量温度小于 30℃时，程序画面下限指示灯为红色，当测量温度大于或等于 30℃且小于或等于 50℃时，上、下限指示灯均为绿色，当测量温度大于 50℃时，程序画面上限指示灯为红色。

三、硬件线路

将三菱 FX_{2N}-32MR PLC 的编程口通过 SC-09 编程电缆与 PC 的串口 COM1 连接起来组成温度监控系统，如图 8-27 所示。

将三菱模拟量输入扩展模块 FX_{2N}-4AD 与 PLC 主机通过扁平电缆相连，温度传感器 Pt100 热电阻接到温度变送器输入端，温度变送器输入范围是 0~200℃，输出为 4~200mA，经过 250Ω电阻将电流信号转换为 1~5V 电压信号输入到扩展模块 FX_{2N}-4AD 模拟量输入 1 通道（CH1）端口 V+和 V−。PLC 主机输出端口 Y0、Y1、Y2 接指示灯。

扩展模块的 DC24V 电源由主机提供（也可使用外接电源）。FX_{2N}-4AD 模块的 ID 号为 0。FX_{2N}-4AD 空闲的输入端口一定要用导线短接以免干扰信号窜入。

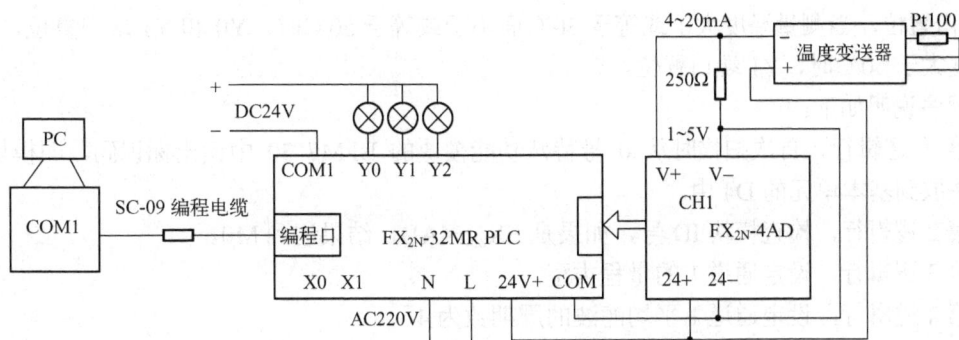

图 8-27 PC 与三菱 FX₂ₙ PLC 组成的温度监控系统

PLC 的模拟量输入模块（FX₂ₙ-4AD）负责 A-D 转换，即将模拟量信号转换为 PLC 可以识别的数字量信号。

有关三菱模拟量扩展模块 FX₂ₙ-4AD 的详细介绍参见配套光盘中的"软硬件资源"文件夹相关内容。

四、任务实现

1. PLC 端温度监控程序

（1）PLC 梯形图

采用 SWOPC-FXGP/WIN-C 编程软件编写的温度监控程序梯形图如图 8-28 所示。

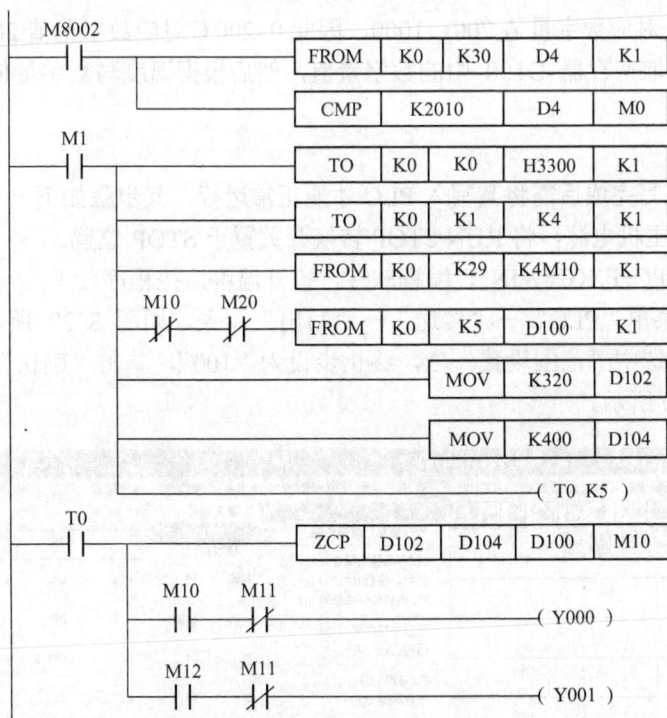

图 8-28 PLC 温度监控程序梯形图

程序的主要功能是：实现三菱 FX₂ₙ-32MR PLC 温度采集，当测量温度小于 30℃时，

Y0 端口置位，当测量温度大于或等于 30℃而小于或等于 50℃时，Y0 和 Y1 端口复位，当测量温度大于 50℃时，Y1 端口置位。

程序说明如下。

第 1 逻辑行，首次扫描时从 0 号特殊功能模块的 BFM# 30 中读出标识码，即模块 ID 号，并放到基本单元的 D4 中。

第 2 逻辑行，检查模块 ID 号，如果是 FX$_{2N}$-4AD，结果送到 M0。

第 3 逻辑行，设定通道 1 的量程类型。

第 4 逻辑行，设定通道 1 平均滤波的周期数为 4。

第 5 逻辑行，将模块运行状态从 BFM#29 读入 M10～M20。

第 6 逻辑行，如果模块运行正常，且模块数字量输出值正常，通道 1 的平均采样值（温度的数字量值）存入寄存器 D100 中。

第 7 逻辑行，将下限温度数字量值 320（对应温度 30℃）放入寄存器 D102 中。

第 8 逻辑行，将上限温度数字量值 400（对应温度 50℃）放入寄存器 D104 中。

第 9 逻辑行，延时 0.5s。

第 10 逻辑行，将寄存器 D102 和 D104 中的值（上、下限）与寄存器 D100 中的值（温度采样值）进行比较。

第 11 逻辑行，当寄存器 D100 中的值小于寄存器 D102 中的值，Y000 端口置位。

第 12 逻辑行，当寄存器 D100 中的值大于寄存器 D104 中的值，Y001 端口置位。

温度与数字量值的换算关系：0～200℃对应电压值 1～5V，0～10V 对应数字量值 0～2000，那么 1～5V 对应数字量值 200～1000，因此 0～200℃对应数字量值 200～1000。

上位机程序读取寄存器 D100 中的数字量值，然后根据温度与数字量值的对应关系计算出温度测量值。

（2）程序写入

PLC 端程序编写完成后需将其写入 PLC 才能正常运行。其步骤如下。

1）接通 PLC 主机电源，将 RUN/STOP 转换开关置于 STOP 位置。

2）运行 SWOPC-FXGP/WIN-C 编程软件，打开温度监控程序。

3）依次执行菜单 "PLC" → "传送" → "写出" 命令，如图 8-29 所示，打开 "PC 程序写入" 对话框，选中 "范围设置" 项，终止步设为 "100"，单击 "确认" 按钮，即开始写入程序，如图 8-30 所示。

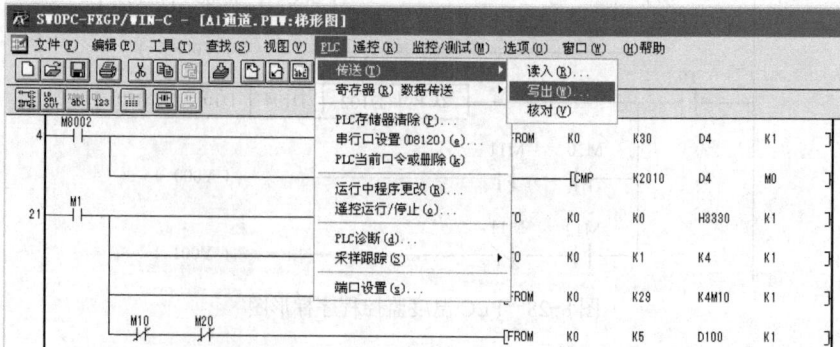

图 8-29 执行菜单 "PLC→传送→写出" 命令

4）程序写入完毕将 RUN/STOP 转换开关置于 RUN 位置，即可进行温度监控。

（3）程序监控

PLC 端程序写入后，可以进行实时监控。其步骤如下。

1）接通 PLC 主机电源，将 RUN/STOP 转换开关置于 RUN 位置。

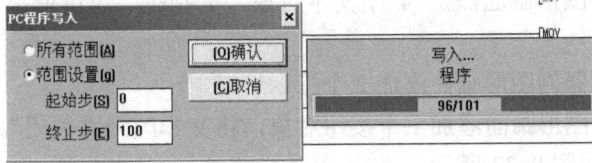

图 8-30　PLC 程序写入

2）运行 SWOPC-FXGP/WIN-C 编程软件，打开温度监控程序，并写入。

3）依次执行菜单"监控/测试"→"开始监控"命令，即可开始监控程序的运行，如图 8-31 所示。

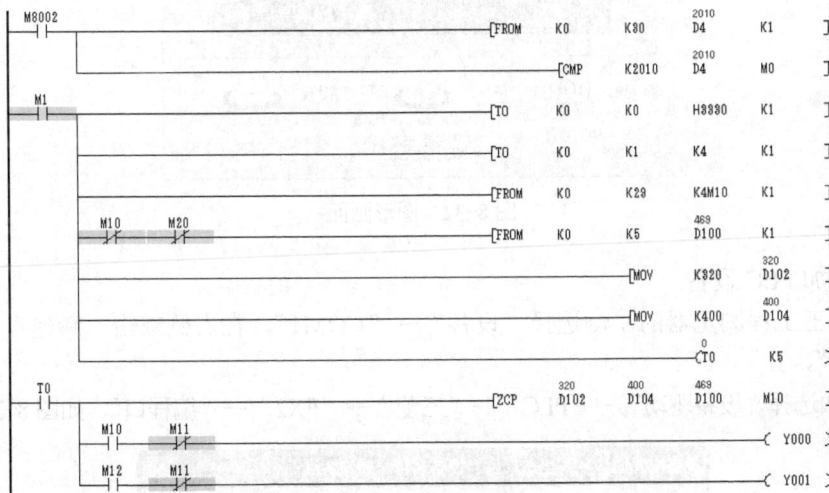

图 8-31　PLC 程序监控

监控画面中，寄存器 D100 上的 469 就是模拟量输入 1 通道的电压实时采集值（换算后的电压值为 2.345V，与万用表测量值相同，换算为温度值为 67.25℃），改变温度值，输入电压改变，该数值随着改变。

当寄存器 D100 中的值小于寄存器 D102 中的值，Y000 端口置位；当寄存器 D100 中的值大于寄存器 D104 中的值，Y001 端口置位。

4）监控完毕，依次执行菜单"监控/测试"→"停止监控"命令，即可停止监控程序的运行。

注意：必须停止监控，否则影响上位机程序的运行。

2. PC 端采用 KingView 实现温度监测

（1）建立新工程项目

工程名称：三菱 PLC。

工程描述：温度测量与控制。

（2）制作图形画面

画面名称：三菱 PLC。

1）通过工具箱为图形画面添加 1 个实时趋势曲线对象。

2）通过工具箱为图形画面添加 4 个文本对象，分别是"温度值：""000""下限灯"和"上限灯"。

3）通过图库管理器为图形画面添加 2 个指示灯对象。

4）通过工具箱为图形画面添加 1 个按钮对象，将文本改为"关闭"。

设计的图形画面如图 8-32 所示。

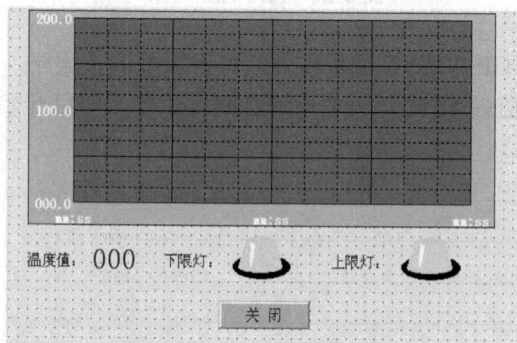

图 8-32　图形画面

（3）添加 PLC 设备

在组态王工程浏览器的左侧选择"设备"→"COM1"，在右侧双击"新建"，运行"设备配置向导"。

1）依次选择"设备驱动"→"PLC"→"三菱"→"FX2"→"编程口"，如图 8-33 所示。

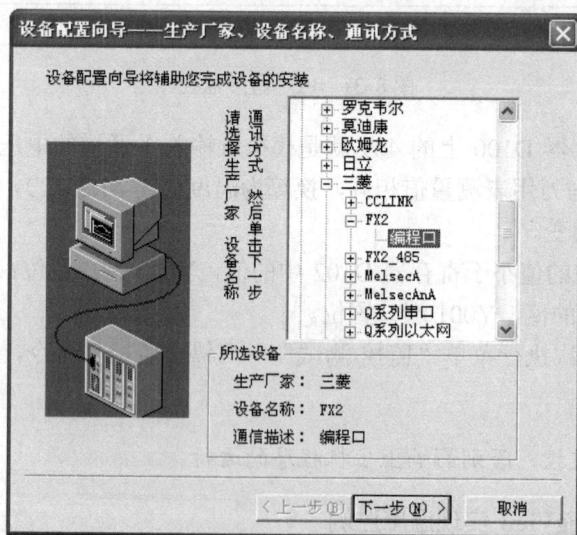

图 8-33　配置 PLC

2）单击"下一步"，给要安装的设备指定唯一的逻辑名称，如"PLC"。

3）单击"下一步"，选择串口号，如"COM1"（须与 PLC 在 PC 上使用的串口号一致）。

4）单击"下一步"，为要安装的 PLC 指定地址，如"1"（注意，这个地址应该与 PLC 通信参数设置程序中设定的地址相同）。

5）单击"下一步"，出现"通信故障恢复策略"设定窗口，使用默认设置即可。

6）单击"下一步"，显示所要安装的设备信息，检查各项设置是否正确，确认无误后，单击"完成"按钮，完成设备的配置。

（4）串口通信参数设置

双击"设备"下的"COM1"，弹出"设置串口"对话框，设置串口 COM1 的通信参数，即波特率选"9600"，奇偶校验选"偶校验"，数据位选"7"，停止位选"1"，通信方式选"RS232"，如图 8-34 所示。

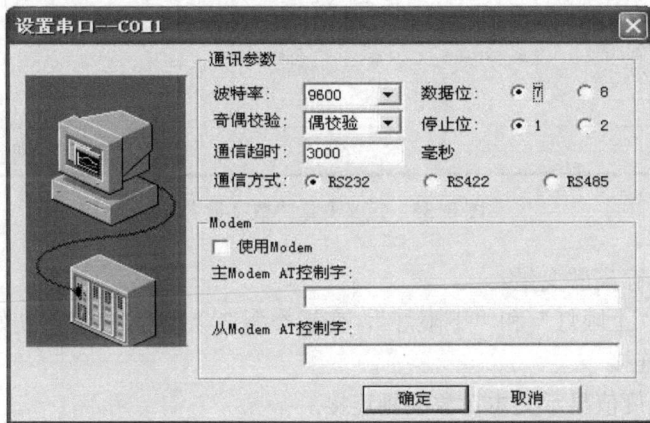

图 8-34 设置串口 COM1

设置完毕，单击"确定"按钮，这就完成了对 COM1 的通信参数配置，保证组态王与 PLC 的通信能够正常进行。

注意：设置的参数必须与 PLC 设置的一致，否则不能正常通信。

如果三菱模拟量输入扩展模块 FX_{2N}-4AD 与三菱 PLC 主机正确连接并设置好通信参数，可应用组态王对其进行开关量输入与输出通信测试（详见配套光盘中的"软硬件资源"文件夹相关内容）。

（5）定义变量

1）定义 1 个 I/O 整数变量。

变量名为"数字量"，变量类型选"I/O 整数"。初始值、最小值和最小原始值均设为"0"，最大值和最大原始值设为"2000"；连接设备选"plc"，寄存器设置为"D100"，数据类型选"SHORT"，读写属性选"只读"，如图 8-35 所示。

2）定义 2 个内存实数变量。

① 变量名为"电压"，变量类型选"内存实数"，最小值设为"0"，最大值设为"10"。

② 变量名为"温度值",变量类型选"内存实数",最小值设为"0",最大值设为"200"。

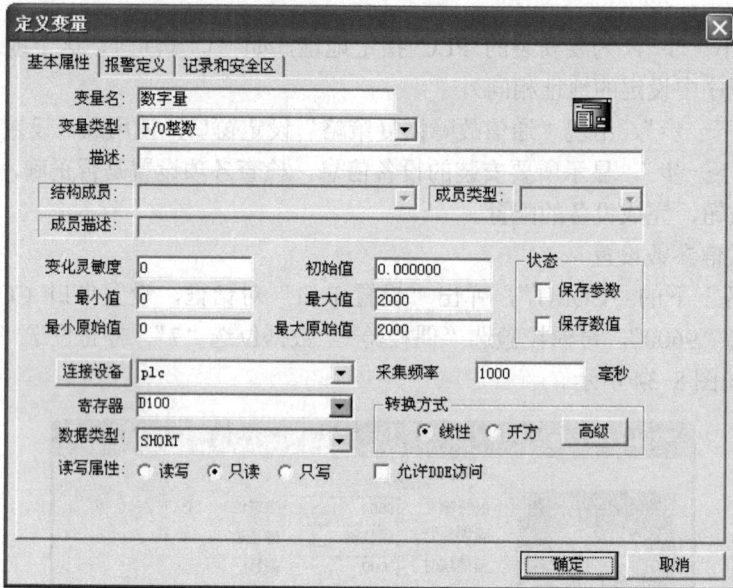

图 8-35 定义变量"数字量"

3）定义 2 个内存离散变量。

变量名分别为"上限灯"和"下限灯",变量类型选"内存离散",初始值选"关"。

（6）建立动画连接

1）建立当前温度值显示文本对象动画连接。

双击画面中当前温度值显示文本对象"000",出现"动画连接"对话框,单击"模拟值输出"按钮,弹出"模拟值输出连接"对话框,将其中的表达式设置为"\\本站点\温度值",整数位数设为"2",小数位数设为"1",单击"确定"按钮返回到"动画连接"对话框,再次单击"确定"按钮,动画连接设置完成。

2）建立实时趋势曲线对象的动画连接。

双击画面中实时趋势曲线对象。在"曲线定义"选项卡中,单击曲线 1 表达式文本框右边的"？"号,选择已定义好的变量"温度值",并设置其他参数值。

在"标识定义"选项卡中,数值轴最大值设为"200",数值格式选"实际值",时间轴长度设为"2"min。

3）建立指示灯对象动画连接。

双击画面中指示灯对象,出现"指示灯向导"对话框。单击变量名（离散量）右边的"？"号,选择已定义好的变量"上限灯"或"下限灯",将正常色设置为"绿色",报警色设置为"红色"。

4）建立按钮对象的动画连接。

双击"关闭"按钮对象,出现"动画连接"对话框。单击命令语言连接中的"弹起时"按钮,出现"命令语言"对话框,在编辑栏中输入命令"exit(0);"。

（7）程序设计

在工程浏览器左侧树形菜单中双击"应用程序命令语言"项，出现"应用程序命令语言"对话框，单击"运行时"选项卡，将循环执行时间设定为 1000ms，然后在"运行时"命令语言编辑框中输入如下程序。

```
电压=数字量/200;              //将数字量值转换为电压值
温度值=(电压-1)*50;           //将电压值转换为温度值
if(温度值<30)
{ 下限灯=1;
    上限灯=0;}
if(温度值>=30 &&  温度值<=50)
{ 下限灯=0;
    上限灯=0;}
if(温度值>50)
{ 上限灯=1;
    下限灯=0;}
```

最后单击"确定"按钮，完成命令语言的输入。

（8）程序测试与运行

将设计的画面全部存储并配置成主画面，启动画面运行程序。

PC 读取并显示三菱 PLC 检测的温度值，绘制温度变化曲线。当测量温度小于 30℃时，PLC 主机 Y0 端口指示灯亮，程序画面下限灯变为红色；当测量温度大于或等于 30℃且小于或等于 50℃时，PLC 主机 Y0 和 Y1 端口指示灯灭，程序画面上、下限灯均变为绿色；当测量温度大于 50℃时，PLC 主机 Y1 端口指示灯亮，程序画面上限灯变为红色。

程序运行画面如图 8-36 所示。

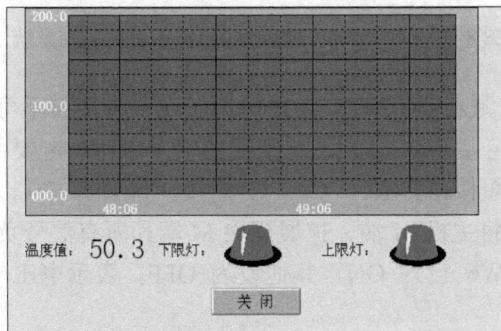

图 8-36　运行画面

实训 25　西门子 PLC 温度监控

一、学习目标

1. 掌握用西门子 PLC 模拟量扩展模块进行温度采集与控制的硬件线路连接方法。
2. 采用 KingView 编写温度采集程序，实现温度显示与超限报警。

二、设计任务

1. 采用 STEP 8-Micro/WIN 编程软件编写 PLC 程序，实现西门子 S7-200 PLC 温度监控。当测量温度小于 30℃时，Q0.0 端口置位；当测量温度大于或等于 30℃且小于或等于 50℃时，Q0.0 和 Q0.1 端口复位；当测量温度大于 50℃时，Q0.1 端口置位。

2. 采用 KingView 软件编写程序，实现 PC 与西门子 S7-200 PLC 温度监测，具体要求：读取并显示西门子 PLC 检测的温度值，绘制温度变化曲线；当测量温度小于 30℃时，程序画面下限指示灯为红色，当测量温度大于或等于 30℃且小于或等于 50℃时，上、下限指示灯均为绿色，当测量温度大于 50℃时，程序画面上限指示灯为红色。

三、硬件线路

将西门子 S7-200 PLC 的编程口通过 PC/PPI 编程电缆与 PC 的串口 COM1 连接起来组成温度监控系统，如图 8-37 所示。

将 EM235 与 PLC 主机通过扁平电缆相连，温度传感器 Pt100 热电阻接到温度变送器输入端，温度变送器输入范围是 0～200℃，输出为 4～200mA，经过 250Ω电阻将电流信号转换为 1～5V 电压信号输入到 EM235 的模拟量输入 1 通道（CH1）输入端口 A+和 A-。

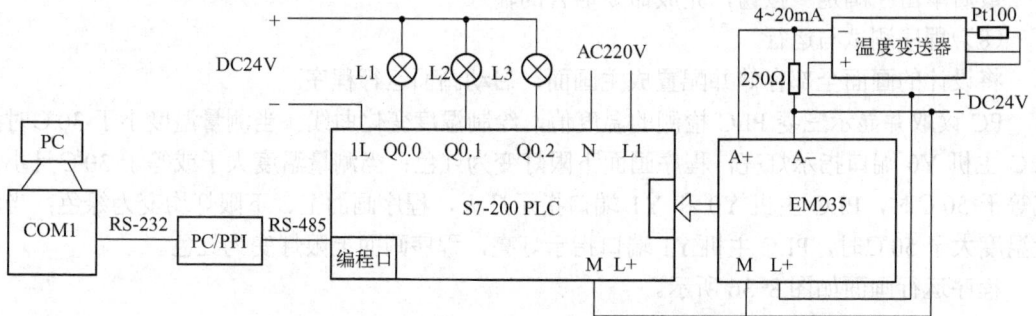

图 8-37　PC 与 S7-200 PLC 组成的温度监控系统

EM235 扩展模块的电源是 DC 24V，这个电源一定要外接而不可就近接 PLC 本身输出的 DC 24V 电源，但两者一定要共地。EM235 空闲的输入端口一定要用导线短接以免干扰信号窜入，即将 RB、B+、B-短接，将 RC、C+、C-短接，将 RD、D+、D-短接。

为避免共模电压，须将主机 M 端、扩展模块 M 端和所有信号负端连接。在 DIP 开关设置中，将开关 SW1 和 SW6 设为 ON，其他设为 OFF，表示电压单极性输入，范围是 0～5V。

有关西门子模拟量扩展模块的详细介绍参见配套光盘中的"软硬件资源"文件夹相关内容。

四、任务实现

1. PLC 端温度监控程序

（1）PLC 梯形图

为了保证 S7-200 PLC 能够正常与 PC 进行温度检测，需要在 PLC 中运行一段程序，梯形图如图 8-38 所示。

1）程序设计思路。将采集到的电压数字量值（在寄存器 AIW0 中）送给寄存器 VW100。当 VW100 中的值小于 10240（代表 30℃）时，Q0.0 端口置位；当 VW100 中的值大于或等于 10240（代表 30℃）且小于或等于 12800（代表 50℃）时，Q0.0 和 Q0.1 端口复位；当 VW100 中的值大于 12800（代表 50℃）时，Q0.1 端口置位。

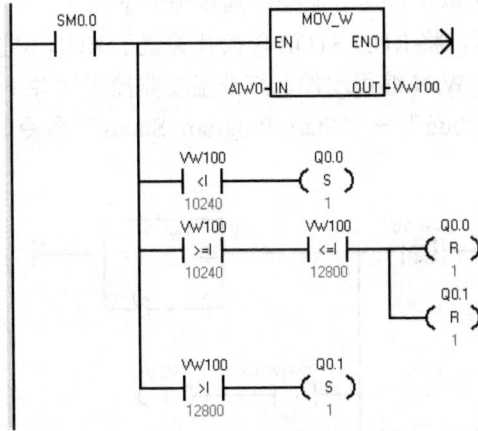

图 8-38　PLC 温度测控程序梯形图

上位机组态程序读取寄存器 VW100 的数字量值，然后根据温度与数字量值的对应关系计算出温度测量值。

2）温度与数字量值的换算关系。0~200℃对应电压值 1~5V，0~5V 对应数字量值 0~32000，那么 1~5V 对应数字量值 6400~32000，因此 0~200℃对应数字量值 6400~32000。计算公式是：温度值=(数字量值-6400)/128。

（2）程序下载

PLC 端程序编写完成后需将其下载到 PLC 才能正常运行。其步骤如下。

1）接通 PLC 主机电源，将 RUN/STOP 转换开关置于 STOP 位置。

2）运行 STEP 8-Micro/WIN 编程软件，打开温度监控程序。

3）依次执行菜单"File"→"Download..."命令，打开"Download"对话框，单击"Download"按钮，即开始下载程序，如图 8-39 所示。

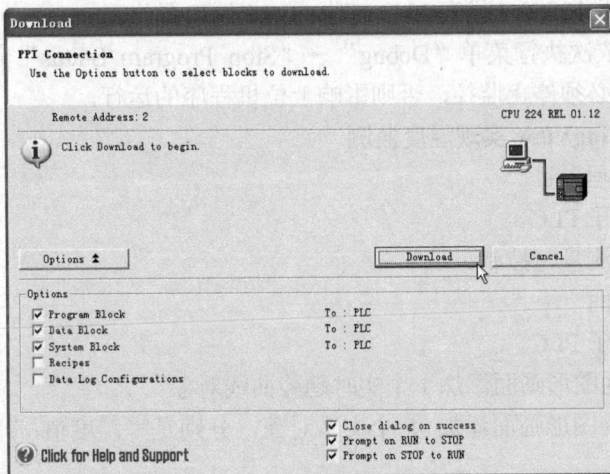

图 8-39　开始下载程序

4）程序下载完毕将 RUN/STOP 转换开关置于 RUN 位置，即可进行温度的采集。

（3）程序监控

PLC 端程序写入后，可以进行实时监控。其步骤如下。

1）接通 PLC 主机电源，将 RUN/STOP 转换开关置于 RUN 位置。

2）运行 STEP 8-Micro/WIN 编程软件，打开温度监控程序并下载。

3）依次执行菜单"Debug"→"Start Program Status"命令，即可开始监控程序的运行，如图 8-40 所示。

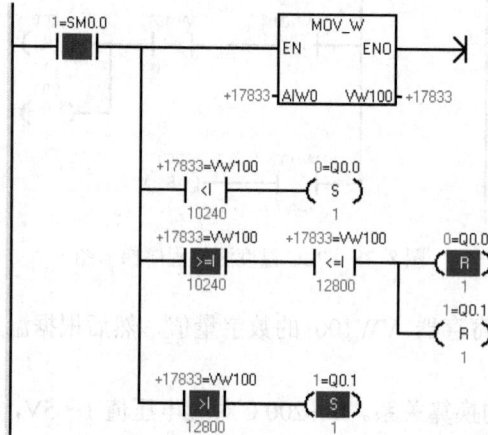

图 8-40　PLC 程序监控

寄存器 VW100 右边的黄色数字如 17833 就是模拟量输入 1 通道的电压实时采集值（数字量形式，根据 0～5V 对应 0～32000，换算后的电压实际值为 2.786V，与万用表测量值相同），再根据 0~200℃对应电压值 1～5V，换算后的温度测量值为 89.32℃，改变测量温度，该数值随着改变。

当 VW100 中的值小于 10240（代表 30℃）时，Q0.0 端口置位；当 VW100 中的值大于或等于 10240（代表 30℃）且小于或等于 12800（代表 50℃）时，Q0.0 和 Q0.1 端口复位；当 VW100 中的值大于 12800（代表 50℃）时，Q0.1 端口置位。

4）监控完毕，依次执行菜单"Debug"→"Stop Program Status"命令，即可停止监控程序的运行。注意：必须停止监控，否则影响上位机程序的运行。

2．PC 端采用 KingView 实现温度监测

（1）建立新的工程项目

工程名称：西门子 PLC。

工程描述：温度测量与控制。

（2）制作图形画面

画面名称：西门子 PLC。

1）通过工具箱为图形画面添加 1 个实时趋势曲线对象。

2）通过工具箱为图形画面添加 4 个文本对象，分别是"温度值：" "000" "下限灯"和"上限灯"。

3）通过图库为图形画面添加 2 个指示灯对象。

196

4）通过工具箱为图形画面添加 1 个按钮对象，将文本改为"关闭"。

设计的图形画面如图 8-41 所示。

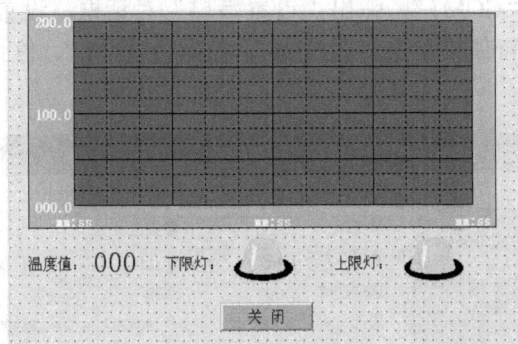

图 8-41　图形画面

（3）添加 PLC 设备

在组态王工程浏览器的左侧选择"设备"→"COM1"，在右侧双击"新建"，运行"设备配置向导"。

1）依次选择"PLC"→"西门子"→"S7-200 系列"→"PPI"，如图 8-42 所示。

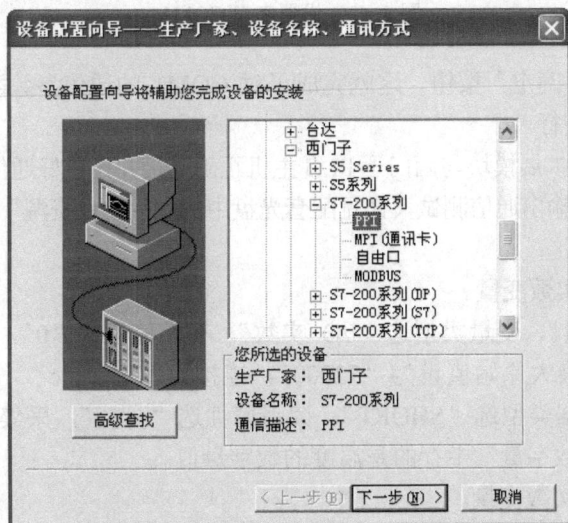

图 8-42　配置 PLC

2）单击"下一步"，给要安装的设备指定唯一的逻辑名称，如"PLC"。

3）单击"下一步"，选择串口号，如"COM1"（须与 PLC 在 PC 上使用的串口号一致）。

4）单击"下一步"，为要安装的 PLC 指定地址，如"2"（注意，这个地址应该与 PLC 通信参数设置程序中设定的地址相同）。

5）单击"下一步"，出现"通信故障恢复策略"设定窗口，使用默认设置即可。

6）单击"下一步"，显示所要安装的设备信息，检查各项设置是否正确，确认无误后，单击"完成"按钮，完成设备的配置。

(4) 串口通信参数设置

双击"设备"下的"COM1"，弹出"设置串口"对话框，设置串口 COM1 的通信参数：波特率选"9600"，奇偶校验选"偶校验"，数据位选"8"，停止位选"1"，如图 8-43 所示。

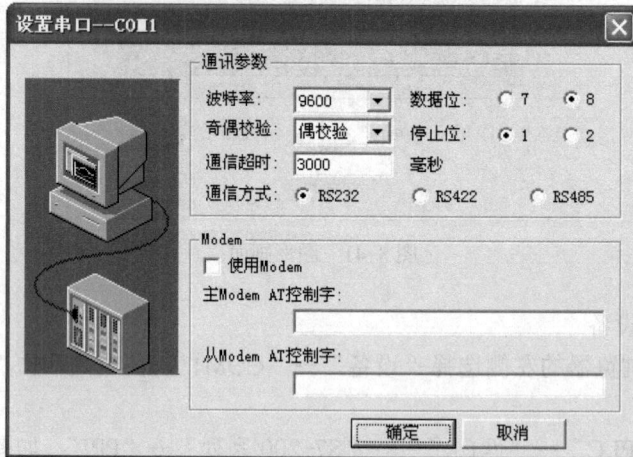

图 8-43　设置串口 COM1

设置完毕，单击"确定"按钮，这就完成了对 COM1 的通信参数配置，保证 COM1 同 PLC 的通信能够正常进行。

如果西门子模拟量扩展模块与西门子 PLC 主机正确连接并设置好通信参数，可应用组态王对其进行开关量输入与输出通信测试（详见配套光盘中的"软硬件资源"文件夹相关内容）。

(5) 定义变量

1) 定义 1 个 I/O 实数变量。

变量名为"数字量"，变量类型选"I/O 实数"，初始值设为"0"，最小值和最小原始值设为"0"，最大值和最大原始值设为"32000"，连接设备选"plc"，寄存器选"V"，输入 100，即"V100"，数据类型选"SHORT"，读写属性选"只读"，采集频率设为"200"，如图 8-44 所示。变量"数字量"中存的是温度的数字量值。

2) 定义 2 个内存实数变量。

① 变量名为"电压"，变量类型选"内存实数"，最小值设为"0"，最大值设为"10"。

② 变量名为"温度值"，变量类型选"内存实数"，最小值设为"0"，最大值设为"200"。

3) 定义 2 个内存离散变量。

变量名分别为"上限灯"和"下限灯"，变量类型均选"内存离散"，初始值选"关"。

(6) 动画连接

1) 建立当前温度值显示文本对象动画连接。

双击画面中当前温度值显示文本对象"000"，出现"动画连接"对话框，单击"模拟值输出"按钮，弹出"模拟值输出连接"对话框，将其中的表达式设置为"\\本站点\温度值"，整数位数设为"2"，小数位数设为"1"，单击"确定"按钮返回到"动画连接"对话框，再次单击"确定"按钮，动画连接设置完成。

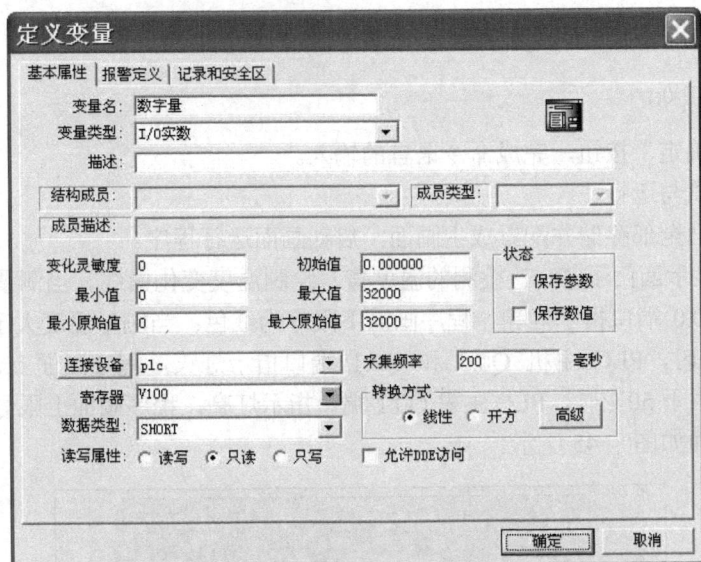

图 8-44 定义变量"数字量"

2）建立实时趋势曲线对象的动画连接。

双击画面中实时趋势曲线对象。在"曲线定义"选项卡中，单击曲线 1 表达式文本框右边的"？"号，选择已定义好的变量"温度值"，并设置其他参数值。

在"标识定义"选项卡中，数值轴最大值设为"200"，数值格式选"实际值"，时间轴长度设为"2"分钟。

3）建立指示灯对象动画连接。

双击画面中指示灯对象，出现"指示灯向导"对话框。单击变量名（离散量）右边的"？"号，选择已定义好的变量"上限灯"或"下限灯"，将正常色设置为"绿色"，报警色设置为"红色"。

4）建立按钮对象的动画连接。

双击"关闭"按钮对象，出现"动画连接"对话框。单击命令语言连接中的"弹起时"按钮，出现"命令语言"对话框，在编辑栏中输入命令"exit(0);"。

（7）程序设计

在工程浏览器左侧树形菜单中双击"应用程序命令语言"项，出现"应用程序命令语言"对话框，单击"运行时"选项卡，将循环执行时间设定为 1000ms，然后在"运行时"命令语言编辑框中输入程序。

```
电压=数字量/6400;          //将数字量值转换为电压值
温度值=(电压-1)*50;        //将电压值转换为温度值
if(温度值<30)
{ 下限灯=1;
    上限灯=0;}
```

```
if(温度值>=30 && 温度值<=50)
{ 下限灯=0;
    上限灯=0;}
if(温度值>50)
{ 上限灯=1;
    下限灯=0;}
```

最后单击"确定"按钮，完成命令语言的输入。

（8）程序测试与运行

将设计的画面全部存储并配置成主画面，启动画面运行程序。

PC 读取并显示西门子 PLC 检测的温度值，绘制温度变化曲线。当测量温度小于 30℃时，PLC 主机 Q0.0 端口指示灯亮，程序画面下限灯为红色；当测量温度大于或等于 30℃且小于或等于 50℃时，PLC 主机 Q0.0 和 Q0.1 端口指示灯灭，程序画面上、下限灯均为绿色；当测量温度大于 50℃时，PLC 主机 Q0.1 端口指示灯亮，程序画面上限灯为红色。

程序运行画面如图 8-45 所示。

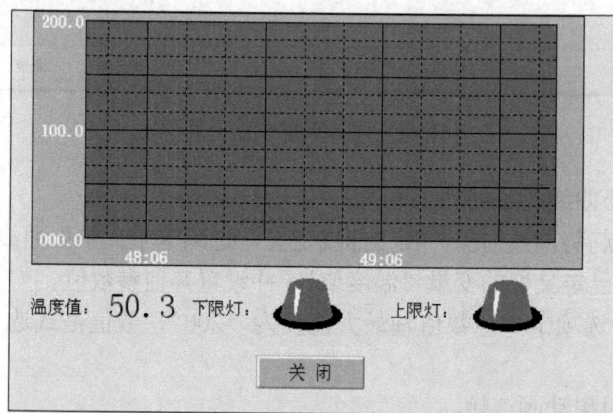

图 8-45 运行画面

参 考 文 献

[1] 李江全. 计算机控制技术[M]. 2 版. 北京：机械工业出版社，2014.

[2] 李江全. 计算机控制技术项目教程[M]. 北京：机械工业出版社，2010.

[3] 李江全. 计算机控制技术与组态应用[M]. 北京：清华大学出版社，2012.

[4] 覃贵礼，等. 组态软件控制技术[M]. 北京：北京理工大学出版社，2007.

[5] 严盈富，等. 监控组态软件与 PLC 入门[M]. 北京：人民邮电出版社，2006.

[6] 李江全，等. 现代测控系统典型应用实例[M]. 北京：电子工业出版社，2010.

[7] 李江全，等. 案例解说组态软件典型控制应用[M]. 北京：电子工业出版社，2011.